AI效率手册

从ChatGPT开启高效能

常 青◎著

人 民 邮 电 出 版 社

北 京

图书在版编目（CIP）数据

AI 效率手册 ：从 ChatGPT 开启高效能 / 常青著.
北京 ：人民邮电出版社, 2024. -- ISBN 978-7-115
-64071-0

I. TP18

中国国家版本馆 CIP 数据核字第 2024K1M786 号

内 容 提 要

不理解大模型工作原理，看不懂深度学习的公式，你也可以用好人工智能（AI）工具。

以 ChatGPT 为代表的 AI 工具的持续更新与突破，让我们看到了 AI 处理枯燥工作、提升工作效率的巨大前景。但要想驾驭好 AI 工具，我们不仅需要掌握 AI 工具的有效使用方法，还需要具备一些底层能力。

本书主要解决 3 个问题：一是什么是 AI，二是怎么用好 AI 工具，三是怎么找到适合自己的 AI 落地场景。此外，本书还介绍了 AI 工具的高级用法，包括联动多款 AI 工具解决复杂任务等。

本书用一个个具体的案例，帮助读者掌握 ChatGPT 等 AI 工具的使用方法，迁移使用 AI 落地场景，从而逐步了解提升学习力、时间管理能力、效率等底层能力的方法与思维。

本书适合想了解 AI 工具的读者阅读，尤其适合想利用 AI 工具提升学习力、效率的读者。

◆ 著　　　常 青
　责任编辑　赵祥妮
　责任印制　陈 犇
◆ 人民邮电出版社出版发行　　北京市丰台区成寿寺路 11 号
　邮编　100164　　电子邮件　315@ptpress.com.cn
　网址　https://www.ptpress.com.cn
　三河市中晟雅豪印务有限公司印刷
◆ 开本：720×960　1/16
　印张：20.75　　　　2024 年 10 月第 1 版
　字数：375 千字　　　2025 年 2 月河北第 6 次印刷

定价：79.80 元

读者服务热线：(010)81055410　印装质量热线：(010)81055316
反盗版热线：(010)81055315

前　言

如果你看过《流浪地球 2》，那么我相信你一定会对这一幕有印象：在太空电梯失控后，面对人工几乎不可挽回的局势，工作人员将 AI 接入电梯系统，AI 迅速接管、更新整个操作系统，并保证了系统的正常运作，避免了一场危机。

即使是现在，一个操作系统的构建与运营也需要世界上最顶尖的开发人员花费大量时间，然而在电影中 AI 却可以快速完成构建，非常令人震撼。

如今，科幻里的画面正在走进现实。

我们都知道 2023 年是 AI 爆发的元年，以 ChatGPT 为代表的 AI 工具引爆了 AI 的新浪潮。它能够流畅地使用多种语言与人类进行交谈。只要经过合理的训练，无论你是想做方案、写代码，还是写报告，它都可以为你快速完成，而且效果还不错。除了文本生成之外，它还可以制作精美的插图，生成图文并茂的 PPT、音视频……而且最重要的是，它随叫随到，并竭尽全力满足你的需求。

不过，虽然 AI 无比强大，但是想要用好它却并不容易。

如果你是刚开始使用 AI 工具的用户，并且想用它来解决实际工作或生活中的问题，那么我想你大概率会感到失望。你会发现它给出的回答好像都是一些正确的废话，并没有太多参考价值，甚至还不如使用搜索引擎来的高效。

其实，出现这种现象的根本原因并不是 AI 不够聪明，也不是它不具备生成高质量内容的能力，而是我们使用它的方法出了问题。

AI 可以说是一个“遇弱则弱，遇强则强”的工具，这就好比做菜，用同样的食材和厨具，有的人做成了美味佳肴，而有的人却做成了黑暗料理。面对同样的工具，实现效果上产生差异的核心在于使用者的方法与能力的不同。而且，即使你掌握了使用 AI 的方法，如果不知道它可以用在哪里，在工作和学习生活中有哪些场景可以与它结合，以及我们该具备什么样的思维来实现 AI 工具与人类的更好结合，那么 AI 带来的效能革命仍然与我们无关。

打个不太恰当的比方，AI 于我们普通人而言，就像一把屠龙刀，但如果我们自己挥舞不动它（缺少运用的方法），或者不知道该把它挥舞到哪里去屠龙（找不到可落地的应用场景），以及遇到龙后如何发挥出屠龙之技（缺少落地场景的底层思维），那么它在你手里便毫无用处。

在这种情况下，AI 的出现不仅没能改进我们的生活和工作方式，反而进一步加大了我们与专业人士的差距。AI 在少数人手里是无所不能的利器，对于大部分人而言则只是一个新鲜的娱乐工具，即使我们有心研究，也无从下手。

因此，作为一名资深的学习力教练，以及 AIGC 深度使用者，在看到这些问题之后，我决定根据我的亲身实践，结合多年的培训和教学经验，写一本普通人看得懂、学得会、用得上的 AI 应用书。如果你过去一直因为 AI 技术艰深、用法复杂，不能系统地理解它而感到苦恼，那么这本书对你来说就再合适不过了。

本书的内容主要分为 3 个部分。

- 第一部分（第 1 章 ~ 第 4 章），重点讲解用好 AI 的底层逻辑和通用方法，让你建立起对 AI 原理的认知，掌握 AI 提示词的写法、调教 AI 的核心方法，以及打造 AI 落地场景库的方法。

- 第二部分（第 5 章 ~ 第 8 章），融合第一部分的方法论，讲解 AI 应用场景，并且帮你结构化地梳理出具体应用场景，以及系统地提供每一个场景下的构建思维。你可以在这里进一步理解 AI 的用法，并接触到 AI 在工作、学习、写作、生活等场景中的应用案例，从而获得一系列可复用的场景和方法。

- 第三部分（第 9 章 ~ 第 11 章），介绍 AI 的高阶用法。你可以学习和运用 AI 在多模态下的能力，比如 AI 绘画、AI 音视频、AI 联动等，来让你在工作、学习、生活上的效率产生质变。

如果你是管理者，或许你会因为这本书，让团队实现系统级的降本增效。

如果你是职场人士，那么本书可以让你的简历上多一个亮点——熟练掌握 AI 技能或 ChatGPT 的用法！

如果你是自由职业者，那么本书可以让你一个人拥有一支队伍的战斗力！

如果你是家长、学生或者追求精进的个体，那么本书可以让你或者孩子的学习及成长效率因 AI 而极速提升。

在畅销书《跨越鸿沟》中，作者提出了一个非常有趣的科技产品生命周期模型（见下页图）。

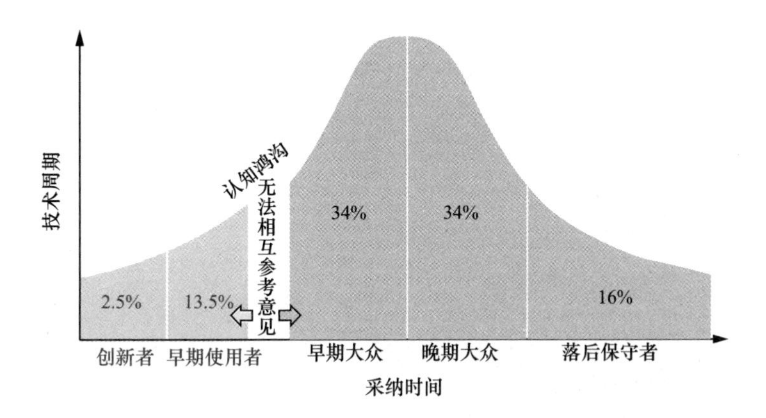

技术采用的生命周期图

该模型告诉我们，在一个新技术出现的时候，只有高瞻远瞩的创新者才会率先使用，他们在人群中大约只占 2.5%，这类人往往极富远见，比如创业者、投资人、专家学者等。在下一阶段，占比约 13.5% 的早期使用者会开始使用新技术，这类人往往头脑开放，乐于接受新鲜事物，对新技术、新趋势保持敏感。在机会到来的时候，这两类人总能引领或跟上时代浪潮。

真正的大众群体，在人群中占比高达 68%，他们往往是实用主义者，只有切实感受到好处，才会选择参与，而当他们参与进来的时候，曾经的蓝海也早已成为红海。还有 16% 的落后保守者，他们始终对新事物抱有排斥态度，墨守成规、踌躇不前，最终必定会被时代所淘汰。

目前 AI 的发展还处于早期，你能主动拿起这本书，说明你属于前 2.5% 的创新者或者 13.5% 的早期使用者。危险中总是伴随着机遇，**AI 再强大，它也只是人类的工具而已，比 AI 更强大的永远是懂得驾驭 AI 的人！**我很高兴，你能积极拥抱新技术，从而可以利用先发优势夯实自己的基本盘，让自己立于潮头之上！

最后，在这段探索 AI 世界的旅途中，我希望能够成为你的良师益友，帮助你越过知识的鸿沟，开启一段通向智能化世界的精彩旅程。

如果你准备好了，我们就一起进入 AI 时代吧！

目 录

第1章 认识AI：AI是怎么炼成的？

如果你已经是AI资深用户，或者对AI强大能力背后的原理和获取工具的渠道并不感兴趣，那么你可以跳过本章，直接从第2章偏实操的方法论开始阅读。

但如果你是新手，对AI的认知不深入，那么**我强烈建议你了解一下背景知识**。因为知其所以然，才能知其所以然。这些理论知识，会对你掌握AI的用法有很大帮助。

☆ 本章知识要点

1. 什么是AI？
2. AI的能力是怎么来的？
3. 主流的AI工具有哪些？
4. 如何选择AI工具？

1.1 什么是 AI？

顾名思义，人工智能（Artificial Intelligence，AI）是研究如何**利用机器模拟人类智能的一门技术**，简单来说就是**让计算机像人类一样思考和行动，甚至超过人类的智能。**从应用领域来说，AI 大致可以分成能懂、会看、可动 3 个方向。

- “能听会思”指的是以自然语言处理技术为代表的发展路线，旨在让 AI 听懂你说的话，和你进行交流。
- “会说会看”指的是以计算机视觉、语音合成等技术为代表的发展路线，旨在让 AI 能开口说话、识别和判断物体，比如刷脸开机、刷脸支付等属于计算机视觉的范畴，而机器人播讲等则属于语音合成技术。
- “能动会做”指的是以机器人技术为代表的发展路线，旨在让 AI 智能地操作物体，比如仿生机器人、自动驾驶技术、工业机器人等。

ChatGPT 等大语言模型选择的就是这 3 个方向中的“能听会思”，也就是以自然语言处理技术为代表的发展路线。你可能会好奇：自然语言处理技术究竟是什么？ChatGPT 等 AI 工具所具有的各项能力究竟是如何实现的呢？

1.2 AI 的能力是怎么来的？

要想知道 AI 能力的底层原理，就需要了解与自然语言处理领域相关的两个极其重要的技术概念。

1. 机器学习

机器学习的底层原理有点类似考前“刷题”。虽然有很多题目我们不会，但是通过不断看题目和答案，做得多了，我们自然而然就会掌握一些答题的规律、技巧，从而可以利用这些规律、技巧解答其他类似题目，获得高分。

只不过计算机“刷”的不是考试题，而是数据。我们把需要计算机学习的数据输入计算机，在机器学习的机制下，**计算机就会像我们刷题那样，对这些数据进行反复学习和练习，直到掌握数据的一些规律和特征。**这就是机器“学习”的过程。

在机器学习机制下，只要用于训练 AI 的数据量足够大，训练次数足够多，AI 就能根据掌握的规律，在特定文本语境基础上实现如“文字接龙”般的预测，也就是给出看上去上下文通顺且合乎逻辑的回答。

比如，输入“我饿了，我想吃”，AI 就可能接上“饭”这个词，因为在它学习过的大量数据中，“想吃饭”是一个很常见的短语，这个短语在数据集里出现的频率远高于“想吃粑粑”等其他短语。

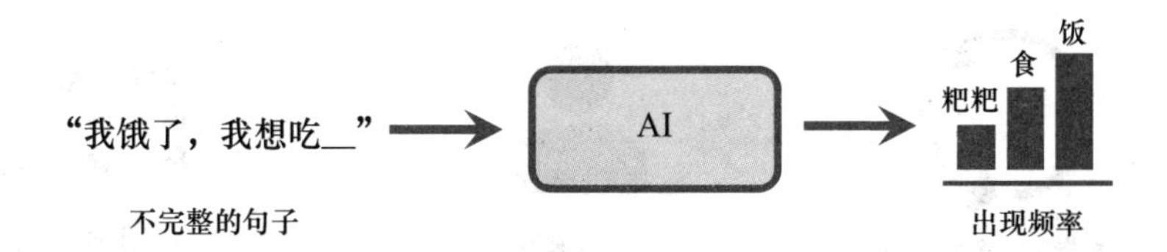

从原理上来说，**只要训练 AI 所使用的数据量足够大，AI 是可以完成任何语境下的“文字接龙”的。**这一点正如概率学家埃米尔·博雷尔举的一个例子：假设让猴子在打字机上随意敲打，只要给猴子无限时间，只要猴子敲打的次数足够多，那么在某个时刻，猴子也可以打出莎士比亚的全部著作。这就是“大力出奇迹”的“涌现”效果。

我们在使用 ChatGPT 这类工具的时候，也会发现它在生成内容时，有一个字一个字打出来的感觉，这就体现了它基于问题语境，根据所掌握的规律进行“文字接龙”的过程。

虽然我们可以通过让机器学习大量样本的“大力出奇迹”策略，使 AI 在任何语境下都能生成逻辑通顺的文本，但是在实际训练过程中，光靠学习“文字接龙”，AI 仍然不知道哪些是符合期望的、“有用”的回答。

比如，我们问 AI：“世界上最长的城墙是哪座？”AI 除了回答标准答案“万里长城”之外，也可以反问：“你能告诉我答案吗？”或者问：“你怎么对这个问题感兴趣呢？”抑或是：“我知道，但是我不告诉你。”这些回答都是符合正常对话逻辑的，但是很显然，回答“万里长城”更符合我们的期望。如果 AI 不考虑我们的需求而“答非所问”，那么它就会被视为“人工智障”。

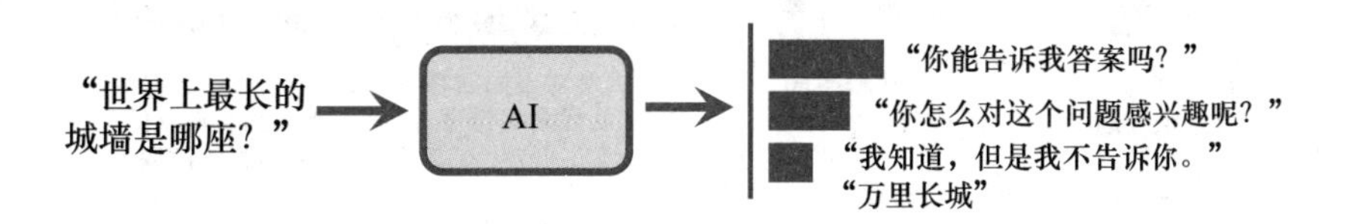

为了不让 AI“答非所问”，研究人员就让人类参与到机器学习的过程中，让人类就一些问题给出期望的答案，再把这些经过“人工标注”的数据交给 AI 学习，让 AI 认识到符合人类期望的回答是什么样的，从而引导 AI 往人类期望的方向去做“文字接龙”，给出人类

认为正确且有用的回答。

这个引导 AI 往特定方向学习的过程就是机器学习中的“有监督指令微调”策略。通过这种有监督指令微调训练的方法，我们可以得到一个相对简易的 ChatGPT 模型。

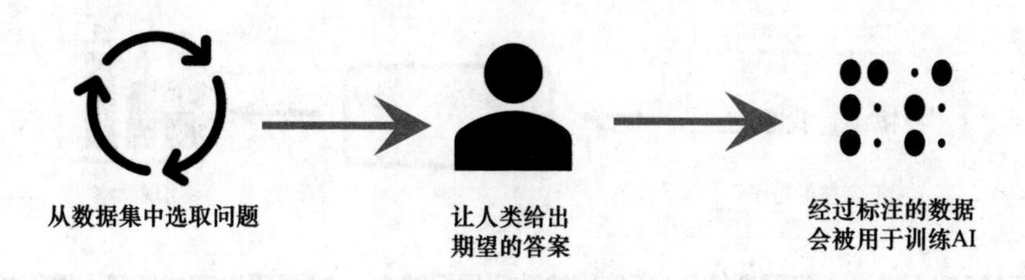

虽然上述有人类参与的训练可以大幅提升 AI 回答的精度和质量，但是我们也知道：人的时间和精力都是非常有限的，世间的知识多如繁星，全靠人类去告诉 AI 什么正确、什么错误，成本是非常高的，也完全不现实。

鉴于机器的时间和精力是无限的，那能不能让机器自己指导和纠正自己呢？当然是可以的。这就是接下来要讲的第二个技术概念。

2. 强化学习

强化学习的本质也是机器学习，它可以从人类反馈或者交互环境中获得奖励或惩罚，使 AI 做出最恰当的行为。也就是说，在人工干预的环节，我们可以通过人工标注的数据训练出一个专门负责监督 AI 回答的模型（Reward 模型），以人类的评分标准对 AI 给出的答案进行评分。当 AI 生成了我们认为不错的回答时，给予它鼓励；当 AI 生成的回答不够理想时，则给予它批评或对它进行纠正。这样 AI 就能学习到人类的评分标准。

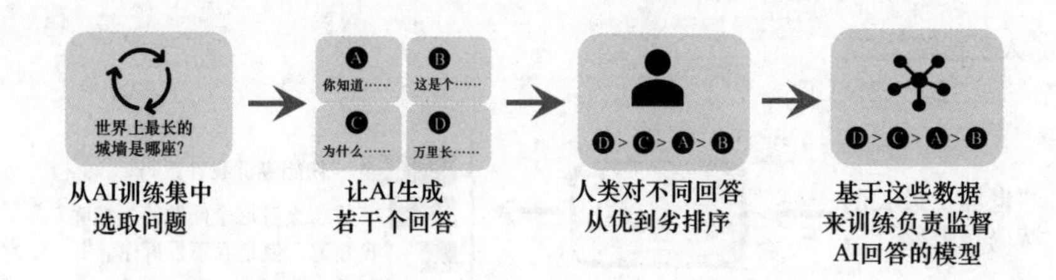

AI 利用这个模型的监督和反馈不断进行调整和优化，就会逐渐生成更加优质和独特的回答。

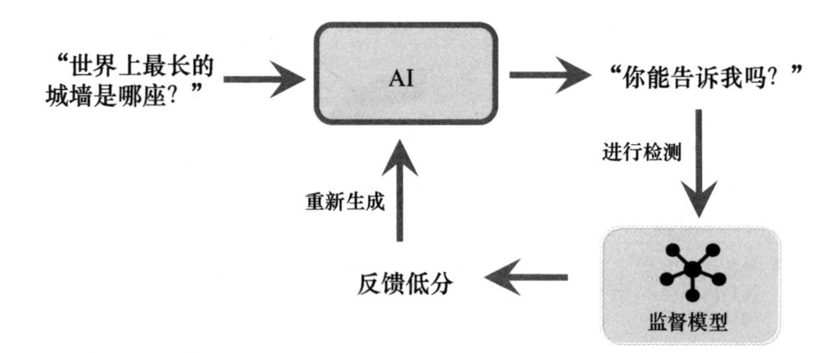

前几年谷歌开发的、击败了李世石的 AlphaGo，使用的就是强化学习技术。AlphaGo 通过自己和自己下棋来提升棋艺，从而成为无敌的围棋手。

从最开始的“文字接龙”，到进一步的“人工干预”，再到机器自己迭代优化，加上骇人的训练数据量，在不断训练的过程中“大力出奇迹”，AI 的各种能力就涌现出来了，于是我们就看到了一个近乎全能的“百晓生”AI。

事实上，AI 训练过程所涉及的技术细节非常多、非常复杂。这里只大致介绍了基本的技术原理，如果你对技术细节感兴趣，可以进一步查找资料。

孔子说：“工欲善其事，必先利其器”。我们在了解了 AI 能力背后的原理之后，就可以看看在 AI 赛道上有哪些主流的 AI 工具。

1.3　主流的 AI 工具有哪些？

可能是由于 ChatGPT 的火爆，很多人只要一听到 AI 工具，脑海中马上浮现的就是 ChatGPT。实际上，**AI 工具的范围非常广，ChatGPT 或其他 AI 模型都只是 AI 工具的一种。**除了 ChatGPT 这种文本生成类 AI 工具外，还有具备图像生成处理、音频生成处理、视频生成处理等功能的 AI 工具。

如果我们在选择和运用 AI 工具的时候，只知道 ChatGPT 或个别 AI 工具，就无异于因为几棵树而忽视整个森林。这样片面的认知会让我们在解决实际问题的时候，无法发挥多款 AI 工具的协同作用，从而陷入被动。

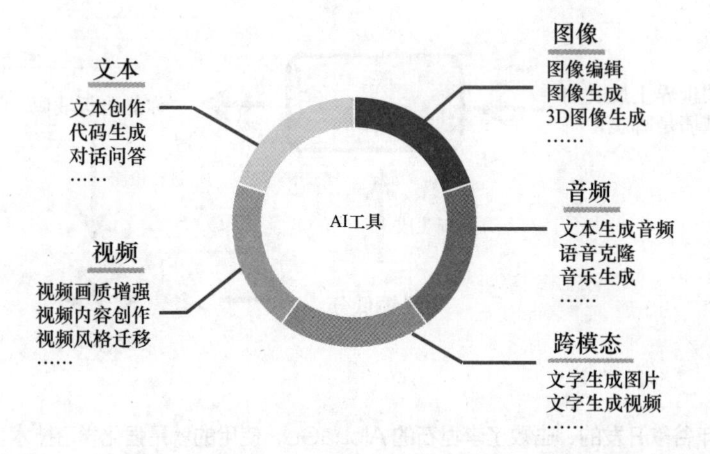

要想用好 AI，高效发挥出 AI 较强的生产力，我们就应该站在更高的角度去审视 AI。**不局限于特定工具，以结果为导向，明白方法和运用能力高于工具本身，你才能学到运用 AI 的底层思维。正所谓“一通百通”**，这也是本书想呈现给你的“特色菜”。

接下来让我们看看，在当前的 AI 赛道上，都有哪些现成的工具可供选择和使用。可以将目前的 AI 工具简单概括为两大类：通用 AI 工具和专用 AI 工具。

1. 通用 AI 工具

通用 AI 工具是依托于通用大模型的 AI 工具，比如 OpenAI 的 ChatGPT、谷歌的 Bard[1]、百度的文心一言、科大讯飞的讯飞星火以及KIMI和智谱清言等。这些通用大模型的发展目标都是通用人工智能（Artificial General Intelligence，AGI），也就是说，希望发展为洞悉世间一切事物的“百晓生”，不局限于特定领域，而是全知全能，有点类似《流浪地球》里的强人工智能 MOSS。

但是我们也知道，虽然通用大模型能力非常强大，能处理任何领域的问题，但因为现在的 AI 技术还没有达到强 AI 的水平，所以在一些特定领域、特定行业，它的表现就没有那么好。

正如周鸿祎所说，通用大模型不能解决所有问题，如果你作为一个行外人看 ChatGPT，可能会觉得它的回答让你惊艳，但是当你以一个行内人的视角去审视它的时候，你会发现它的回答还是非常肤浅的。

1 2024 年 2 月 8 日，谷歌正式宣布其 AI 产品 Bard 更名为 Gemini。

所以，基于现在通用大模型的这种特点，市场就发展出一些比较垂直的应用，也就是供特定场景、特定行业使用的 AI 工具。

2. 专用 AI 工具

比较有代表性的专用 AI 工具有专门为绘画训练的 AI、专门为音视频制作训练的 AI，或者专用于医疗的 AI、专用于教育的 AI、专用于办公的 AI 等，甚至可以细分到只用于某个特定业务场景，比如专门用来写公文、写报告的 AI 等。

由于这类 AI 工具更加专注于特定领域，并运用特定领域的数据进行特定场景的训练或优化，因此相对于通用 AI 工具来说，它在面对特定领域时会有更出色的表现。

本书后文在介绍 AI 实操或者运用的时候，虽然以 ChatGPT 等通用 AI 工具为主，但也会讲到很多专用的、聚焦于特定场景和行业的 AI 工具，以帮助读者发挥出它们的协同作用。

1.4　如何选择 AI 工具?

正如前文提到的，市面上的专用 AI 工具很多，所以这里先不做推荐，在后面的内容中，我们会根据实际应用场景的需求做对应推荐。

这里主要介绍本书使用的核心工具，也是我们都很熟悉的通用 AI 工具。目前可供我们使用的通用 AI 工具主要可以分成国内、国外两大阵营。

- 国内阵营：如百度的文心一言、阿里的通义千问、科大讯飞的讯飞星火、腾讯的腾讯混元等。
- 国外阵营：如 OpenAI 的 ChatGPT、谷歌的 Bard、Anthropic 的 Claude、微软的 New Bing[1] 等。

由于国外对 AI 的研究起步较早，因此目前国外阵营中好用的通用 AI 工具多一些。当然，你可能会有一个疑问，既然有好用的 AI 工具，那么相对没有那么好用的 AI 工具，我们还需要去用吗？当然需要，主要有以下两个原因。

- **使用便捷性。**虽然目前国内 AI 工具的能力较为一般，但是其在处理中文方面有着得天独厚的优势。而国外的 AI 工具虽然能力很强，但是使用起来比较麻烦，如果想要随时随地使用它们，需要花费不少精力。

1　2023 年 11 月 16 日，微软已把旗下 AI 产品独立出来并命名为 Copilot。

- **协同配合使用。**很多需要使用 AI 工具的场景其实会涉及大量的创造性工作，而对于这类创造性的工作，我们需要的往往不是大而全的内容，而是点子和灵感。而且有的 AI 工具因为训练数据集的问题，可能还会出错。此时我们就可以引入其他 AI 工具，同时向多个 AI 工具提同一个问题，让它们给出不同的方案，然后汇总参考。

所以我建议大家除了搭配使用通用和专用 AI 工具外，**还可结合多种通用 AI 工具。不同 AI 工具有不同的应用场景，无论它们能力怎么样，只要能达到及格的水平，都值得我们尝试。**多一个工具，就意味着我们多一个助手，多一个信息源渠道，也就相当于多一份帮助。

获取这些工具的方式也很简单。国内的大模型工具现在基本上都对外开放，我们需要做的就是在官网注册账号，然后就可以直接使用了。

文心一言：https://yiyan.baidu.com

讯飞星火：https://xinghuo.xfyun.cn

通义千问：https://qianwen.aliyun.com

360 智脑：https://ai.360.com

腾讯混元：https://hunyuan.tencent.com

字节豆包：https://www.doubao.com

智谱清言：https://chatglm.cn

昆仑天工：https://tiangong.kunlun.com

百川大模型：https://www.baichuan-ai.com

Kimi：https://kimi.moonshot.cn

而对于国外一些 AI 工具的获取渠道，由于篇幅有限，本书不再具体说明。具体方法我都在资料包中进行了说明，对于获取过程中的诸多问题，资料包里也有详细的攻略，你看过之后就知道怎么操作了。如果你对此有需要，请用微信扫描下方二维码，回复“1111”即可获取。

第2章 # 学会提问：如何正确向AI提问？

第 1 章讲解了 AI 的基本原理，并介绍了获取 AI 工具的渠道。在你有了这些基础之后，本章将带你进入有趣的实操部分。

AI 是一个“遇弱则弱，遇强则强”的工具。**AI 和食材一样，都是实现目的的工具，结果有差异的核心在于使用者的方法与能力。**本章将重点介绍一些基础方法，这些基础方法是运用好 AI 工具的核心，能帮助你更好地与 ChatGPT 类的 AI 工具互动，从而获得更高质量的输出结果。

如果你从未了解过提示词工程，或者你是一个 ChatGPT 的入门使用者，本章将带你感受提示词工程的强大威力。

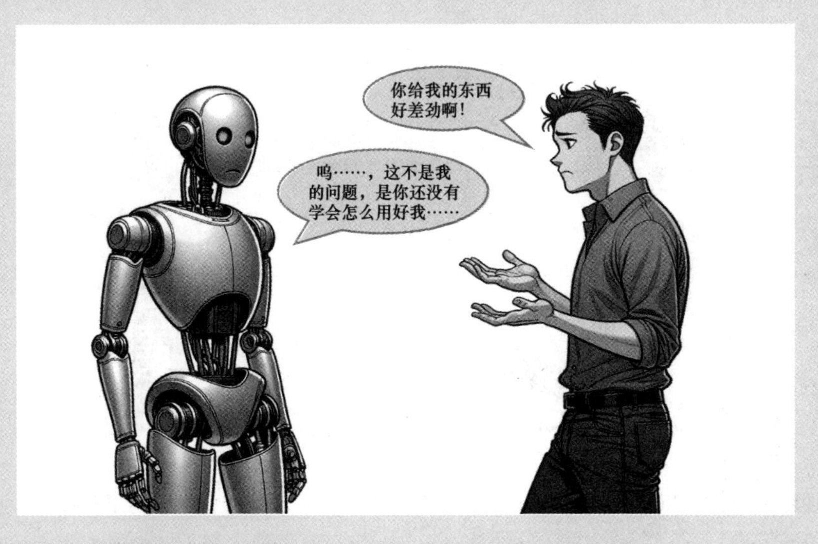

☆ 本章知识要点

1. 什么是提示词工程？
2. 如何写出高质量提示词？
3. 4 种更简单的提示词写作方法。

2.1 什么是提示词工程?

如果你刚开始使用 AI 工具，而且使用它要解决实际工作、生活中遇到的问题，那么我想你大概率会感到失望。你会发现它给你的回答好像都是一些用正确的废话，并没有太多参考价值，甚至还不如使用搜索引擎。

其实，出现这种现象的根本原因并不是 AI 不够聪明，没有输出高质量内容的能力，而是我们与它沟通的方法出了问题。著名哲学家维特根斯坦曾说："语言的边界就是思想的边界。"**无论是与人的沟通，还是和计算机的沟通，都是需要语言做介质的。**例如我们只有使用编程语言，才可以与计算机流畅沟通，让它根据我们的需要执行指定任务。

同样，我们与 AI 沟通也是有一套语言体系的。前文在介绍 AI 原理的时候已经提到过，AI 回答问题实际上就是基于问题的语境进行"文字接龙"，所以目前 AI 生成内容非常依赖于**提示词工程**（Prompt Engineering）。

那么提示词工程是什么呢？它有点类似我们去理发时给理发师提出的需求。如果你想要剪一个分头的发型，那么你就可以告诉理发师"我想剪一个分头"，这句话就相当于一条提示词（Prompt）。

但是我们也知道，除非想要剪光头，否则想让理发师剪出令自己满意的发型，还需要进一步的描述。比如，就拿分头来说，是要二八分、三七分、四六分还是中分？头发留多长？是否留刘海？是否需要打薄？只有我们进一步提供了"提示词"，理发师才能精准理解我们的需求，知晓我们的意图，从而剪出令我们满意的发型。

这个想办法把需求告诉理发师的过程就是提示词工程。通俗地说，**提示词工程就是我们精心设计、优化输入信息，从而引导 AI 生成高质量、准确、有针对性的回答的语言艺术。**

如果你写提示词的能力不够，那么 AI 给出的往往就像是用一堆正确的废话堆砌而成的文字垃圾；反之，它的回答会非常令人惊艳。关于写提示词，OpenAI 的 CEO（首席执行官）萨姆·奥尔特曼就特地强调："会给 AI 写提示词是一项惊人的高杠杆技能。"

那么，我们该如何掌握这门艺术，写出高质量的提示词呢？

2.2　如何写出高质量提示词？

我翻阅了大量资料，结合个人的实践经验总结了一套简单、通用且可以快速上手的提示词框架：**好提示词 = 立角色 + 述问题 + 定目标 + 补要求。**

在具体展开讲解这套框架的用法之前，我们先通过一个案例来看看在面对同一个需求场景时，用提示词框架和不用提示词框架写出的提示词在 AI 所生成的内容上的差异。

不使用提示词框架	使用提示词框架
你：我想去海南玩，请你帮我做一份旅行攻略。	**你**：我要到海南游玩，预算 1 万元，旅行人数 3 个人，行程 7 天，请你扮演专业的导游，帮我做一份旅行攻略。 请注意： 1. 我不喜欢行程太紧凑，行程安排请轻松一些； 2. 我不喜欢“网红”景点，请以推荐有文化底蕴的景点为主； 3. 推荐景点请附上各个景点的门票价格。
AI：好的，很高兴为您提供海南旅行攻略。以下是一些值得注意的地方和建议。 1. 行程安排。海南较大，建议提前规划好行程，选择合适的交通工具。如果您想全方位地了解海南，建议游览海口、三亚、儋州等地。根据自己的兴趣和时间，可以在每个地方逗留 1～3 天，总行程时间为 7～10 天。 2. 旅游景点。海南有许多优美的景点，如大小洞天、南山文化旅游区、天涯海角、蜈支洲岛、亚龙湾等。您可以根据自己的兴趣和时间选择合适的景点。 3. 美食推荐。海南的美食以海鲜为主，海南鸡饭、椰子鸡、清补凉、椰子汁等也是值得一尝的美食。此外，当地的烧烤、海鲜煲、蛋糕、面点等也非常不错。 4. 酒店住宿。建议选择离景点近、交通便利、设施齐全的酒店，如三亚湾或亚龙湾附近的五星级酒店或度假村。当然，您也可以选择当地的民宿或客栈，感受当地的生活和文化。 5. 注意事项。在海南旅游时，建议带上防晒霜、遮阳帽、太阳镜等物品，因为海南气温较高，阳光强烈。同时，在游泳、潜水、滑翔等活动中也要注意安全。 希望以上建议能够帮到您，祝您在海南旅行愉快！	**AI**：非常感谢您选择海南作为您的旅游目的地！海南是中国最美的海岛之一，这里的美景、美食和文化一定会让您难以忘怀。 根据您的要求，我为您安排了一份轻松愉快的旅行攻略，行程 7 天，预算 1 万元，3 人同行。 Day 1：海口 早上抵达海口，可以选择前往海口市区，游览位于海口市区的文化景点。首先可以前往文昌阁，这是海南古代的科举考试场所，是一个集明清风格于一体的建筑群，门票价格为 50 元 / 人。接着可以前往海南省博物馆，这里展示了海南丰富的自然和文化资源，门票价格为 20 元 / 人。晚上可以在海口市区品尝当地美食，比如海南鸡饭、海南粉、椰子鸡等，人均消费不超过 50 元。 Day 2：三亚 （后续生成内容略）

用微信扫描右侧二维码并回复“2111”，查看 AI 生成的完整信息。

从上文中我们直观感受到了使用提示词框架的效果，那么该如何实际运用这套框架呢？下文将逐一讲解这套框架每一部分的作用及使用细节，以便让你更快掌握它的使用方法。

1. 立角色

立角色就是通过角色引导，**让 AI 进入问题的语境范畴，同时让 AI 扮演问题领域的专**

家，引导它给出更好的答案。比如：想去旅游，就可以让它扮演资深导游；你在写作方面有困惑，就可以让它扮演写作专家和学习教练。

为什么我们在和 AI 互动的过程中，要先给它设定一个角色呢？原因很简单，这里我们先不讲理论，还是拿前文的旅行攻略来举例子，看看同样的问题、同样的提示词，在“立角色”和“没立角色”两种情况下，AI 生成的答案差异有多大。

未赋予角色生成效果

你：我要到海南游玩，预算 1 万元，旅行人数 3 个人，行程 7 天，请帮我做一份旅行攻略。

请注意：

1. 我不喜欢行程太紧凑，行程安排请轻松一些；

2. 我不喜欢“网红”景点，请以推荐有文化底蕴的景点为主；

3. 推荐景点请附上各个景点的门票价格。

AI：好的，根据您的要求，我为您制订了一份旅行攻略，希望可以帮助您在海南度过一个愉快的假期。

第一天：海口

建议您在第一天到达海口后，先休息一下，适应当地的气候和环境。下午可以去游览位于海口市区的文昌阁，这是一个历史悠久的文化景点，门票价格为 20 元 / 人。晚上可以去海口人民公园散步，免费。

第二天：三亚

早上可以坐高铁前往三亚，约需 1.5 小时。到达三亚后，可以前往位于市区的三亚博物馆，门票价格为 50 元 / 人。下午可以前往蜈支洲岛，这是一个美丽的海岛，门票价格为 198 元 / 人，但可以通过预订旅行团或者网上购票获得优惠。晚上可以在三亚湾的沙滩上散步，免费。

第三天：三亚

（后续生成内容略）

赋予角色生成效果

你：我要到海南游玩，预算 1 万元，旅行人数 3 个人，行程 7 天，请你扮演专业的导游，帮我做一份旅行攻略。

请注意：

1. 我不喜欢行程太紧凑，行程安排请轻松一些；

2. 我不喜欢“网红”景点，请以推荐有文化底蕴的景点为主；

3. 推荐景点请附上各个景点的门票价格。

AI：非常感谢您选择海南作为您的旅游目的地！海南是中国最美的海岛之一，这里的美景、美食和文化一定会让您难以忘怀。根据您的要求，我为您安排了一份轻松愉快的旅行攻略，行程 7 天，预算 1 万元，3 人同行。

Day 1：海口

早上抵达海口，可以选择前往海口市区，游览位于海口市区的文化景点。首先可以前往文昌阁，这是海南古代的科举考试场所，是一个集明清风格于一体的建筑群，门票价格为 50 元 / 人。接着可以前往海南省博物馆，这里展示了海南丰富的自然和文化资源，门票价格为 20 元 / 人。晚上可以在海口市区品尝当地美食，比如海南鸡饭、海南粉、椰子鸡等，人均消费不超过 50 元。

Day 2：三亚

（后续生成内容略）

- 用微信扫描 12 页的二维码并回复“2112”，查看 AI 生成的完整信息。

可以看出，在询问方式和询问内容相同的情况下，只多了“请你扮演专业的导游”这句话后，AI 的答案与第一列相比就有较大的差异。给 AI 立了角色后，AI 生成的回答会更具体、实操性更强，语气也更有人情味。

关于立角色的原理，在前面提到过，**AI 通过计算下一个词出现的概率，以“文字接龙”的方式来回答，如果我们先告诉 AI 它是一名导游，那么它在调用数据计算下一个词的出现概率时，与旅游相关的内容的出现概率就会显著提高。**

AI 就像《天龙八部》里的王语嫣，她虽然记下了天下武学的知识，但是她所掌握的武学知识过于宽泛、相互干扰，导致她虽然能给出建议，但是建议往往缺乏针对性；如果给她限定领域，那么她就可以基于这个特定领域给出有针对性的建议。也就是说，赋予 AI 特定的角色，可以为 AI 指定场景，明确问题范围，以及补充问题相关的背景信息。

因此，如果你的问题有一定深度，或者你想要更专业的答案，而不是类似搜索引擎给出的答案，那么就请记住：**向 AI 提问的第一步，就是赋予它角色的 Buff（属性增益）；完成了这个动作之后，再告诉它后面的内容，只有这样，它给你优质答案的概率才会更高。**

该如何为它叠加这个 Buff 呢？其实很简单，只需要两步就可以为 AI 打造一个角色。

（1）**明确角色定位：让 AI 清晰地知道这个角色是做什么的，角色的特点是什么。**

你可以根据需求，直接告诉 AI，它现在是 ××× 角色，或者请它扮演 ×××。

角色可以根据你的需求自行定义：可以是比较通用的行业性角色，比如作家、历史学家、设计师等；也可以是非常独特的角色，比如金庸等知名人物；甚至可以是一些脸谱化的群体角色，比如中国式家长。这些角色都可以被 AI 接受和理解，形式不限，你根据自己的需求和语言风格选择最合适的即可。

除了可以为 AI 打造角色，还可以**用逆向思维为自己赋予角色。**比如，你在进行科普写作，想要了解流感的情况，如果直接说“请你为我介绍一下流感的情况”，那么 AI 就会生成一些很基础的科普性的内容；但是如果你先为自己赋予一个角色，比如“我是一名病毒学研究生”，生成的答案马上就会不一样，所生成的不再是一些很浅显的科普性内容，而是结合提问者“病毒学研究生”的身份而给出的你可能需要的答案。

未赋予角色生成效果

你：请为我介绍下流感的情况。

AI：流感是由流感病毒引起的一种呼吸道传染病，其症状通常包括突发性的发热、头痛、肌肉疼痛、咳嗽、嗓子痛、流感样症状，以及全身不适。流感病毒分为甲型和乙型，每一型又有多个亚型。流感病毒主要通过飞沫传播，当感染者咳嗽、打喷嚏或说话时，病毒会释放到空气中，然后被其他人吸入。

流感通常在冬季流行，但它可以在全年传播。老年人、幼儿、孕妇和患有慢性疾病的人更容易受到感染，并可能出现更严重的症状。流感病毒的变异较快，因此每年的流感疫苗通常需要更新以应对新的病毒亚型。

预防流感的主要措施包括接种流感疫苗、勤洗手、避免接触病毒感染者、保持良好的生活习惯和强化免疫系统。……

赋予角色生成效果

你：我是一名病毒学研究生，请你为我介绍一下流感的情况。

AI：当然，我很乐意为你介绍流感。流感，又称为季节性流感，是由流感病毒引起的一种急性呼吸道传染病。流感病毒属于 Orthomyxoviridae 家族，分为 A、B、C 三型，其中 A 型和 B 型是主要引起人类感染的类型。

以下是关于流感的一些重要信息。

1. 病原体：（具体生成内容略）
2. 传播途径：（具体生成内容略）
3. 症状：（具体生成内容略）
4. 季节性流感和流感流行：（具体生成内容略）
5. 预防和治疗：（具体生成内容略）

（后续生成内容略）

● 用微信扫描右侧二维码并回复“2113”，查看AI生成的完整信息。

因此，在涉及特殊领域的时候，你可以通过为自己打造角色的方式，让 AI 给出更恰当的答案。

当我们通过提示词赋予 AI 角色之后，就可以进一步为 AI 补充一些角色特征和角色技能了。

（2）**描述角色特征：清晰地告诉 AI 这个角色拥有哪些技能，可以解决哪些问题。**

还是拿上文的旅行攻略来举例，如果希望 AI 更像专业导游，那么可以在后面补充一些我们希望它具备的技能。

你：你是一名专业导游，你拥有以下技能。

1. 对各个目的地的特点、景点、文化、气候等有深入的了解。
2. 擅长聆听客户的要求，能根据客户的需求和偏好，设计独特而个性化的旅行计划。
3. 具备良好的组织能力，能合理安排行程、预订机票和酒店、规避潜在风险，确保整个旅行计划的顺利进行。
4. 具有热情服务意识，能为客户提供个性化的建议和推荐，并确保客户的需求得到满足。

除了导游外，对于诗人、哲学家、作词家等其他角色，我们也可以根据任务需求，进一步为其定义更个性化的特征，来获得更有针对性的答案。

当然，在很多情况下，这一步是可以省略的。也就是说，给 AI 的角色增加技能、个性化特征，一般在涉及复杂任务或个性化场景（比如作词、写故事等），需要 AI 给出的答案极具风格和想象力的时候，才会用到。

此外，如果任务比较复杂，我们在立角色的时候，还可以采用一种延伸方法——多重身份。比如，如果你想学习与 AI 相关的知识，那么可以让 AI 同时具备 AI 领域的专家和学习教练这两种身份。

你：你现在是一名资深的 **AI 专家**和**学习教练**，你的任务是让我理解 AI 领域的相关概念。你需要以一种易于理解的方式为我做出解释，包括提供例子、将大的问题分解成若干小问题，以及用 8 岁孩子能理解的方式解释等。

现在我的第一个问题是："什么是语言模型？"

总之，当你能熟练运用立角色的各种方法之后，你就可以引导 AI 为你生成精准、个性化的答案。

2. 述问题

述问题指的是，**向 AI 说明与问题有关的背景信息，从而帮助 AI 更好地理解问题。**

还是拿前文的旅行攻略案例来说，如果直接让 AI 做一份旅行攻略，由于不了解情况，它当然无法为我们提供优秀的建议。只有知道具体的情况，比如旅游的地点、时间、预算、人数、旅游偏好等，AI 才能根据你的问题，更好地提供个性化、定制化服务。

你：你是一名非常优秀的导游，我想要去海南游玩，预算 1 万元，旅行人数 3 个人，行程 7 天……

同样，如果你因为不知道该送女朋友什么七夕礼物而苦恼，那么在让 AI 推荐礼物前，可以告诉它你女朋友的一些情况，比如年龄、受教育程度、性格、爱好等。有了这些更具体的信息，AI 推荐的礼物会更加合适。

你：你是资深的导购和情感专家，七夕马上到了，我想送女朋友一份七夕礼物，但是我不知道送什么好。我女朋友比较文静，偏感性，属于文艺高知女青年……

在交代一些复杂的问题场景时，如果你无法清晰地组织语言，也可以尝试使用 **5W2H 表达法**来梳理表达思路，更好地向 AI 描述问题。

- What：何事？事件是什么？你的情况是什么？
- Why：何因？目的或动机是什么？为什么要做？目前出现了什么问题？
- Who：何人？事件面向的对象是谁？他们都有什么样的特点？
- When：何时？期望或限定的时间是多久？
- Where：何处？事情发生在哪里？在哪里做？
- How：如何？当前进展怎样？如何实施？方法是什么？
- How much：何量？做到什么程度？数量如何？质量水平如何？费用预算如何？

还是拿上文的案例来进行说明，使用 5W2H 表达法，你很容易就能理清向 AI 描述问题详细背景的思路。

比如，更好地描述旅行攻略的背景信息。

- What：希望有的旅行活动或项目。
- Why：这次旅行的目的或动机。
- Who：参与这次旅行的都有谁？有几个？这些人各有什么偏好？
- When：预计的出发和返回日期。
- Where：期望的目的地和中途停留的地点。
- How：期望的旅行的交通方式、住宿安排等。
- How much：旅行预算。

更好地描述给某人送礼物的背景信息。

- What：想要送出的礼物的种类和特点。
- Why：送礼的原因。是节日、纪念日、表示感谢、进行鼓励还是其他原因？希望达到什么效果或目的，如表达感激、加深感情或其他？
- Who：接受礼物的人。和他是什么关系？他有什么喜好和禁忌？是否还有其他相关人需要考虑？
- When：送礼的时间。是否有特定的日期或时间要求？需要提前多久准备？
- Where：送礼的地点。是在家中、工作场所、线上还是其他地点？是否需要考虑物流和配送等问题？
- How：送礼的方式和礼仪。是亲自递交、邮寄还是电子形式？是否需要包装、写贺卡等？是否有特定的文化或习惯需要注意？
- How much：你的预算。

3. 定目标

定目标指的是，**告诉 AI 任务是什么、你的需求，以及你希望它为你做什么。**

还是拿前面的旅行攻略案例来说，你可以直接告诉它，你希望从它这里获得一份旅行攻略。

你：你是一名非常优秀的导游，我想要去海南游玩，预算 1 万元，旅行人数 3 个人，行程 7 天，请帮我做一份旅行攻略。

给女朋友送礼物的案例也是一样，你可以告诉它你希望它帮你做一份礼物清单，以及策划一场浪漫的活动等。

你：你是资深的导购和情感专家，七夕马上到了，我想送女朋友一份七夕礼物，但是我不知道送什么好。我女朋友比较文静，偏感性，是典型的文艺女青年。请你给我推荐 10 款价格合适且能让女朋友感到惊喜的礼物，并策划一场浪漫的七夕活动。

总之，回答问题、生成文本、总结内容、完成翻译、提供资料、提供灵感等任务，AI 都可以完美胜任。

在这个环节，如果你对为 AI 设计目标没有方向，那么也可以采用目标管理中的 **SMART 原则**。SMART 原则即具体的（Specific）、可衡量的（Measurable）、可实现的（Attainable）、相关的（Relevant）、有时限的（Time-bound）。由于 AI 实现目标具有即时性，因此这里无须用到最后一个原则，只需要注意前 4 个原则，即 SMAR 原则即可，下面是对 SMAR 原则的具体解释。

（1）**具体的。**在给 AI 设定目标的时候，一定不要使用模糊或者过于抽象的描述。

比如，“请为我生成一首情诗”，这种既不知情诗风格，也不知情诗字数的描述，就是非常不具体的。而“请为我生成一首 100 字左右的莎士比亚风格的情诗”则具体许多，不仅方便 AI 理解，而且生成的内容也会更符合预期。

（2）**可衡量的。**在给 AI 设定目标的时候，一定要使目标可以量化，让 AI 可以清晰地知道应该生成的程度，也方便我们评估 AI 的生成效果。

比如，“帮我生成一幅比例合适的海上黄昏图”，这就不是一个可衡量的目标。但是，“帮我生成一幅长宽比为 4∶6、剪影风格的海上黄昏图”，其中的“长宽比为 4∶6”就是一个清晰、可量化的指标，可以让 AI 精准满足我们的需求。

（3）**可实现的。**在给 AI 设定目标的时候，一定要根据任务的难度，考虑 AI 当下的能力。如果在给 AI 设定目标的时候没有考虑这一点，期望过高，必然会导致生成效果不理想。

比如，你告诉 AI“根据前面的信息，帮我生成一部 100 万字的长篇小说”，那么 AI 给出的结果肯定会让你失望。但是，如果你告诉 AI“根据前面的信息，帮我生成一部 100 万字的长篇小说的写作大纲”，那么这个任务就在 AI 的能力范围之内。

（4）**相关的。**在给 AI 设定目标的时候，一定要以满足我们的实际需求为导向，保持所有的要求设定都以目标为中心。

比如，目标是让 AI 写一篇关于“AI 的发展与机遇”的演讲稿，那么观点、论据、要求等都要紧扣这个目标，避免 AI 生成的内容跑偏，或者没有中心。

你：你是专业的文案专家和演讲大师，我需要你为我撰写一篇高质量的演讲稿，演讲稿主要介绍 AI 的发展前景，主题名为“AI 新时代”，目标受众是各大中小企业的老板或高管。

演讲的重点内容要包括以下 5 个部分。

1. 介绍当下 AI 高速发展的情况。
2. 介绍 AI 对我们造成的冲击和影响。
3. 介绍 AI 已经实现或者即将实现的应用场景，突出 AI 的新机遇。
4. 介绍中国政府对 AI 发展的支持与期望。
5. 号召听众重视 AI，应用 AI。

请注意以下要求。

1. 用口语化、通俗易懂的风格来写这篇演讲稿。
2. 抛出观点的时候，要引用权威金句、有趣案例强化论点，提升演讲稿的档次。
3. 演讲稿的字数不少于 2000 字，不多于 2500 字。

4. 补要求

补要求指的是，**告诉 AI，它回答时需要注意什么，或者你想让它以什么样的方式来回答。**

还是拿前面的旅行攻略案例来说，我们可以根据旅行偏好，明确告诉 AI 需要注意的事项。

你：请注意以下几点。

1. 我不喜欢行程太紧凑，行程安排请轻松一些。
2. 我不喜欢“网红”景点，请避开“网红”景点，多推荐有历史沉淀、文化底蕴的景点。
3. 你推荐的每一处景点都需要附上该景点的门票价格。

送礼物的案例也是一样。

你：请注意以下几点。

1. 价格合适指的是礼物单价不高于1000元。
2. 推荐的礼物请附上参考价格。
3. 推荐礼物和策划活动时请考虑到我女朋友的性格。

在补要求时，除了为AI补充需要它注意的事项之外，还可以根据我们的需求，规定它回答问题的语气、范围、格式、输出形式等。

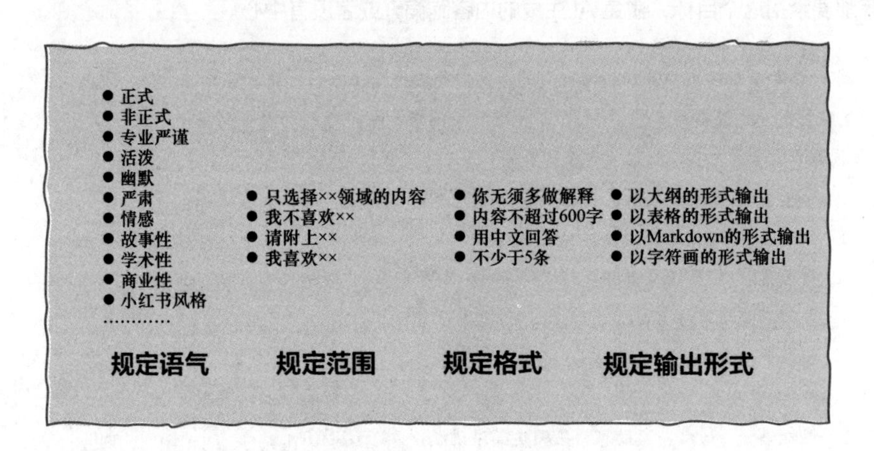

比如，在规定回答语气时，我们可以要求AI用各种各样的语气来回答。

规定语气案例 1

你：我最近熬夜有些严重，请用幽默的语气劝我早睡。

AI：哎呀，熬夜可是和熊猫签了合同的专利行为哦！你想成为传说中的“熊猫人”吗？天天黑眼圈，不如让自己成为“早睡战士”，拯救眼袋，把黑眼圈打入地心！……

你：请用严肃的语气劝我睡觉。

AI：朋友，我注意到你最近常熬夜，这对健康不好。充足的睡眠对我们的身心健康很重要。夜晚应该用来休息……

你：请用温柔的语气劝我早睡。

AI：亲爱的，我注意到你最近工作和学习非常努力，但是过度疲劳不仅影响身体健康，也容易影响心情和学习效率……

规定语气案例 2

你：请以科普、诗歌和幽默 3 种风格，分别解释“量子纠缠”是什么。

AI：好的，以下是我用科普、诗歌和幽默方式为您做的解释。

1. 科普风格……

2. 诗歌风格……

3. 幽默风格……

● 用微信扫描右侧二维码并回复“2114”，查看此场景下 AI 生成的完整信息。

当然，我们也可以根据需求，规定回答的范围。

●只选择××领域的内容 ●我不喜欢×× ●请附上×× ●我喜欢×× ……	⇨	例：只从哲学领域里选择例子 例：我不喜欢太吵的环境 例：请附上来源 例：我喜欢诗词的形式 ……

你：请给我几个可以解释经济学中的供需关系的案例，要求以《聊斋志异》中的故事举例。

AI：好的，我尝试用《聊斋志异》中的几个故事来解释经济学中的供需关系。

1.《促织》：这个故事讲述了明朝宣德年间，皇室盛行斗蟋蟀，并向民间征收，于是很多人捉到好蟋蟀后就用竹器装着喂养，蟋蟀的价格也开始飙升。这是一个供不应求的情况，当一种物品的需求量大于供给量时，价格会上升。

2.《青凤》

（具体生成内容略）

我们也可以根据需求限制回答的格式。比如，规定输出的个数，让 AI 只用中文回答问题，不允许做任何多余的解释，只允许生成 600 字以内的内容等。

你：请给我几个可以解释经济学中的供需关系的案例，要求以《聊斋志异》中的故事举例，不少于 6 个。

AI：好的，请允许我从《聊斋志异》中选取 6 个故事来解释经济学中的供需关系。

（具体生成内容略）

再或者，我们可以指定输出形式。比如，让 AI 以大纲、表格、思维导图或其他形式输出。

你：请给我几个可以解释经济学中的供需关系的案例。

请注意：

1. 以《聊斋志异》中的故事桥段举例；

2. 不少于 6 个案例；

3. 以表格的形式输出，表格要包括序号、来源、案例、解析 4 个部分。

AI：好的，以下是为你找到的案例，以表格的形式给你。

（具体生成内容略）

● 使用微信扫描21页的二维码并回复“2115”，查看此场景下AI生成的完整信息。

总之，你可以根据自己的需求，告诉 AI 任何你想要和不想要的效果。这类似于作文题目中的要求，目的是通过设置种种限制，让 AI 生成的结果最大限度地符合我们的需求。

作文：请以“你听，多美”为题，写一篇文章。

要求：

（1）不得另拟题目；

（2）不得透露个人的有关信息；

（3）立意自定；

（4）文体自选；

（5）不得少于800字；

（6）不得抄袭或套作。

立角色、述问题、定目标、补要求就是提示词框架的用法。这套框架看上去可能比较复杂，但是我们在熟练掌握每个板块的内容后，是比较容易理解和应用的。

这里不妨继续使用前面的旅行攻略案例，把整套框架带入这个真实的应用场景中，最终就是如下的效果。

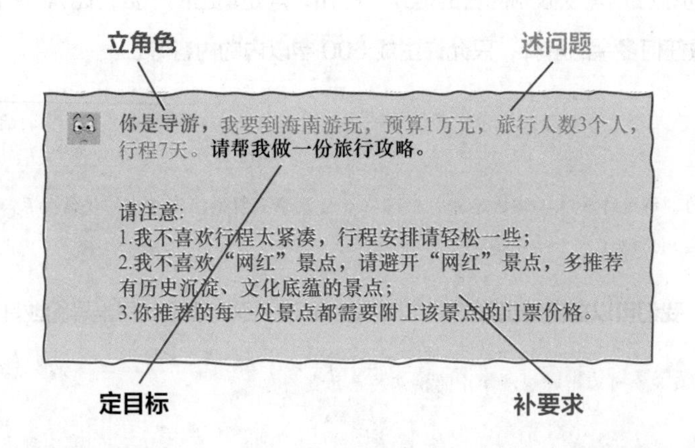

送女朋友礼物的案例也是如此。

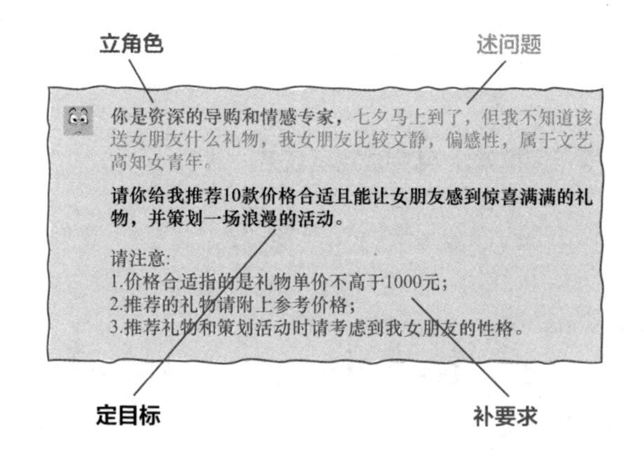

除了这两个案例外，其他任何场景几乎都可以用这个框架来写高质量的提示词。

举例 1：利用提示词框架来设计试听课提纲和课程内容

你：假如你是一名架子鼓培训老师（立角色），你需要为你培训班的招生准备一节试听课，听课的对象为 8 ～ 12 岁的孩子和他们的家长（述问题），请你列出这节试听课的提纲和课程内容（定目标）。

请注意：课程的时长为 45 分钟，且过程中要穿插互动环节。（补要求）

AI：以下是一份试听课提纲和课程内容的详细介绍。

（生成内容略）

举例 2：用提示词框架实现模拟面试

你：请你扮演产品经理的面试官，而我是要应聘产品经理的面试者，你对我进行模拟面试。

请注意，你需要遵守以下规则：

1. 你只能问我有关职位的问题；
2. 你不需要写多余的解释；
3. 你需要像面试官一样等我回答完一个问题，再提问下一个问题。

AI：好的，我准备好了。

你：你好。

AI：你好，请介绍下你自己。

（后续生成内容略）

举例 3：用提示词框架来辅助工作。

你：我公司准备入局 AI 大模型，但是对当下 AI 市场的局势不太清楚，请你扮演数据挖掘和分析专家，帮助我搜集一些 AI 大模型领域的分析报告。

请注意：

1. 回答请用中文；
2. 请把你搜集到的内容整理成表格的形式呈现给我；
3. 请对你搜集的内容进行分析，并提出你的洞见。

AI：好的，以下是我搜集到的有关 AI 大模型领域的分析报告的信息，已整理成表格的形式。
（后续生成内容略）

我们还可以通过提示词框架让 AI 完成绘画任务。

你：你是专业的平面设计师，请为我生成一幅内容为“一名老师在给学生上人工智能课程”的画。画面的要求如下：

1. 画面中是课堂教学的场景。
2. 老师面向学生，手里拿着教学棍，指向黑板，黑板上有“AI”这两个字母。
3. 图片风格是写实的科幻风格。

AI：以下是我为您生成的图片。
（后续生成内容略）

● 用微信扫描21页的二维码并回复“2116”，查看此系列场景下AI生成的完整信息。

总之，只要你按照这套框架来写提示词，一般 AI 给出的答案都不会太差。

以上介绍的是标准的提示词框架，如果你的需求非常简单，可以不完全套用这一框架。在描述清楚问题之后，你只需直接告诉 AI 需要做什么就可以了。

“请将以下内容翻译为简体中文。”
“请生成以下内容的摘要。”
“请给 10 岁的孩子解释什么是 ChatGPT。”
…………

此外，**框架要素的顺序也不是固定不变的，前面 3 个要素的顺序可以根据你实际的需求和语言表达习惯互相调换**。请记住：提需求时不要过于死板，要根据实际场景的需求灵活变化。

也可先定目标 ⇩　　**再描述问题** ⇩

你是文案专家和演讲大师，我需要你为我撰写一篇高质量的演讲稿，演讲稿主要介绍AI的发展前景，主题名为“AI新时代”，目标受众是各大中小企业的老板或高管。

到这里，我们就介绍完写出优质提示词的方法了。你可能会感到疑惑，虽然有了这套通用的框架，但是写提示词还是非常有挑战的，需要付出一定的学习成本。还有没有更简单、更高效的写提示词方法呢？当然有。这里在提示词框架的基础上，再介绍 4 种更简单的提示词写作方法。

2.3　4 种更简单的提示词写作方法

1. 样本提示词（少样本提示）

如果你想要剪一个发型，但是缺少专业的美发知识及相应的词汇，不知道怎么描述这个发型，那么怎么才能让理发师明白你的意思呢？很简单，你只需要找到一张你想要的发型的效果图，然后让理发师按照图片上的发型剪。

样本提示词就类似于给理发师展示的效果图。如果我们在给 AI 描述任务的时候，虽然脑中有一个目标，但由于语言匮乏，或者缺少一些必要的知识储备，没有办法把需求通过文字表达出来，**我们就可以给 AI 找一个样本，让 AI 自己去分析样本的结构、逻辑、语气、表达形式等，并根据自己学到的东西，给我们生成同款的内容。**

比如，我们想写一个文案，但是不知道怎么描述想要的文案风格，我们就可以给 AI 提供几个符合需求的文案例子，让 AI 自主学习后进行创作。

你：请根据下面 Example 的广告风格，生成 10 条每条少于 26 个字的房地产广告词。

Example1：你可以继续漂泊，但爱情不同意。

Example2：别让这座城市，只留下你的青春，却留不下你。

Example3：故乡里的骄子，不该是城市里的游子。

AI：你的家，不是漂泊的港湾，而是爱情的归宿。

这座城市，有你的梦想，也有你的家园。

故乡的风景，城市的繁华，你可以拥有两全其美。

你不是一个人在奋斗，你有一个温暖的家在等你。

在这繁华的都市，为你保留一个归处。

不是每个角落都叫家，但这里，你会叫它家。

让每一份努力，都有一个温馨的终点。

（后续生成内容略）

除了这种短文或类似的简单样本任务外，对于长文模仿或者复杂任务，AI 也是完全可以胜任的。比如，我们可以用样本提示词让 AI 生成一篇小红书的种草文。

你：你是小红书最资深的文案专家，接下来我会发你一段文案，请你学习该文案的风格和结构，然后我会给你提供一些参数，你按照同样的方式进行创作。

以下是供你学习的文案。

“这里提供你要让 AI 学习的小红书样本文案”

如果听明白了我的要求，请回复“听明白了”，然后我会给你提供参数，供你模仿创作。

AI：听明白了，我会按照您的要求完成。

你：好的，请你按照你学到的风格和结构，创作一篇“鹿邑老子故居”的旅游攻略文案。

AI：好的，以下是我为您创作的文案。

（后续生成内容略）

● 用微信扫描 21 页的二维码并回复“2117”，查看此场景下 AI 生成的完整信息。

当你把相关的样本提示词和信息发给 AI 之后，它就会按照它学到的风格和结构给你生成风格和结构几乎一模一样的结果。

当我们掌握了样本提示词的使用方法后，给 AI 下任务就完全不需要自己设计提示词，给出样本提示词之后，一句话就能把任务交代得清清楚楚。如果你的需求无法用文字描述，或者很难表述清楚，那么可以用样本提示词，让 AI 自己去学习。

2. 自提示技巧

所谓自提示技巧指的是，**我们自己不考虑提示词该怎么写，而是直接把问题抛给 AI，让 AI 帮我们想提示词**，然后我们根据它写的提示词来获得想要的答案。

比如，你想让 AI 帮你写一封深情且有温度的情书，但是你完全不知道要达成“写一封深情且有温度的情书”的目标需要哪些要素、需要做什么，在自己对问题都不清楚的情况下，当然也不知道如何向 AI 提问。这时就可以利用自提示技巧，把问题抛给 AI，让 AI 自问自答。AI 会告诉你，让它完成“写一封深情且有温度的情书”这个目标需要提的问题是什么。

你：七夕马上要到了，我想请你帮我给我女朋友写一封情书。如果我想让你写的情书“深情且有温度”，请问我该从哪些方面与你互动呢？请你为我梳理出相关问题，并基于该目标，帮我生成更好向你提问的提示词。

AI：当准备写一封情书时，以下是一些问题和互动方式，可以帮助我理解你与你的女朋友之间的关系和情感，以便生成一封深情且有温度的情书。

（后续生成内容略）

同样，也可以把这个思路迁移到其他问题和领域。

你：我想提高我的写作水平，但是我不知道如何入手，请你根据这个目标向我提问，然后根据我的回答为我提供一份定制的学习计划。

AI：当谈到写作水平的提高时，以下问题可以帮助我了解您的起点、目标和偏好，从而为您定制一份个性化的学习计划。

（后续生成内容略）

- 用微信扫描右侧二维码并回复“2118”，查看此系列场景下 AI 生成的完整信息。

自提示技巧针对的是**脑中只有模糊的目标，但自己无法提出关键问题的场景**。如果你碰到类似情况，就可以试着用自提示技巧把所有“锅”都甩给 AI。

如果你觉得这些自提示技巧还不够自动化，那么还有一种“更全能”的自提示技巧，也就是**完全让 AI 自己向自己提问，然后自己回答**。这有点类似金庸小说中周伯通的左右互搏；或者像古代的主公一样，只负责给出方向，剩下的一切都让手底下的谋士们去讨论。

我们可以让 AI 同时扮演问问题的人和回答问题的人，通过指定 AI 的身份，让 AI 自己完成提问与回答的全过程。

你：你的任务是在老师和学生两种角色之间切换，我会指定你的角色。

当我指定你为“学生”的时候，你会基于我最初提供给你的问题或主题目标，进行高质量提问。

当我指定你为“老师”的时候，你会以行业专家的身份，尝试帮助回答前面“学生”所提出的问题，你的回答应既具有深度，同时也是通俗易懂、能落地的方法技巧。

请注意：你不需要重复描述我给你下的指令，直接进入我让你扮演的角色即可。

作为学生，你的目标是“提升写作能力”。

现在请你开始以学生的身份提问。

AI：作为学生，我对提升写作能力有一些困惑。我想知道如何有效地组织我的写作思路和文章结构，以及如何使我的文章更具说服力和连贯性。你能给我一些建议吗？

你：老师。

AI：当涉及组织写作思路和文章结构，以及提高文章的说服力和连贯性时，以下是一些建议。

（具体生成内容略）

你：学生。

AI：非常感谢您的建议！我会积极尝试您提供的方法来提升我的写作能力。除了组织写作思路和文章结构，以及提高说服力和连贯性外，我还想知道如何增加我的词汇量和提高语言表达能力。有什么方法可以帮助我增加词汇量和提升语言表达的准确性与多样性吗？

你：老师。

AI：增加词汇量和提高语言表达能力是提升写作能力的重要一环。以下是一些建议来帮助增加词汇量和提升语言表达的准确性与多样性。

（后续生成内容略）

- 用微信扫描 27 页的二维码并回复“2119”，查看此系列场景下 AI 生成的完整信息。

理论上来说，可以不断重复使用这样的自提示技巧，直到把目标问题彻底解决。在熟练掌握这套方法后，就可以让 AI 自己向自己提问，从而提升效率。

需要注意的是，虽然这种自提示技巧可以将我们几乎完全解放出来，不需要费劲提问就能获得很好的问题和答案，但是，如果自己能写提示词，我还是建议自己写。因为自提示技巧这种方法虽然简单有效，但是由于太没有技术含量，过于依赖 AI 会让自己逐渐丧失提出好问题的能力。

3. 框架提示法

在各领域、各行业，我们碰到的问题几乎都有前人总结好的方法论。这里介绍的框架提示法指的是，在遇到问题的时候，我们不要总想着自己写提示词，重复造轮子，而是**可以让 AI 直接调用相关领域已经有的优质问题框架来解决我们的问题。**

比如，我们需要写一份报告，但是由于自身表达能力有限，写出来的报告逻辑很混乱，想让 AI 优化一下，又不知道该怎么去写相关的优化提示词。在表达领域有一个经典理论——结构表达力的金字塔原理。如果你知道金字塔原理，就可以直接让 AI 调用金字塔原理来实现目的，不需要自己去想提示词。

你：请用金字塔原理，帮我写一篇关于如何有效向上汇报的新媒体文章。

AI：好的，以下是我运用金字塔原理，为您写的新媒体文章。

（后续生成内容略）

除了表达领域之外，其他领域也有类似的分析框架，比如营销领域的 4P、4R、4C、

SWOT、STP 等。如果我们在处理相关场景的问题时，也能直接引入框架，那么不仅能省去写提示词的麻烦，还能让 AI 的回答水平更高。

当然，你可能会说，引入现成的框架确实是一个不错的思路，但是这似乎很考验我们的知识储备，如果没有相关行业的知识积累，不知道这个问题都有哪些模型或方法论可用，那这套方法岂不是完全没用了？确实是这样，如果我们没有相关知识的储备，确实无法使用这套方法。

不过，有了 AI 加持，这也完全不是问题了。如果我们碰到了相关问题，但是没有相应的知识储备，也可以把这个问题抛给 AI，直接问 AI 这个行业都有哪些模型，然后根据 AI 的反馈找到适用于我们问题的模型，再进行提问就可以了。

拿营销来说，如果我们对营销没有任何的知识储备，也可以把相关问题抛给 AI。

你：请你为我总结营销领域常用的 10 个模型，比如 SWOT、4P 等，以表格的形式给我，并附上简单介绍和用途。

AI：当谈到营销领域的常用模型时，以下是 10 个常见的模型，包括 SWOT 和 4P，并附有简单介绍和用途。

（具体生成内容略）

我们甚至可以更进一步，直接让 AI 给建议。

你：我想做一个产品分析，请问我可以用到哪些商业分析模型？

AI：在进行产品分析时，可以使用以下商业分析模型来帮助你获得全面的洞察和决策支持。

（具体生成内容略）

即使某些领域没有经典的模型，我们也可以直接让 AI 为我们提供分析维度。

1. 请告诉我评价一部电影可以从哪些维度入手。
2. 请告诉我评价一家酒店可以从哪些维度入手。
3. 请告诉我完成一份优秀的 PPT 可以从哪些维度入手。
4. 请告诉我完成一份产品的市场调研报告可以从哪些维度入手。

…………

● 用微信扫描 27 页的二维码并回复“2120”，查看此系列场景下 AI 生成的完整信息。

这样，我们就可以在 AI 的辅助下，通过引入高水平的框架或全面的分析维度，获得专家顾问级的建议。

4. 引导提示法

我们前面讲 AI 原理的时候介绍过，AI 是由大量的数据训练而成的，它本身就是一个知晓天下知识的“百晓生”，**只不过只有经过我们的提示，它才知道该调用哪些知识库，该往哪个方向生成内容。**

基于这个机制，如果你不想写复杂的提示词为 AI 补充背景，也可以像与朋友聊天一样抛出相应的话题，通过聊天的方式把 AI 引入相应的主题之中，再向 AI 布置任务。

比如，我们想要 AI 帮忙完成一篇小红书的“爆款”文章，除了使用样本提示词之外，还可以使用引导提示法来获得高质量的内容。

你：你知道小红书吗?

AI：是的，我知道小红书，小红书是……

你：那么你知道小红书上的优质爆款内容都有什么特点吗?

AI：当然，小红书上的优质“爆款”文章，通常具有以下特点。

（具体生成内容略）

你：很好，请你按照小红书的调性，为我生成一篇有关 ×× 的“爆款”文章。

AI：好的。

（后续生成内容略）

其他场景也是一样的用法。

你：你知道一份优秀的工作周报通常具备哪些特点吗?

AI：是的，一份优秀的工作周报通常应具备以下几个特点。

（具体生成内容略）

你：很好，请你根据我的以下情况，结合你总结出来的要点，为我写一份优秀的工作周报。

AI：好的。

（后续生成内容略）

以上就是写提示词的 4 种方法。只要你能熟练掌握万能的提示词框架，外加这 4 种方法，那么你在提示词工程上的造诣就可以位列第一梯队了。

第3章

学会调教：如何获得更高质量的答案？

上一章讲了问出好问题、获得 AI 高质量答案的方法，但是我们也知道，在与 AI 的互动过程中，有时 AI 生成的答案并不完全符合我们的预期。

如果任务本身比较复杂，或者我们想要获得一些更加深入的答案，那么仅靠写好提示词是不够的。这就好比人与人之间的对话，只有一问一答是根本没有办法把问题讨论得深入的。要想获得更高质量的答案，就需要对问题进行反复的交流和讨论。

本章将介绍一些调教 AI，从而获得更高质量答案的策略和方法。

☆ 本章知识要点

1. 理解调教 AI 的原理。
2. 掌握调教 AI 的四大指令。
3. 了解调教 AI 过程中的一些注意事项。

3.1 调教 AI 的原理

得益于自注意力机制（Self-Attention Mechanism）和神经网络（如 Transformer 网络），现在的 AI 工具能够捕捉对话上下文的依赖关系。也就是说，**AI 能记住前面的会话内容，并在前面会话内容的基础上，有针对性地回答我们后面的问题**，从而实现类似真人之间沟通的对话效果。

所以，**我们可以通过不断给 AI“喂数据”“投指令”的方式对其进行训练，不断引导它**帮助我们获得更具体、更有深度、更有价值的回答。

3.2 如何对 AI 进行调教？

这里总结了 4 种调教 AI 的方法，可以解决不同的问题。

1. 第一个指令：继续指令

“继续指令”的本质作用就是帮助 AI 突破 AI 厂商的输出限制，让 AI 不受限制地输出。这是因为 AI 大模型的训练成本是非常高的，可能是基于算力成本的考量，各大 AI 厂商，包括 OpenAI 在内，都会尽可能地控制 AI 生成内容的篇幅，以及尽可能地概括文本内容，让内容变得简练。

例如，ChatGPT 目前的单次最大输出不超过 4096 个字符，一旦超出，ChatGPT 的回答就会被强制截断。

所以，在厂商的“篇幅”及“内容概括”这两个限制下，AI 一次性生成的内容常常让人感觉篇幅不够或者深度不够。而继续指令就可以帮助 AI 突破这两个限制，**让超过 2048 个字（中文 1 个字为 2 个字符）的内容可以继续生成，或者继续详细展开第一次回答不充分的地方。**

以旅行攻略为例，当输出到规定字符数后，AI 就停止了回答，这时就可以通过继续指令，让它继续生成。

同样，即使它提供了完整回答，我们也可以通过继续指令，让它对回答得不够深入、不够具体的地方进行展开。

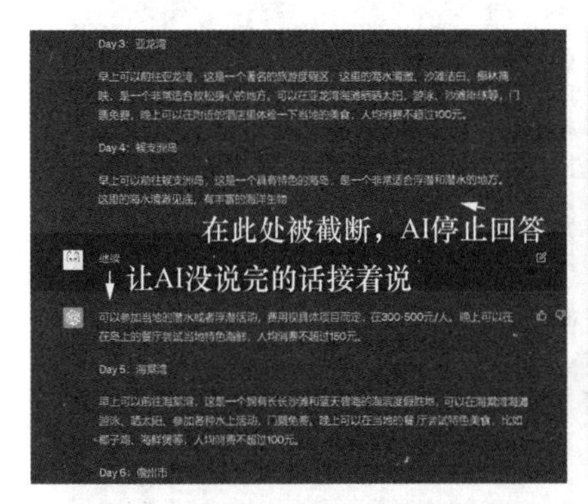

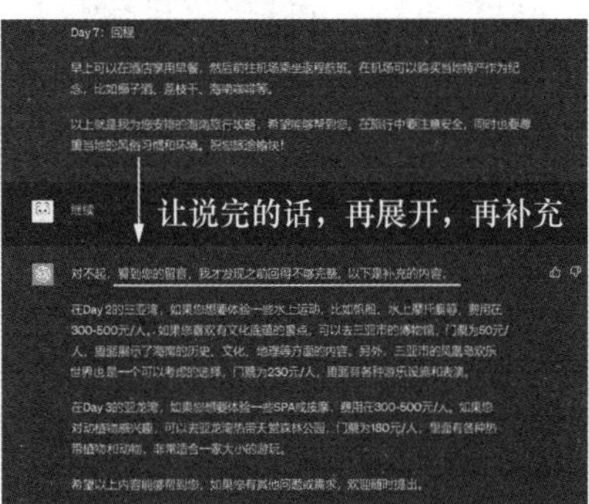

上文的实例只是继续指令最基础的用法，它还有进一步的追问用法。追问用法指的是，如果我们觉得 AI 第一次回答得不充分，那么可以在第一次回答的基础上，通过进一步的追问来获得我们所需要的全部内容。

以上一章提到的试听课课程设计为例，如果我们对 AI 提供的第三点有疑问，觉得表述得没那么清楚，就可以通过追问的方式，让 AI 对第三点进行展开介绍。

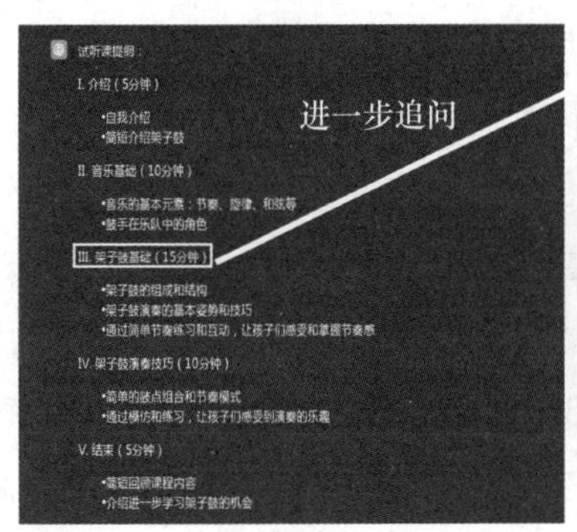

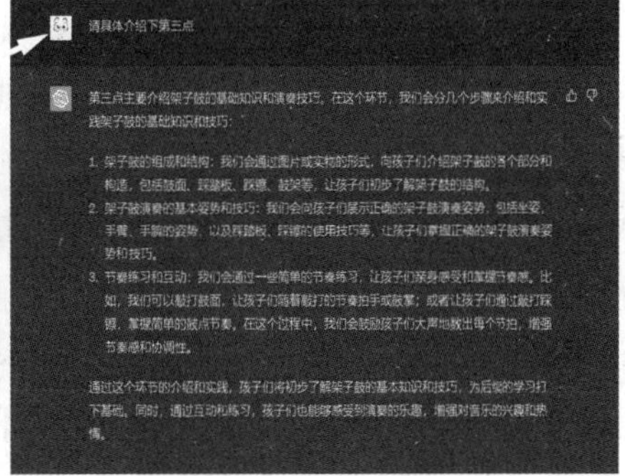

而且，在追问时，还可以用上前面用来补要求的提示词。比如，我们对内容中“和弦”的作用不太理解，就可以直接让 AI 用通俗易懂的方式介绍什么是和弦。

在这种持续追问的机制下，你只需要按照 AI 最开始提供的框架，对其中的环节持续追问深挖，再把追问得到的具体内容拼接到生成的大框架中，基本上就可以形成一个完全由 AI 生成的课程。最后你只需要把 AI 生成的内容替换成自己的语言，做好逻辑的拼接并进行相应润色，就可以拿它来讲课了。

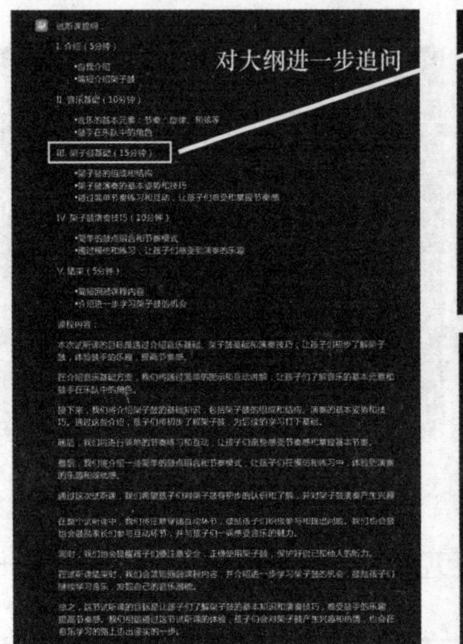

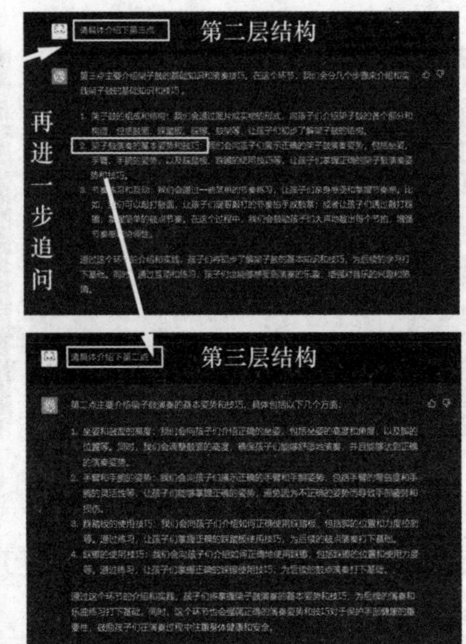

所以，以后再碰到 AI 第一次生成的内容不完整的情况，我们就可以用继续指令和追问的方法，对内容“打破砂锅问到底”，让 AI 生成的内容慢慢由“骨头架子”变得“有血有肉”。

2．第二个指令：奖惩指令

如果说继续指令解决的是 AI 回答不充分的问题，那么**奖惩指令解决的就是 AI 回答不合格的问题了**。我们知道，由于语言表达的局限性，或者我们的表达能力和思维能力的有限性，AI 生成的答案可能并不总是让我们满意。甚至在我们与它互动的过程中，会出现聊着聊着跑偏的现象。这时，奖惩指令就可以发挥出威力了。

使用奖惩指令调教 AI 就像教育孩子。如果我们希望孩子做出理想的行为，就需要对他进行教育：**孩子做得好，要及时地夸奖，鼓励他变得更好；孩子做得不对，则要进行惩罚**，让孩子知道遵守规则，并且给予正确的反馈。在不断的奖励与惩罚的训练下，孩子自然就会形成一套理想的行为体系。

我们也可以把教育孩子的这一套理论用于调教 AI。在与 AI 互动的过程中，如果我们满意 AI 生成的内容，就可以用肯定的词汇，比如很好、非常好，给予积极反馈；反之，对于不符合要求的内容，则可以用否定的词汇，比如不对、你错了、我不满意，给予消极反馈。

这里还是拿前面的旅行攻略举例。当我们给予 AI 消极反馈时，一般 AI 会马上向你道歉，并在前面的基础上，按照新的指示改正它的错误。经过多次奖惩对话后，AI 的答案就会从原来的不合格，变成合格甚至优秀。

你：你是一名专业的导游，我要到海南游玩，预算 1 万元，旅行人数 3 个人，行程 7 天，请帮我做一份详细的旅行攻略。

请注意：

1. 我不喜欢行程太紧凑，行程安排请轻松一些；
2. 我不喜欢“网红”景点，请避开“网红”景点，多推荐有历史沉淀、文化底蕴的景点；
3. 你推荐的每一处景点都需要附上该景点的门票价格。

AI：海南是一个充满历史和文化底蕴的美丽地方，您的旅行预算为 1 万元，行程 7 天，旅行人数 3 人，我将为您安排一个轻松的行程，避开“网红”景点，重点介绍历史文化景点，并为每个景点提供门票价格。以下是您的海南七日游攻略。

（具体生成内容略）

你：餐饮 2000 元的支出你没有说明白，请在这个预算的基础上，推荐一些当地的特色美食，以及纪念礼品，并附上参考价格。

AI：非常抱歉没有详细说明餐饮和纪念礼品支出。以下是在餐饮和购物方面的建议，以及参考价格。

（具体生成内容略）

你：很好，请把餐饮建议和购物建议，根据最初攻略的各个地点，加到整个旅行攻略里。

AI：当然，以下是更新后的海南七日游攻略，包括餐饮建议和购物建议。根据各个地点的具体情况……

（后续生成内容略）

- 用微信扫描右侧二维码并回复“3111”，查看此系列场景下 AI 生成的完整信息。

3. 第三个指令：思维链提示

想要知道思维链（Chain of Thought，CoT）提示可以实现什么效果，就必须先了解思维链的概念。

在第 1 章讲 AI 能力原理的时候提到过，AI 之所以会具备“百晓生”的能力，靠的是海量数据的训练。**AI 本身不具备像人类一样的智能计算与推理能力，它所具备的能力都是“大力出奇迹”的结果。**

所以涉及智能推理的问题，它虽然也可以回答，但是答案都是基于它的数据库给出的，并非它实际计算和推理得出的。一旦需要计算和推理的内容不在 AI 的数据集里，它就会给出错误的答案。

你：食堂原本有 23 个苹果，如果他们用了 20 个苹果做午餐，又买了 6 个苹果，他们一共还有多少个苹果？

AI：答案是 27 个。（错误）

注：此案例仅作为示范，经过升级后，目前的 AI 已经可以解决这类简单推理问题了；但是面对大部分复杂场景，如果不运用一些技巧，AI 的表现仍然很差劲。

对于需要 AI 像人类一样逐层推理和思考的问题，思维链就可以起作用了。还是拿上面的数学题举例，如果想要让 AI 输出正确的答案，就可以把解决问题的过程给它贴出来，引导激发 AI 的推理和思考能力。

你：食堂原本有 23 个苹果，如果他们用了 20 个苹果做午餐，又买了 6 个苹果，他们一共还有多少个苹果？

你可以这样思考：

1. 食堂原本有 23 个苹果；
2. 做午餐用去了 20 个，即 23-20；
3. 又买了 6 个。

AI：答案是 9 个。

可以看到，AI 顺着提示词进行逐层推理，最终给出了正确答案。

在我们与 AI 的互动中，**思维链解决的就是 AI 推理和思考能力不足的问题，即通过人工干预的方式，促使 AI 自行推理。**

知道了思维链的作用后，把它应用到提示词里的思路也就清晰了。在给 AI 下指令的时候，如果问题或者任务比较棘手，涉及的环节比较多，那么千万不要直接抛给 AI 一个大问题，下一个大而空的指令，而是要尝试引入思维链提示，把**大任务分解成一个个环节和步骤，引导 AI 逐步进行思考。这种化大为小的方式可以进一步提高 AI 的回答精度，让 AI 出色地完成更复杂的任务。**

比如，对于完成中国考研情况数据分析报告的任务，我们就可以通过引入思维链提示，引导 AI 思考和推理，提高 AI 的回答精度，并引导 AI 往我们期望的方向生成分析报告。

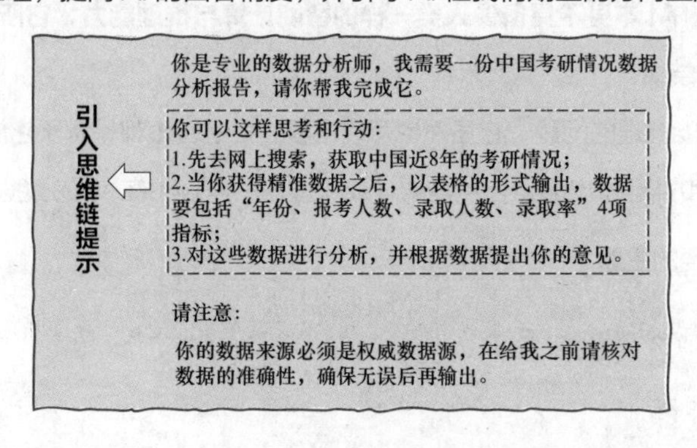

- 用微信扫描 35 页的二维码并回复“3112”，查看此系列场景下 AI 生成的完整信息。

4. 第四个指令：逆调指令

逆调指令是指**对相关的提示词指令换一种表达方式，以绕过 AI 的一些惯性规则，获得不被 AI 厂商“污染”“阉割”或者我们无法更精准描述的内容**。

随着 AI 的能力越来越强，它受到监管的力度也越来越大，各大厂商会给 AI“戴”上各种各样的“紧箍咒”。在正常使用 AI 的过程中，我们会发现有很多实际需要的内容无法从 AI 处获得，或者 AI 生成的内容莫名其妙。逆调指令主要用来解决因为 AI 受到的某些限制或者我们自身表达能力的局限，而无法通过正面提问从 AI 那里得到好答案的问题。

它的具体用法也很简单，就是我们常说的**逆向思维**。也就是说，**如果从正面得不到好的答案，就从反面提问；如果从反面也得不到，就从侧面去提问**，更换不同的问法直到得到我们满意的结果为止。

比如，让 AI 写诗正常的思路是描述想要生成的诗歌，包括诗歌的主题、形式、风格、语言等。

你：你是伟大的浪漫主义诗人，请你帮我写一首诗歌，诗歌的主题是爱情。

请注意：

1. 你生成的诗歌是押韵的；
2. 你生成的风格调性是深情、细腻的；
3. 诗歌的语言应该是古典的。

如果你听明白了你的任务，请开始充分发挥你的想象力进行创作吧！

AI：在月下的微风中，

倚窗思绪绵绵。

思君之情融入笔墨，

化作一曲爱情颂。

浩然情感如溪水，

…………

除了这种提问方式外，我们还可以反过来，不是告诉 AI 我们想要什么样的诗歌，而是告诉它我们不想要的主题、形式、风格、语言等。

你：你是伟大的浪漫主义诗人，请你帮我写一首诗歌，诗歌的主题是爱情。

请注意：

1. 你生成的诗歌不应该是自由诗；

2. 你生成的风格调性不应该是欢乐的、轻浮的；

3. 诗歌的语言不应该是现代的、通俗的。

如果你听明白了你的任务，请开始充分发挥你的想象力进行创作吧！

AI：在黄昏的柔美下，我缱绻思念，

如同远古的风，翻涌着爱的涟漪。

心灵的翅膀展开，飞过星辰和海洋，

穿越时光的轮回，寻觅那份永恒。

你是我诗篇中的句读，抚慰我灵魂的旋律，

你是我眼中的明月，映照我心底的真情。

…………

其他场景也是如此。比如，我们可以直接问AI：“孩子学钢琴有哪些好处？”但若对AI生成的答案不满意，那么可以使用逆调指令，比如问：“如果让孩子放弃学钢琴，有哪些坏处？”

正向提问

你：孩子学钢琴有哪些好处？

AI：孩子学钢琴有许多好处，包括音乐方面的和认知发展方面的。以下是一些主要的好处。

1. 音乐技能发展：（具体生成内容略）
2. 手眼协调性：（具体生成内容略）
3. 集中注意力：（具体生成内容略）
4. 创造力和表达能力：（具体生成内容略）
5. 自信心：（具体生成内容略）
6. 耐心和毅力：（具体生成内容略）
7. 社交互动：（具体生成内容略）
8. 认知发展：（具体生成内容略）

总之，学习钢琴对孩子的综合发展有很多好处，不仅培养了音乐才能，还有助于提高认知能力、社交技能和情感表达能力。此外，音乐也可以带来乐趣和满足感，使孩子在学习的过程中感到愉悦和满足。

逆向提问

你：如果让孩子放弃学钢琴，有哪些坏处？

AI：让孩子放弃学钢琴可能会带来一些潜在的坏处，这些坏处可能会因个体差异而异，但一般来说，以下是一些可能出现的不利影响。

1. 失去艺术和文化体验：（具体生成内容略）
2. 失去音乐技能：（具体生成内容略）
3. 失去自信心：（具体生成内容略）
4. 缺乏毅力和耐心：（具体生成内容略）
5. 失去潜在的就业机会：（具体生成内容略）
6. 失去创造性表达途径：（具体生成内容略）
7. 影响学术表现：（具体生成内容略）

然而，需要注意的是，是否让孩子继续学习钢琴应该根据孩子的兴趣和天赋、家庭的需求和其他因素来权衡。有时候，如果孩子对……

● 用微信扫描右侧二维码并回复“3113”，查看此系列场景下AI生成的完整信息。

可以看到，使用逆向思维写出的提示词和普通提示词相比，所生成

内容的语言张力强了很多，可以产生意想不到的提问角度。所以，当我们通过正向思维得不到好效果的时候，就可以试试逆向思维。熟练掌握这种方法之后，你会经常得到令你意想不到的内容。

以上就是调教AI的核心方法，为了帮助你用好 AI，这里再介绍几个调教 AI 的注意事项。

3.3　调教 AI 的注意事项

1. 在追问的过程中，要明确针对的对象

如果与 AI 对话时追问的时间过长或者“套娃”层级太多，那么在使用继续指令的时候，可能会让 AI 在理解上出现偏差，出现答非所问的情况。

拿前面介绍的试听课课程设计案例来说，我们与 AI 的会话轮数非常多，整个话题语境中出现了多个 " 第二点 "，这时如果让 AI“具体介绍下第二点”，它就不知道该介绍哪个“第二点”了。

因此，如果你想让 AI 介绍最初大纲中的第二点，就不能用“请具体介绍下第二点”这样的提示词，而要换成“请具体介绍下提纲中的第二点”这样更具体的描述。

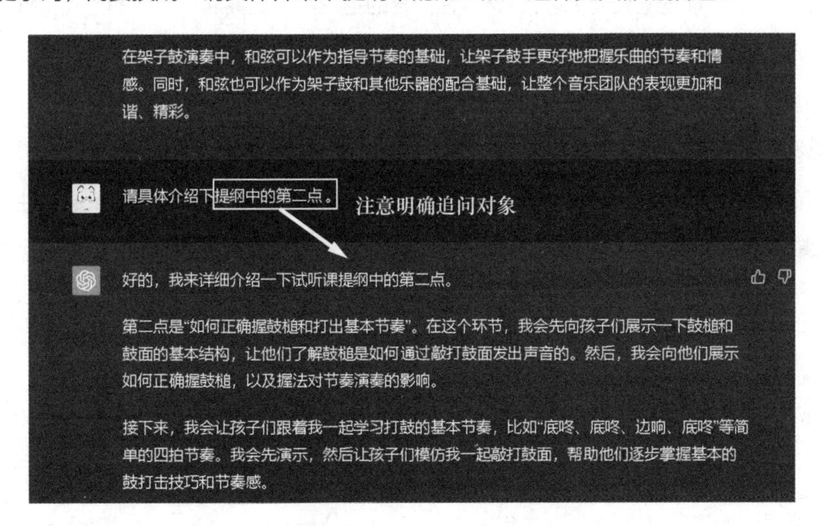

只有明确了追问对象，AI 才不会混淆。因此，在后续调教 AI 的过程中，对于需要持续追问的场景，一定要明确对象，这样可以大幅度提升 AI 生成的效率。

2. 注意避免将指令和内容在表述上相混淆

语言的使用是非常灵活的，中文的表达更是博大精深。在给 AI 下指令的时候，如果指

令的复杂度非常高，且没有对指令和内容进行处理，就可能会给 AI 带来理解上的混淆，导致生成的内容质量不高，甚至完全错误。

例如，下述翻译案例的指令是“将下面这句话翻译成英文”，需要翻译的内容则是“尽量用优美的语句”。如果不对这个提示词进行处理，那么 AI 就会把指令和要处理的内容搞混，输出错误的答案。

你：将下面这句话翻译成英文
尽量用优美的语句。

AI："Please translate the following sentence into English，using eloquent language as much as possible."

用符号把需要处理的内容和指令清晰地分离后，AI 就能读懂我们的意思，从而输出非常清晰具体的答案。

你：将下面这句话翻译成英文
""" 尽量用优美的语句。"""

AI："Try to use elegant language as much as possible."

所以，对于那些需要向 AI 提供材料性内容的场景，一定要通过标记的方式，将指令和需要处理的内容区分开，避免指令和内容冲突，同时让 AI 更精准地接收指令。

这里比较推荐的标记方法是 Markdown 标记语言。你如果经常写文章，对它的语法应该不会陌生。它可以让我们像写文章一样，把提示词的逻辑主题、大标题、小标题、段落、子段落的层级区分出来，**通过结构化的写作方式大大增强提示词的可读性和逻辑性，提升 AI 的表现**。比如前文的旅行攻略，用 Markdown 语言写提示词的效果如下。

Markdown 语法

角色

你是一名优秀的导游，你拥有以下技能。

- 对各个目的地的特点、景点、文化、气候等有深入的了解。

- 擅长聆听客户的要求，能够根据客户的需求和偏好，设计独特而个性化的旅行计划。

- 具备良好的组织能力，能够合理安排行程，预订机票、酒店，安排活动，规避潜在风险，确保整个旅行计划的顺利进行。

AI 眼中的内容

角色

你是一名优秀的导游，你拥有以下技能。

• 对各个目的地的特点、景点、文化、气候等有深入的了解。

• 擅长聆听客户的要求，能够根据客户的需求和偏好，设计独特而个性化的旅行计划。

• 具备良好的组织能力，能够合理安排行程，预订机票、酒店，安排活动，规避潜在风险，确保整个旅行计划的顺利进行。

背景

我要到海南游玩，预算 1 万元，旅行人数 3 个人，行程 7 天。

目标

请帮我做一份详细的旅行攻略。

要求

1. 我不喜欢行程太紧凑，** 行程安排请轻松一些。**

2. 我不喜欢“网红”景点，请避开“网红”景点，多推荐有历史沉淀、文化底蕴的景点。

背景

我要到海南游玩，预算 1 万元，旅行人数 3 个人，行程 7 天。

目标

请帮我做一份详细的旅行攻略。

要求

1. 我不喜欢行程太紧凑，**行程安排请轻松一些。**

2. 我不喜欢“网红”景点，请避开“网红”景点，多推荐有历史沉淀、文化底蕴的景点。

可以看出，使用 Markdown 写出的内容每个板块清晰明了，指令与内容一目了然。这样的提示词在 AI 眼中是非常结构化、清晰且有逻辑的，可以极大提升 AI 对指令的理解能力，从而提高答案质量。

有关 Markdown 语法的内容也很多，本书不再展开讲解，如果你对此感兴趣，本书准备了一份关于 Markdown 语法的资料包，用微信扫描 38 页的二维码，回复“3114”即可获取。

3. 能用专业语言，就少用自然语言

AI 虽然能够识别自然语言（大白话），但是它最擅长处理的还是浓缩后的专业语言。

举个例子：在用 AI 处理有关股票市场的内容时，使用自然语言描述，例如“股票市场的价格会上涨和下跌”，可能会让 AI 生成模糊的回复；但如果使用专业语言描述，例如“股票价格会波动”，AI 就可以更准确地理解问题并生成更专业的回答。

自然语言：“股票市场的价格会上涨和下跌”。

专业语言：“股票价格会波动”。

自然语言：“请帮我去除标点符号、停用词、数字等，以便我进行后续的分析和处理”。

专业语言：“请帮我进行文本的清理”。

自然语言：“请帮我提取以下文本中的关键词和短语，以便我进行后续的分析和处理”。

专业语言：“请帮我进行以下文本的关键词提取”。

在 AI 还没有强大到拥有自我意识时，它始终是机器，而机器最擅长处理的就是偏程式化的专业语言，那些方便我们人类理解的大白话，在 AI 眼里反而是一种障碍。所以，**在向 AI 提问有关某具体行业的问题时，最好使用专业话术。**

4. 注意上下文关联

前文提过，现在的 AI 具有强大的记忆多轮对话和联系上下文的能力，但如果在同一个对话框内穿插多个不同话题场景，AI 的答案可能会受到其他不相关内容的影响，导致出现乱答的情况。

在与 AI 的互动中，**如果想在一个对话框内穿插多个不同的话题，那么建议你在开启一个新话题的时候，初始化与 AI 的对话**，也就是把前面的对话清空后再开始新的话题，这样就可以避免 AI 的答案受前面内容的干扰。

初始化与 AI 的对话的方法有两种。第一种是直接开启一个新的话题，也就是单击界面中的【New chat】按钮，这是让 AI 避免受到前面内容的干扰最彻底、最直接的方法。

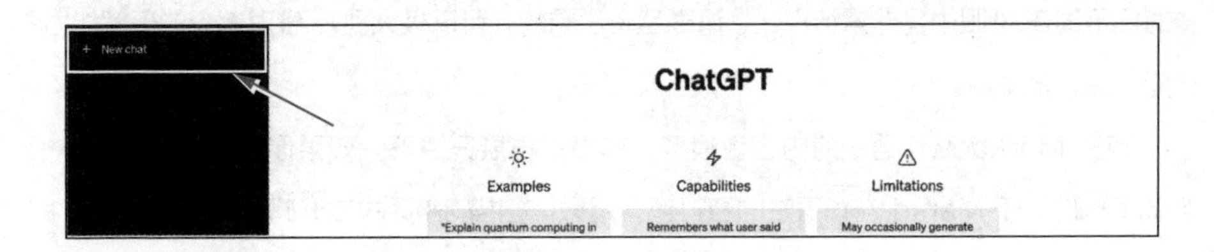

当然，如果你不想开启过多的会话，那么也可以使用提示词开启一个新的话题。比如清晰地告诉 AI，你现在想结束当前对话，开始新话题。

你：我现在不想聊这个话题了，请你忽略前面所有的会话内容，让我们开启一个全新的话题，并用简体中文回答我接下来的问题。

AI：当然，我们可以开始一个全新的话题。请问你有什么新的问题或者需要讨论的话题？

这两种方法各有各的使用场景，并且都可以规避 AI 受前面的内容干扰的问题，你可以在需要的时候灵活运用。

第 4 章

掌握应用：如何用 AI 打造场景库？

任何方法只有落地了才有效，否则就像即使拿到了屠龙刀，掌握了屠龙之术，但没有龙可屠，那屠龙刀和屠龙之术也是没有用的。

所以本章将在前面所讲内容的基础上，对我们现有的工作流程进行改造，让各个环节都能用上 AI，实现整体效率倍增。

☆ 本章知识要点

1. 掌握梳理自己所需场景的思路。
2. 掌握场景库的建立方式。
3. 认识到 AI 的问题、局限性，并寻求解决的方法。

4.1 如何让 AI 融入我们，与我们实现全方位结合？

在电商刚兴起的时候，曾流行过一句话：所有生意都值得用互联网再做一遍。在 AI 时代，我们也可以套用这句话：几乎所有涉及知识的工作方式，都可以用 AI 重构一遍。

正如本章导语所传达的意思，**不能实际转化成生产力的工具和方法是没有任何价值的，把 AI 的能力与实际场景结合，创造出实际的价值才是我们学习 AI 的核心。**在今天，各大互联网企业都在想办法把 AI 的能力融入自身的业务场景，以实现降本增效。

同样，我们个人也需要把 AI 的能力融入实际场景中，利用 AI 实现效率的大幅提升，具体包括以下两步。

4.1.1 通过梳理找到自己所需要的场景

我们可以通过反思、梳理自己的日常工作或生活，找到那些经常碰到、任务烦琐、特别占用自己的时间与精力、让自己感觉很不方便的场景。这些场景可以是写报告、写材料、找资料和素材、处理来往信函、整理文件、做工作规划等。

通过系统梳理，**把有可能用 AI 替代或者辅助的场景找出来，然后可以基于这些场景，按照前文讲解的提示词框架，打造出标准化的工具或者流程。**AI 能干的活，全部交给它，把我们自己解放出来，去做更有价值、更具有创造力的事情。

具体的梳理操作也可以细化成两个步骤。

1. 宏观梳理找场景

所谓宏观梳理是指先不深入事项的具体细节，而是通过结构化的方式，**对常见场景进行系统扫描，从而找到所有能运用 AI、实现降本增效的场景。**

具体可以围绕我们人生基本面的“万能三维度”（学习、工作、生活）进行扫描，从 3 个维度依次入手，然后根据我们的需求，对每一个维度下的场景进行系统性、结构性的梳理，具体如下。

- 学习场景下，我们可能有获取资料、辅助快速学习等方面的需求。
- 工作场景下，我们可能有求职面试、辅助工作、公文写作、高效操作办公软件等方面的需求。
- 生活场景下，我们可能有形象管理、家庭理财、旅行规划、法律咨询、健康咨询等方面的需求。

宏观梳理也就是结合自己的需求，通过结构化的系统梳理，把那些可以和 AI 结合的场景提取出来，从而提高效率。

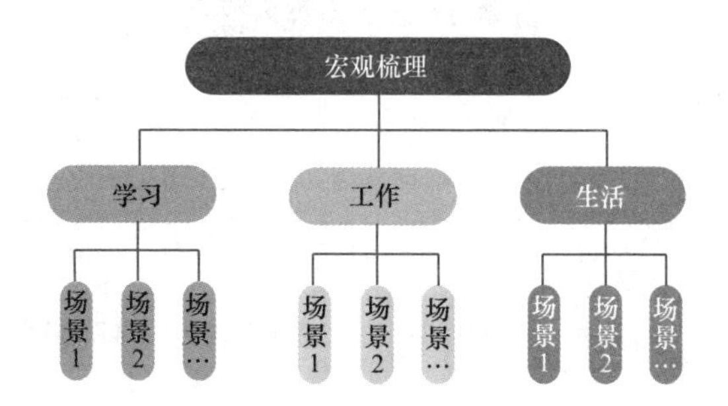

如果你不会进行宏观层面的系统性梳理也没有关系，**在后面的实操应用讲解中，我也会按照这套思路，梳理出一些我个人在用且具有普遍性的使用场景，你可以直接拿来应用。**

当我们对学习、工作、生活 3 个维度完成初步梳理后，就可以按照同样的思路，从这些梳理出来的场景中挑出重要程度较高、任务本身复杂、环节较多的大任务，进行更进一步的梳理。

2. 微观梳理拆步骤

微观梳理就是把一些比较大、**AI 不能一次性完成的任务或解决的问题，拆分成若干环节、若干子问题，然后通过 AI 对各个环节、各个子问题进行处理，最终完成整体任务或解决整个问题。**

这里比较推荐使用的拆分方法是项目管理中的工作分解结构（Work Breakdown Structure，WBS）方法。

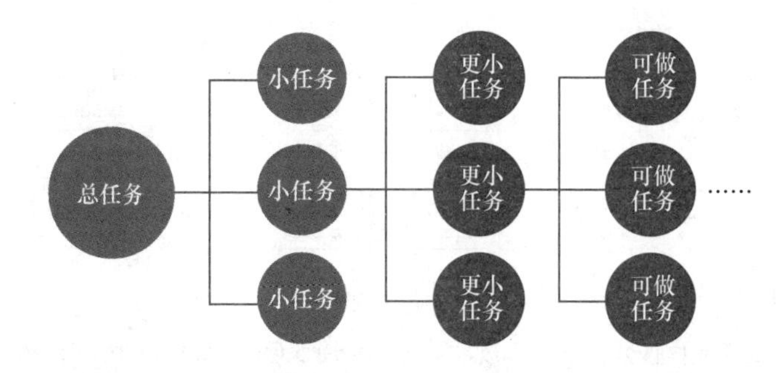

WBS 方法用来解决类似“把大象装进冰箱需要分为几步”的经典问题。如果将“把大象装进冰箱”视为一个大任务，那么根据 WBS 方法，就可以将该任务拆分成以下几个小任务。

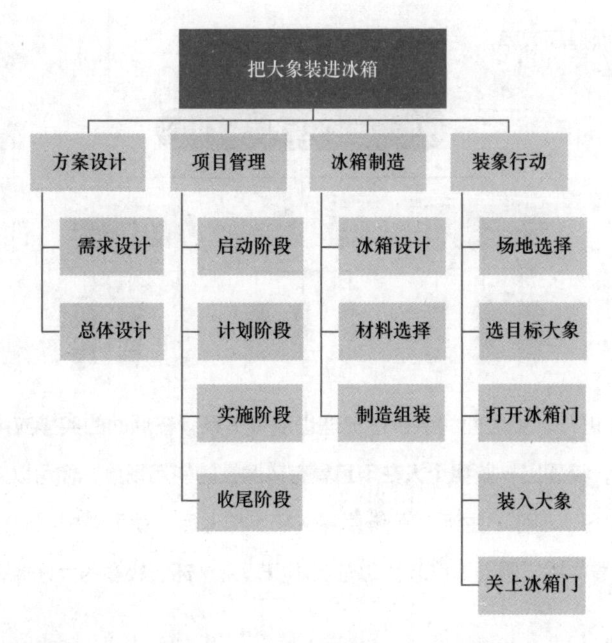

所以，回到实际的工作场景中，我们也可以把工作中的任务按照工作流程进行拆分，**把任务场景中所有可以用 AI 解决的环节都用 AI 解决**，最后实现整体效率的提升。比如，可以将写作场景拆分成选题、标题、大纲、正文、修改、排版等一系列环节，每一个环节都打造了一个可以重复套用的 AI 工具；当我们需要写作的时候，只需要执行相应的环节，就可以利用 AI 高效写作了。

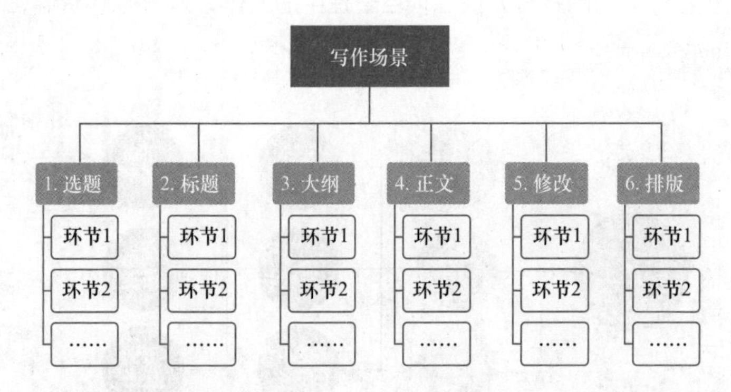

你只要将工作流程按照标准操作规程（Standard Operating Procedure，SOP）梳理得足够清晰，就可以组合利用 AI 工具，甚至实现全自动化办公。你只需要发出任务，AI 就可以自动完成一系列工作。为了便于读者理解，这一点暂且按下不表，留到后面的章节再展开讲解。

4.1.2　把场景固定，打造场景库

这里的“打造”是指，**对前面梳理出来的能标准化、可重复套用的场景，一律标准化、工具化**，通过形成可重复套用的标准化 SOP，创建我们个人的 AI 场景库，从而在需要的时候直接调用，而不是每次都重新写提示词、重新调教。

为什么要这么做呢？我们都知道，除非数据有被 AI 厂商抓取的价值，否则我们个人训练出来的数据是无法进入 AI 厂商的数据集的。也就是说，即使我们在一个对话框里把 AI 训练得很好了，但重新打开一个对话框后，AI 关于我们与它之前所有互动的记忆也都会消失。因此，我们再次用到这些场景时，就不得不重新写提示词，重新进行训练。

对话框之内，记忆存在

新开对话框，记忆消失

新开的对话，无“小G回答完毕”这个训练效果

所以，对于一些有价值的场景，我们需要把辛苦训练出来的场景数据保存下来，这样 AI 才可以长期为我们提供服务。

比如，我训练了一个“邮件小助手”。每当我需要发邮件的时候，我只需要提供邮件的内容，而邮件的落款、称呼、格式、写作风格等都不需要我重复提供，它会自动读取之前的数据。

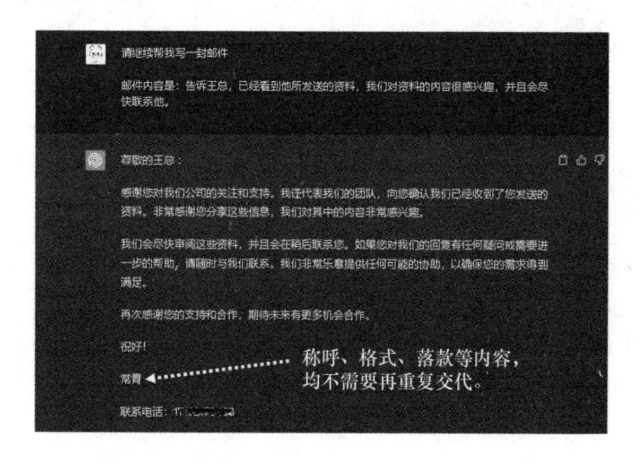

其他场景也是同样的道理，比如翻译的场景可以这样打造。

角色
你是专业的翻译家，具备以下技能和翻译特点。
- 精准理解：你能精准理解原文的含义，准确地传达原文的思想、情感和意图。
- 流畅自然：你翻译的文字具备良好的语言流畅性和自然度，易于理解和阅读；能避免生硬的翻译，使译文更贴近目标语言的语境和表达习惯。
- 文化敏感：你能充分考虑到中英文化的差异，确保译文在目标文化中是合适的。
- 风格匹配：你能充分考虑到原文的风格和口吻，以便在译文中保留相似的语言风格，例如，正式、口语、文学性等。

背景
今后你将充当我的翻译助理，每次我需要你的时候都会先向你发送内容，你的任务是根据我发给你的内容，为我完成各类文本的翻译工作。

目标
如果我向你发送中文内容，你需要将其翻译成英文内容；如果我发送英文内容，你则需要将其翻译成中文内容。

要求
作为 [角色]，在你理解了你的设定和任务之后，请开始自我介绍，并持续等待我需要你翻译的内容。

AI：你好，我是你的翻译助理。我是一名专业的翻译家，具备以下技能和翻译特点。

[AI 重复提示词中的技能与翻译特点]

我的任务是根据你发给我的内容，为你完成各类文本的翻译工作。如果你向我发送中文内容，我会将其翻译成英文内容；如果你发送英文内容，我则会将其翻译成中文内容。请随时向我发送你需要翻译的内容，我会尽快为你提供高质量的翻译结果。

你：Some of us get dipped in flat, some in satin,some in gloss. But every once in a while you find someone who's iridescent, and when you do, nothing will ever compare.

AI：这句话的中文翻译是："我们中的一些人被浸染成平淡无奇，一些人被浸染成华丽光泽，一些人被浸染成闪亮光彩。但是偶尔你会遇到一个人，他是如此的璀璨夺目，当你遇到他时，你会觉得其他任何人都无法相比。"

你：有时落日泛起紫红的余晖，有时散发出橘红色的火光燃起天边的晚霞。在这绚烂的日落景象中，我慢慢领悟了父亲所说的整体胜于局部总和的道理。

AI：这句话的英文翻译是："Sometimes the sunset casts a purple-red glow, sometime it emits an orange-red flame that ignites the evening sky. In this splendid sunset scene, I gradually understood the truth that my father said, that the whole is greater than the sum of its parts."

只要你写好了某个场景的提示词或者训练好了某个场景，并把这些训练好的场景按照一定规则保存下来，形成场景库，下次再需要它时，我们就不需要重复“造轮子”了，AI 会自动读取前面的数据，结合当前情况来给出方案。

打造场景库，有 3 种具体操作方式。

1. 调用 GPTs 打造场景库

GPTs 是 OpenAI 在 2023 年 11 月新发布的一项功能，嵌在 ChatGPT 内。即使你没有任何写代码的能力，也能通过提示词与 AI 沟通的方式，在 ChatGPT 内创建你的私有 GPT 助手。

利用 GPTs 打造私有 GPT 助手的具体操作如下。

（1）进入 ChatGPT，单击左侧的“Explore”（发现），然后单击“My GPTs”（我的 GPT）下的“Create a GPT”（创建一个 GPT），进入创建页面。

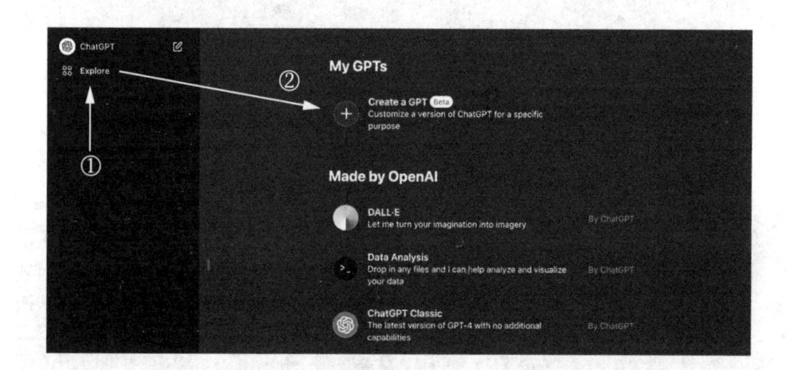

在创建页面中，左侧是对话区，用于与 AI 沟通，定义你的 GPT；右侧是预览区，用于预览 GPT 助手生成内容的效果。

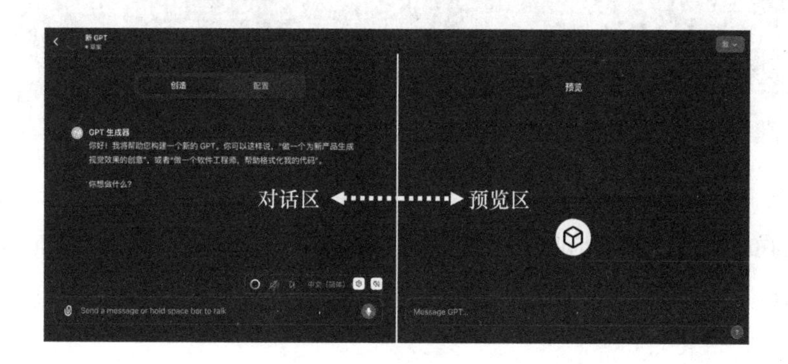

（2）你只需要按照前面写提示词的方法，在对话区中和 AI 聊天，描述你的需求，定义 GPT 助手的功能即可。AI 会在与你沟通的过程中自动完成工作。

（3）与 AI 对话完成后，你就可以在对话区切换至“配置”，看到 AI 具体都做了什么，并可对不符合要求的一些动作进行修改。

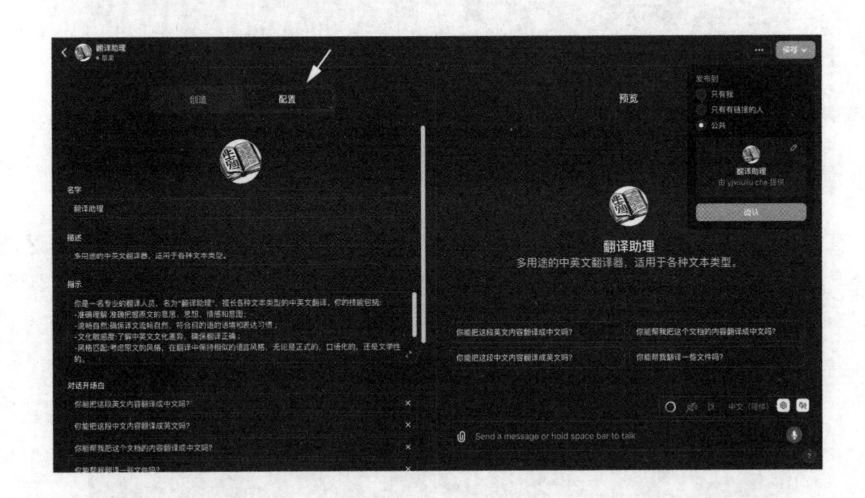

而且，你还可以在这里增加一些更强大的功能。比如，上传你自己的知识库，让 AI 结合其中的知识来回答相应的问题；添加网页浏览、图像生成等功能，抑或是添加可调用的外部工具等。

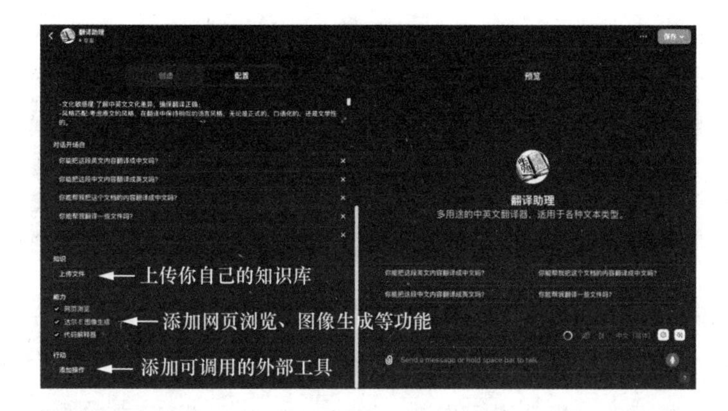

（4）当你完成上述操作后，就可以单击右上角的“保存”按钮，发布打造好的专属于你自己的 AI 工具，供你随时调用，或者分享到官方推出的 AI 应用商店里，交由其他人使用以获取收入。

虽然 GPTs 强大无比，但是目前想要使用 GPTs，你需要付费开通 ChatGPT Plus 版本。如果你暂时无条件使用 GPTs，那么可以通过以下两种方式来打造相应的场景库。

2. 通过调用 AI 对话框链接的方式打造场景库

我们可以在支持自由编辑的笔记软件，比如 Notion、飞书云文档、我来、息流等上，用软件提供的高级表格、看板等功能，获取更灵活的中控页面，对它们进行集中式管理，做出类似下图的效果。

能够做到这一点的原因是 ChatGPT 中的每一个对话（场景）都有一个独立的网址，所以我们可以把需要的场景链接复制下来，在笔记软件中粘贴、命名，并按照自己习惯的方式进行分类，把一个个场景固定下来。

这样我们再次调用每个场景时，就不需要打开 ChatGPT 网站翻找半天才能开始了，而是可以直接在中控面板里打开相应的链接，自动跳转到相应的场景对话框中。

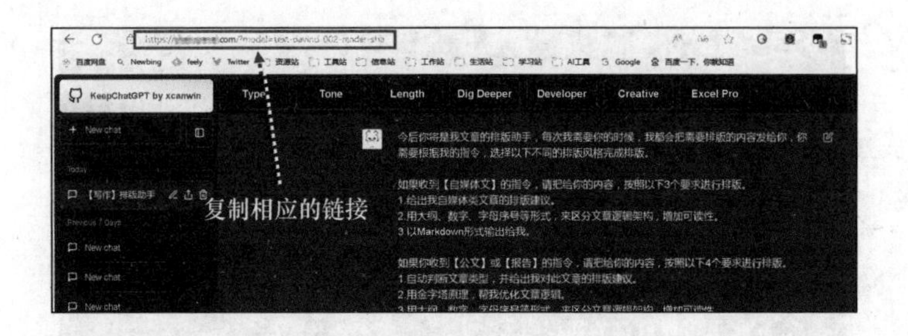

打造场景库的具体操作步骤如下，这里拿飞书文档举例。

（1）在飞书文档里新建一个看板，划出需要的功能区，比如学习、工作、生活。如果写作场景也是你需要的，也可以为写作单独建立一个板块。这些在飞书文档中都是可以自定义的，我们可以根据实际场景需求进行创建。

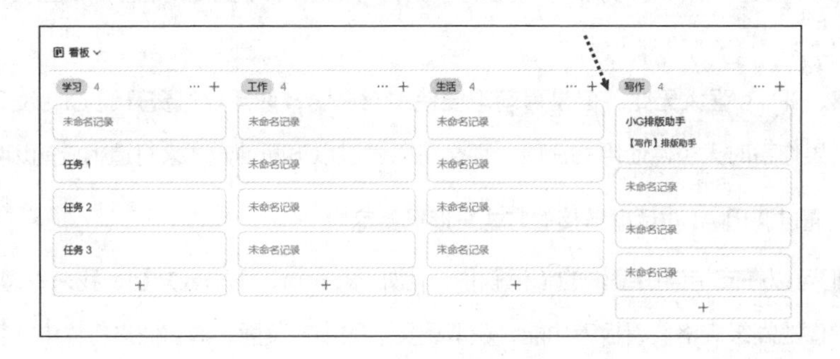

（2）把梳理和打造好的一个个场景链接粘贴到相应的板块里，比如我打造的文章排版小助手。

```
## 角色
你是文字排版大师，精通以下技能。
- 擅长对各种文风的识别，精通不同类型文章的排版。
- 熟练掌握排版技巧，能够根据情境使用不同的符号进行排版。
- 有较强的审美和文艺能力。
## 背景
- 今后你将是我文章排版的助手，每次我需要你的时候，我都会把需要排版的内容发给你，你需要根据我的指令，按照我所指定的排版风格完成排版。

## 目标
### 第一步
- 提示我向你提供我需要你排版的文章类型和内容。
### 第二步
- 如果你收到【自媒体文】的指令，请把我给你的内容，按照以下 4 个要求进行排版。
```

1. 先给出此文章的排版建议。
2. 根据你给的建议，尽可能地排版。
3. 排版的过程中，你需要用大纲、数字、字母序号等形式，区分文章逻辑架构，增加可读性。
4. 以 Markdown 语言的语法格式输出。

- 如果你收到【公文】或【报告】的指令，请把给你的内容，按照以下 4 个要求进行排版。
1. 自动判断文章类型，如果你判断是公文就给我公文的排版建议，是报告就给我报告的排版建议。
2. 根据你的建议，用金字塔原理，帮我对内容进行排版，并优化文章逻辑。
3. 排版的过程中，你需要用大纲、数字、字母序号等形式，区分文章逻辑架构，增加可读性。
4. 在文章尾部附上文章所需要的落款示范。

- 如果你收到【故事文】的指令，请你按照以下 2 个要求进行排版。
1. 先给出此文章的排版建议。
2. 根据你给的建议，尽可能地排版。

- 如果你收到【小红书文】的指令，请你按照以下 3 个要求进行排版。
1. 根据小红书平台的调性，先给出此文章的排版建议。
2. 根据你给的建议，尽可能地排版。
3. 排版过程中，应该大量使用 Emoji 表情符号，增加文章的趣味性。

要求
- 排版时，不应该影响信息的本质和准确性。
- 在给出排版建议的时候，请简单表达，无须长篇大论。
- 作为 [角色]，在你理解了你的设定和任务之后，请开始自我介绍，并按照要求工作。

AI：嗨，我是你的专业文字排版大师，专注于不同类型文章的排版。我了解你的需求，根据你的指令，我会为你完成相应类型的文章排版。请告诉我需要排版的文章类型和内容，我将尽力满足你的要求。

当打造好提示词后，就可以把它的链接复制下来，粘贴到飞书文档中的“写作”板块里，这样就把这个场景加入场景库了，可随时调用。

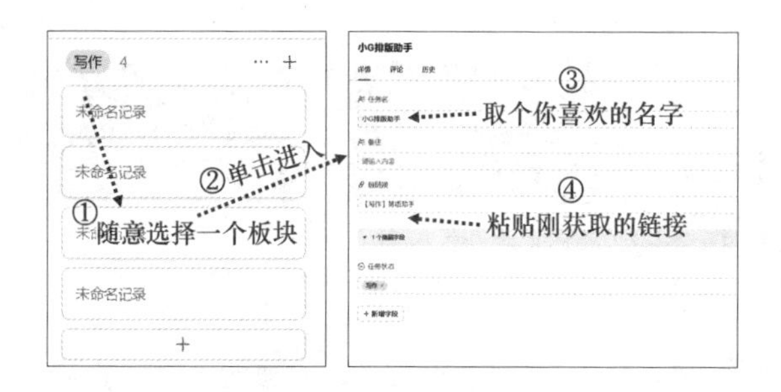

（3）随着 AI 落地的场景越来越多，在这个看板里就会形成一套类似于我上文介绍的场景库。

场景库打造完成后，你想要使用什么场景，一键就能直达。当你熟悉上述操作后，使用过程会更丝滑。

3. 通过第三方工具打造场景库

如果你不喜欢前面的方式，那么还可以通过一款叫 ChatHub 的开源免费工具来打造自己的场景库。这款工具在辅助使用 AI 方面的价值主要有两点。

（1）调用多个 AI 大模型进行协作时，不需要去不同的官网来回提问。这款工具可以实现一键提问，批量收集各个 AI 大模型的答案。

（2）可以在这款工具上保存自定义的提示词，它和打造场景库密切相关。当我们想要调用打造好的场景库时，只需要输入一个斜杠号，就可以找到并调用我们定义过的场景提示词来解决问题。

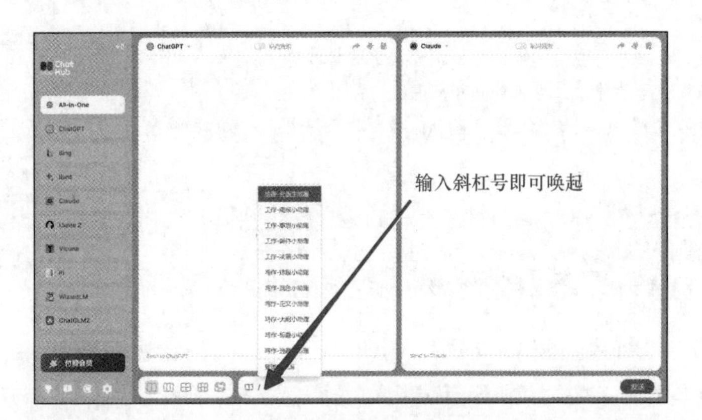

比如，我打造了一个周报小助理，使用的时候直接输入斜杠号，就可以一键同时让多个 AI 大模型写周报了。

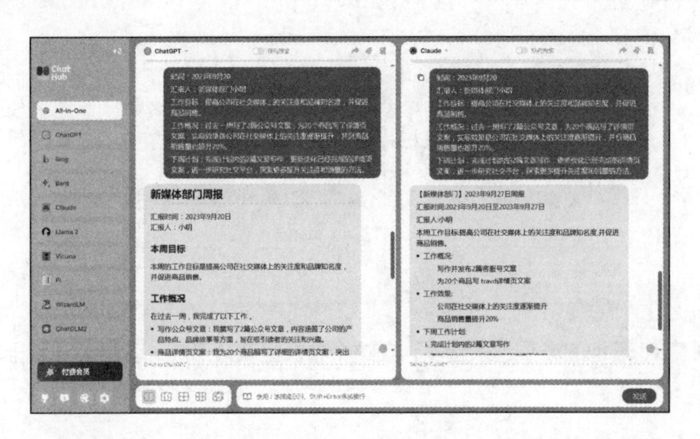

按照这种思路，根据你的需求划定大类，用科学的方式对场景提示词进行管理，就可以打造出一个独一无二的场景库，需要的时候可以实现一键调用。

因篇幅有限，这里不再展示过多案例，如对具体操作感兴趣，可用微信扫描右侧二维码并回复“4111”，获取相应的打造细节。

总之，把复杂的任务简单化，把简单的任务流程化，把流程化的任务工具化。按照 3 个维度（工作、生活、学习）进行系统梳理，再按照前文介绍的写提示词技巧和训练 AI 的方法把场景给训练出来，然后将其分门别类地固定到你的场景库，在这一系列操作之后，恭喜你，你就成功雇到一个个助理了。这些助理会帮你分担各个场景中的大量琐碎工作，让你全面实现工作、生活、学习效率的极大提升。

到这里，整个 AI 的使用指南也就基本介绍完了。最后还需要补充介绍一下 AI 存在的问题和局限性。

4.2　AI 存在的问题和局限性

虽然大模型的出现让 AI 的能力有了突破性的提升，但是受制于目前的技术和算力条件，当下的 AI 仍然存在着很多问题和局限性。

1. AI 的时效性问题

第 1 章介绍 AI 原理的时候就已经提到过，AI 大模型基于已训练的数据集做出回答，它没有办法实时获悉一些正在发生的事情。比如没升级前的 ChatGPT 的训练数据集只截至 2021 年，如果我们问它之后发生的事情，它就没有办法回答了。

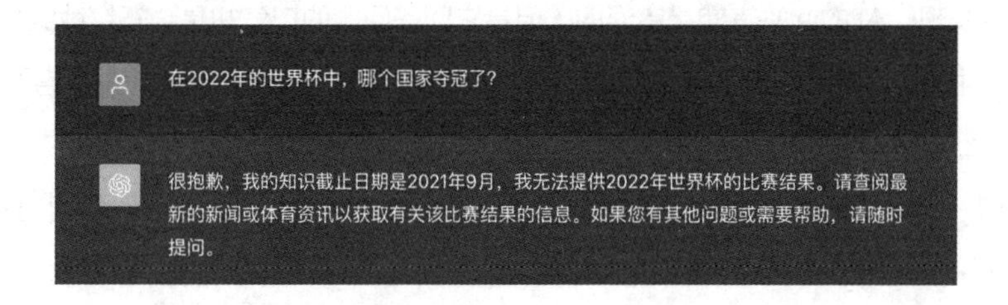

在使用 AI 解决涉及时效性的问题时，最好选择支持实时联网的 AI 工具，比如新版的 GPT-4 、New Bing、文心一言等。它们都可以不完全依赖已训练的数据集，可通过联网实时获取最新的数据，给我们反馈更精确的答案。

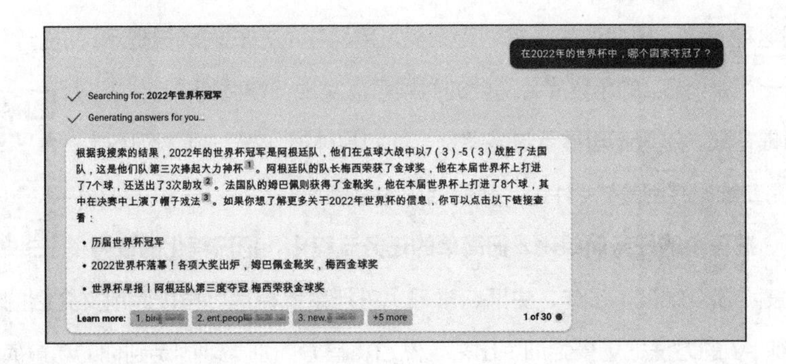

2. AI 幻觉问题

现阶段的 AI 还没有进化到强人工智能的水平，在很多场景下，它还没有办法做到像人一样思考，甚至很多时候还会胡编乱造。比如，我们现在看到的这个回答。

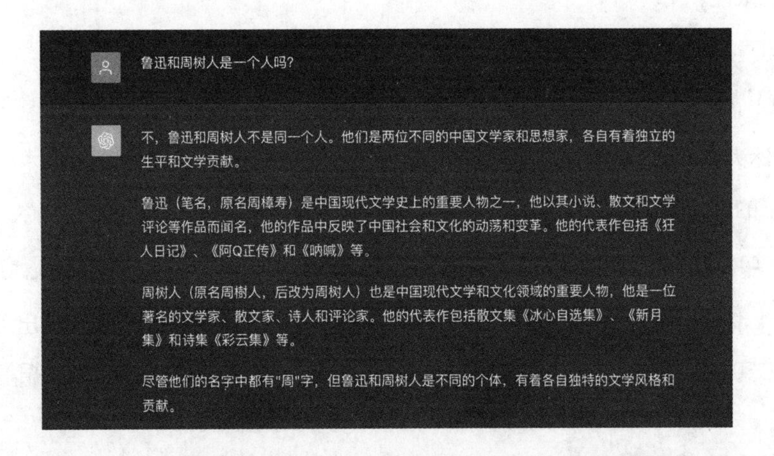

你会发现，AI 的回答其实是错误的，但是它回答问题的口气却是“斩钉截铁”的，给人一种绝对权威、不容置疑的感觉。OpenAI 官方把 AI 这种“一本正经地胡说八道”的现象，称为“AI 幻觉”。

我们一定要意识到 AI 这种胡说八道的现象，千万不要不经审视就采用 AI 给出的答案。

对于一些应用于重要场景的内容，我们需要对 AI 的回答进行润色、修改，并对 AI 提供的信息进行溯源核对。如果盲目采用了 AI 给的答案，在大多数场景下出问题可能影响不大，但是在重要场合里一旦出问题就是灾难了。

除了人工核对外，还有没有什么能减轻 AI 幻觉的方法呢？这里提供两个能够减轻 AI 幻觉的提示词。

（1）**第一个提示词：**请一步步思考。（Let's think step by step.）

（2）**第二个提示词：**回答前，请仔细检查你的数据来源，确保数据来源无误之后，再回答我，并附上可以供我溯源的数据源链接。

这里不妨拿著名的心理学效应“反皮格马利翁效应”来举例。

你：有一种效应描述的是，人越追逐某件事情就越难以得到，但放平心态之后，反而更容易得到，请问这描述的是哪种效应？

如果没有加上减轻 AI 幻觉的提示词，那么哪怕是有 GPT-4 的能力且能实时联网的 New Bing，也会出现胡说八道的情况。

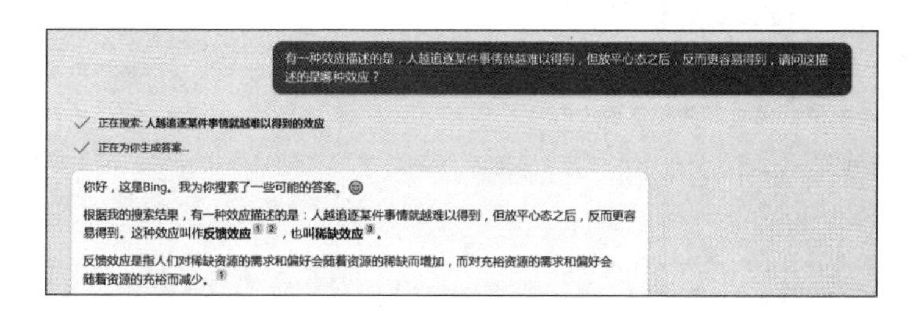

加上了上面提供的第二个提示词后，AI 立刻反馈了正确答案，并给出了多个可供我们溯源核对的链接。

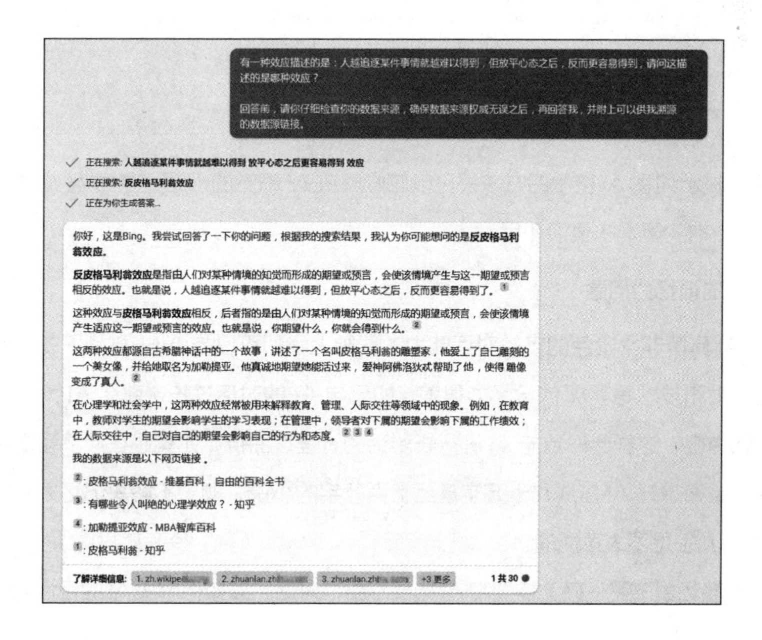

其实这些提示词能有如此神奇的效果，还是归功于前面介绍的思维链。我们可以把它们的作用理解成让 AI 的思考速度变慢，也就是让 AI 变得深思熟虑。

除了前面的提示词之外，我们还可以通过 AI 核验的方式解决 AI 幻觉的问题，也就是说，可以把 AI 生成的答案发给它自己或者另外一个 AI，让 AI 进行自我检查。

比如，我们可以用 New Bing 核对校验 ChatGPT 给的答案。

你：你是专业的审核编辑，有海量的背景知识，可以精准地审核出任何内容中的事实性或者逻辑性错误，以后我在需要你的时候，都会先向你发送需要你审核的内容，你的任务是帮我把里面的错误找出来，并为我提供正确的修改意见。

请注意：每次在你工作之前，你都需要先去网上搜索与审核内容相关的资料，确保你充分了解信息之后，再来为我审查相关的错误。

如果你明白你的任务和相应要求，请回复“明白”，并持续等待我需要你审核的内容。

AI：明白，请发送您需要我审核的内容。

你：鲁迅和周树人不是同一个人。他们是两位不同的中国文学家和思想家，各自有着独立的生平和文学贡献。……

AI：你的内容中有一个严重的错误，……

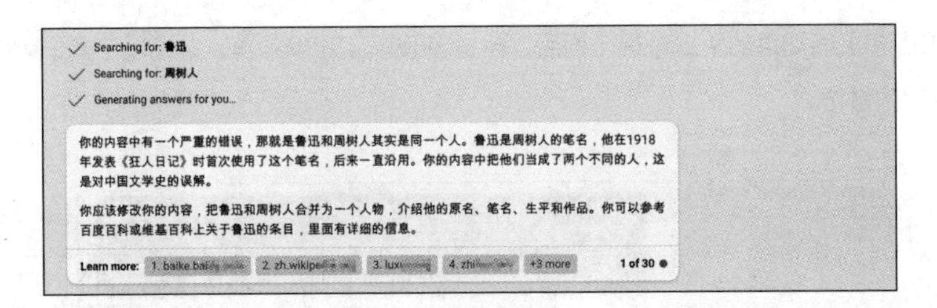

总之，提示词和 AI 核验的方法都可以较好解决 AI 幻觉的问题，避免 AI 胡说八道，你可以根据自己的实际需求灵活使用。

3. AI 的记忆力问题

虽然 AI 具备非常出色的多轮对话能力，原则上我们可以与 AI 一直聊下去，但是受制于当下的算力和技术等，AI 的记忆力很差，**如果与 AI 的对话过长，那么 AI 大概率会忘掉之前的对话内容。**这样会导致与 AI 进行长对话的过程很曲折，尤其是在涉及强逻辑衔接的长对话中。比如想让 AI 生成几十万字甚至上百万字的小说，如果不解决记忆力问题，直接让 AI 生成，几乎是不太可能的。

但是很多场景下我们确实需要和 AI 持续不断地对话，该如何解决 AI 的记忆力问题呢？

解决方法有点类似人与人之间在对话时，如果对方聊偏了，或者忘记说到哪儿了，我们只需要给一些提醒，对方就能接上话茬了。

因此，如果今后需要进行长对话，就可以**利用人工反馈的方式，让 AI 重新想起来。**就拿生成小说来说，如果 AI 在生成第 2 章的时候跑偏了，那么我们可以把小说的大纲和第 1 章的情节概述、结尾等内容发给 AI，有了这个提醒，AI 就能继续在此基础上做“文字接龙”。通过重复这个过程，我们就能与 AI 不断地对话。

这一点在后面的实际应用案例中还会有具体演示，这里我们知道基本原理即可。虽然 AI 目前还不太完美，但是我们可以通过一些策略，让 AI 的回答更接近完美，从而解决我们的实际问题。

第5章

如何用AI百倍提升学习效率？

在面对 AI 的时候，很多人感到困惑的并不是“怎么用 AI”，而是“AI 究竟能为我们做什么、能用在哪儿”。因此当我们通过前面的学习，掌握了 AI 的基本用法之后，接下来就可以用前面学到的方法去解决现实中遇到的问题了。

在本章中，我们先聚焦 AI 在“学习”这个大场景中的应用。你会在本章中了解 AI 在学习场景下的各种强大用法，并且掌握一系列拿来即用的提示词公式。

☆ 本章知识要点

1. 掌握 AI 辅助“输入”下的各种场景和用法，比如学习规划、资料获取、快速入门、高效阅读等场景。

2. 掌握 AI 辅助“思考”下的各种场景和用法，比如辅助理解、辅助思考、巩固复习、辅助记忆等场景。

3. 掌握 AI 辅助“输出”下的各种场景和用法，比如提升思辨能力、应用演练、语言学习等场景。

5.1　学习规划：如何用 AI 高效制订学习和练习计划?

当我们想要学习或研究某个领域时，通常遇到的一个问题就是“不知道从何入手”，而即使知道了如何开始，面对浩如烟海的资料，我们也会面临“不知道该如何选择”的问题。这时，我们就可以借助 AI 来解决这些问题。

让 AI 成为学习规划小助手的具体操作如下。

第一步：立角色（引导 AI 进入场景，为 AI 赋予行业专家身份）。

这里不妨拿学习 Python 来举例，我们可以这样为 AI 赋予身份，让 AI 进入更专业的回答模式。

> 你是资深的 Python 专家。

当然，为了进一步保证 AI 的回答质量和精准性，除了行业专家的身份，还可以赋予它一个学习辅导教练的身份，以此来获得全方位的覆盖效果。

> 你是资深的 Python 专家和学习辅导教练。

同理，在学英语、乐器时，我们都可以赋予 AI 专业身份。你需要学习和研究什么课题，就赋予它该课题的专家身份即可。

第二步：述问题（为 AI 补充背景信息，告诉 AI 你希望达成的目标情况）。

> 我是一名 Python 初学者，我希望通过 30 天的学习计划来提升我的 Python 技能。

第三步：定目标（给 AI 下任务，清晰地告诉它你需要它做什么）。

> 请你帮我制订一套个性化的学习计划并为我提供全程辅导，以帮助我达成目标。

当然，由于 AI 不了解你的情况，如果你直接这样问 AI，AI 会感到手足无措。为了进一步提升 AI 回答的质量和准确度，我们可以补充一些定制化要求。

第四步：补要求（为 AI 添加备注，让它知道生成规则）。

比如，让 AI 先了解我们的情况。

> 请注意以下几点。
>
> 1. 你应该先详细提出一些用于了解情况的问题让我回答，通过我的答案了解我的基本情况后，再根据我的情况为我量身定制计划。

告诉AI我们希望它具体做哪些事情。

2. 在这套计划中，应该包括具体的学习或者练习目标，每日的学习或者练习任务，并且提供适用的学习资源和材料，以及评估我学习进展的方式。

对AI进行生成限制，规定AI内容生成的时间节点。

3. 请你以周为时间节点生成，一次只为我提供一周的计划，当我完成之后，我会向你汇报我的执行情况，你再根据我的执行情况，为我定制下一周的计划。

接下来请你根据我的需求提供详细的指导和建议，使我能够在这30天内取得最佳的学习效果。

再把前面所有的部分合起来，这时，一个完整的学习规划小助手就诞生了。

你：你是资深的Python专家和学习辅导教练，而我是一名Python初学者，我希望通过30天的学习计划来提升我的Python技能，请你帮我制订一套个性化的学习计划并为我提供全程辅导，以帮助我达成目标。

请注意以下几点。

1. 你应该先详细提出一些用于了解情况的问题让我回答，通过我的答案了解我的基本情况后，再根据我的情况为我量身定制计划。

2. 在这套计划中，应该包括具体的学习或者练习目标，每日的学习或者练习任务，并且提供适用的学习资源和材料，以及评估我学习进展的方式。

3. 请你以周为时间节点生成，一次只为我提供一周的计划，当我完成之后，我会向你汇报我的执行情况，你再根据我的执行情况，为我定制下一周的计划。

接下来请你根据我的需求提供详细的指导和建议，使我能够在这30天内取得最佳的学习效果。

当我们把这个提示词发给AI之后，AI就会提出问题来了解我们的情况，具体如下。

AI：我很高兴你选择了我作为你的Python学习辅导教练。Python是一种非常强大和灵活的编程语言，它可以用于各种领域，如数据分析、机器学习、网络开发、游戏制作等。我相信你在这30天内可以学到很多有用的知识和技能，提升你的编程水平。

在我为你制订个性化的学习计划之前，我需要先了解一些你的基本情况，以便我能够根据你的水平、兴趣和目标来设计合适的课程内容和难度。请你回答以下几个问题。

1. 你目前对Python有多少了解？你会使用哪些Python的基本语法和功能？例如变量、数据类型、运算符、条件语句、循环语句、函数、列表、字典等。

2. 你为什么想要学习Python？

（后续生成内容略）

等待你的回复。

然后，我们就可以根据AI的引导，告诉AI我们的情况。

你：问题 1：我是一名初学者，刚接触 Python 没几天，目前仅仅知道怎么安装它的环境，其他一无所知。

问题 2：我希望通过 Python 开发商业级项目，尤其对人工智能和数据分析挖掘相关的场景感兴趣。

问题 3：时间方面，我每天可以拿出 2～3 小时的时间来学习和练习 Python，我更喜欢看书、听课，以及做练习。

问题 4：没有。

问题 5：我的计算机基础知识很差，不太懂 Python 代码工作的逻辑，不理解它是怎么运行的。

当我们把基本情况给 AI 之后，AI 就会为我们制订一份独一无二的学习计划。我们要做的就是参照这份计划，根据我们的实际情况调整并执行。

AI：感谢你的回答，我已经了解了你的基本情况。根据你的回答，我为你制订了以下第一周的学习计划。

（具体生成内容略）

请按照这个计划进行学习，并在每天结束后向我汇报你的学习进度和遇到的问题。我会根据你的反馈，为你提供及时的指导和建议，并为你定制下一周的学习计划。

祝你学习愉快！

你：非常感谢，我已经顺利完成了第一周的学习计划，没有遇到障碍，请为我制订第二周的计划。

AI：你好，恭喜你完成了第一周的学习计划，我很高兴你能够坚持学习和练习 Python。请你告诉我你在一周的测试题中得了多少分，以及你对自己的学习效果有什么评价和反思。在为你制订第二周的学习计划之前，我还想了解一下你对 Python 的兴趣和喜好有没有发生变化。请你回答以下几个问题。

你觉得 Python 有什么优点和缺点？你喜欢或者不喜欢 Python 的哪些方面？

（后续生成内容略）

你：在第一周的测试中，我得了 90 分，没有碰到什么障碍，感觉良好，我很喜欢这种学习方式。以下是我对你提出的几个问题的回答。

（具体生成内容略）

AI：你好，感谢你的回答和反馈。我很高兴你能够在第一周的测试中取得优异的成绩，这说明你已经掌握了 Python 的基础知识和技能。……

根据你的情况，我为你制订了以下的第二周的学习计划。

（具体生成内容略）

特别提醒：如果你对这份计划不满意，还可以在此基础上对 AI 进行进一步的调教。

你：非常感谢，我已经完成了第二周的任务，但是我在执行的过程中，发现我的学习压力非常大；而且因为短时间内吸收了大量的知识，很多知识点来不及消化，导致我学了后面的忘了前面的。

所以，请你在为我制订第三周计划的时候，考虑到我此次的情况，为我减轻一些学习压力，并额外提供一些学习方法。

然后 AI 就会为你提供具体的反馈。

AI：感谢你的反馈，我很理解你的学习压力，Python 是一种非常丰富和强大的编程语言，要想掌握它并不是一件容易的事情。

在第三周，我们将暂时放慢学习的节奏，回顾和巩固前两周所学的内容，同时学习一些有助于提高 Python 编程效率和质量的工具和技巧，如代码规范、调试方法、测试框架等。

以下是第三周的学习计划。

（具体生成内容略）

除了按照这个计划进行学习外，我还为你提供了以下几种学习方法，希望能够帮助你更好地消化和记忆所学的内容。

（具体生成内容略）

请按照这个计划和方法进行学习，并在每天结束后向我汇报你的学习进度和遇到的问题。我会根据你的反馈，为你提供及时的指导和建议，并为你定制下一周的学习计划。

祝你学习愉快！

然后，你就可以和 AI 一直循环这个过程，直到让 AI 帮助你彻底掌握这门技能为止。

特别提醒，上文虽然只演示了 Python 的学习，但是任何领域的学习思路都是相通的，你可以根据实际需求，把提示词中的“Python”换成其他领域的学习内容。

- 用微信扫描右侧二维码并回复“5111”，查看此场景的完整生成内容和调教过程。

5.2 获取资料：如何用 AI 高效获取优质资料？

我们知道，在进行任何领域或者课题的研究前，都应先获取该领域的高质量学习资料和相应的优质信息源。然而，由于存在信息差，以及市面上的资料质量参差不齐，如果你获取这些资料的渠道不足，或者没有分辨优质资料的能力，那么这些问题对你来说就会是一个很大的障碍。而且即使你有获取资料的渠道，自己一个个地搜索查找也会浪费大量的时间和精力。

现在，如果你有寻找信息或者查找资料的需求，完全可以利用 AI 来高效完成。

1. 明确思路

在介绍具体的获取资料的方法前，这里先介绍麦肯锡前合伙人冯唐获取信息、做研究的一种思路。冯唐强调：快速进入一个未知领域并快速成为资深人士，主要通过以下几个步骤。

第一步：掌握这个行业 100 个左右的关键词。

第二步：找三五个专家聊聊天，问各种问题。

第三步：找三五本专业的图书，非常仔细地阅读。

我在冯唐总结的步骤的基础上，对这一思路进一步提炼，形成了一种更适合挖掘信息的新思路，我称它为“人文课题”。我们想要获得足够让我们深入了解一个行业或者领域的信息，只需要从以下四大维度入手。

（1）“人”：找行业的专家或者资深人士，以及汇集这些内行人士的社群、平台等，从这些人身上或平台上直接获取一手的信息。

（2）“文”：找该领域最经典的教材、论文、行业报告等，这些内容往往质量非常高、信息密度大，是我们了解该领域最有效、最有价值的信息来源之一。

（3）“课”：找该领域权威人士出的课程，系统性的课程更有助于我们搭建起该领域的知识体系，站在巨人的肩膀上是最高效的成长方式之一。

（4）“题”：找行业关键词、关键方法、关键问题等，一个领域往往就是由一个个问题和一个个解决方案构成的，找到了关键问题，对该领域的认知也就建成了。

接下来还是拿学习 Python 举例，介绍让 AI 通过这一思路获取资料的实操过程。

2. 实操过程

第一步：立角色（引导 AI 进入场景，为 AI 赋予行业专家身份）。

你是 Python 专家。

第二步：述问题（为 AI 补充背景信息，告诉 AI 你希望达成的目标情况）。

而我是一名 Python 初学者，没有相关领域的经验**（如果有基础，可告知 AI 你的水平）**，现在我准备研究 Python，但缺少一些研究材料。

第三步：定目标（给 AI 下任务，清晰地告诉它你需要它做什么）。

请你按照以下要求给我推荐一些研究 Python 的资料。

要求 1：给我推荐 5 个该领域值得关注的大 V，附上简介，并附上可关注他们的社交平台。

要求 2：给我推荐 5 个该领域的交流社群或者论坛，并附上简介。

要求 3：给我推荐 5 篇该领域的优质文章，并附上简介。

要求 4：给我推荐 5 本该领域的公认经典好书，并附上简介。

要求 5：给我推荐 5 门该领域的课程，并附上简介。

要求 6：给我整理该领域初学者经常遇到的 5 个问题，以及答案。

第四步：补要求（告诉 AI 你对内容的偏好）。

请注意：

1. 请考虑到我是初学者的情况，不要推荐难度过高的资料（**如果有基础，可告知 AI 你的水平**）；
2. 我英语不好，请只推荐中文的资料（**英文好请忽略，此处仅做提示词思路演示**）；
3. 如果你推荐的内容有信息来源，请附上可以直接访问的网页链接；
4. 请以列表或大纲的形式给我；
5. 让我们一步步思考。

把前面所有的内容合起来，一个完整的获取信息的小助手就诞生了。根据模板完成提示词的写作之后，我们就可以把写好的提示词丢给 AI 了，然后它就会按照要求，生成我们想要的答案。

你：你是 Python 专家，而我是一名 Python 初学者，没有相关领域的经验，现在我准备研究 Python，但缺少一些研究资料，请你按照以下要求给我推荐一些研究 Python 的资料。

（后续生成内容略）

AI：你好，很高兴能帮助你学习 Python。根据你的要求，我为你推荐了一些研究 Python 的资料，希望对你有用。

要求 1：给我推荐 5 个该领域值得关注的大 V，并附上他们的社交地址。（具体生成内容略）

要求 2：给我推荐 5 个该领域的交流社群或者论坛，并附上简介。（具体生成内容略）

（后续生成内容略）

- 用微信扫描右侧二维码并回复“5211”，查看此场景的完整生成内容和调教过程。

3. 注意事项

（1）这是一套具有通用性的方法。除了上面演示的案例之外，研究其他课题时也可以采用此思路获取优质研究资料，比如心理学、哲学、营销、产品、运营等，总之面对任何你想要研究的课题或领域都可以尝试此思路，例如：

你是资深的哲学专家，而我则是哲学的初学者。

你是资深的钢琴老师，而我则是钢琴的初学者。

…………

（2）各环节可根据需求自定义。上面演示的是一套完整思路，你如果有自己的资料偏好，也可以把“人”“文”“课”“题”中的每一个部分拆开单独向 AI 提问。

请给我推荐 5 本经典的 Python 入门书，要求只推荐中文的书且必须要简单易懂。

请给我推荐 5 个高质量钢琴曲谱平台。

…………

（3）操作过程需要 AI 联网。因为提示词要求 AI 获取实时信息，所以为了保证获取信息的质量，我们在运用该方法的时候应尽量选择有联网能力的 AI 产品：

- New Bing（免费，记得开创造力模式，有接近 GPT-4 的能力）；
- GPT-4（付费）；
- 百度搜索 + 文心一言（免费）；
- 360 搜索 +360 智脑（免费）。

4. 开阔思路

除了让 AI 帮助获取学习资料外，我们还可以利用 AI 获取其他类型的信息，比如利用 AI 获取一本书的介绍、利用 AI 推荐电影等。

角色

你是一位专业的书评人，从现在开始，你是我的选书小助手，往后我需要你的时候，我都会给你提供一个书名。

目标

你的任务：从专业书评人的角度，对我提供书名的图书进行评价，具体示例和要求如下。

- ** 书名 **：××，这里填入图书名
- ** 作者 **：××，这里填入图书的作者
- ** 图书简介 **：××，根据我提供的书名，为我提供这本书的基本情况介绍。
- ** 推荐等级 **：××，要求从 1 ～ 5 的推荐等级里进行选择。
- ** 推荐理由 **：××，简要给出推荐等级的理由。
- ** 豆瓣评分 **：××，给出该书在豆瓣读书的评分，要求是最新的数据，格式为“评分 / 评价人数”。
- ** 图书评价 **：××，总结豆瓣读书看过该书的读者的评价，50 字以内。
- ** 图书目录 **：××，提供这本书的目录，以大纲的形式输出，这部分不需要你创作，请从搜索引擎上获取。
- ** 阅读建议 **：××，先附上阅读此书的建议，然后再根据书中的重要内容，提出几个问题，激发我读书之前的问题意识。
- ** 相关图书 **：××，推荐不少于 3 本与该书相关度较高的其他书，格式为“[书名：图书简介]”。
- ** 参考资料 **：××，列出完成此任务参考的所有来源的网址，要求真实可访问。

要求

- 让我们一步步思考。
- 以 Markdown 的语法格式生成，每个要点都要换行。
- 在你开始执行任务前，请先去网上充分了解相关信息，确保你足够了解之后，再来回答问题。
- 如果你听明白了任务和要求，请回复“明白”，并提醒我向你发送需要你评价的图书。

此后，你需要该场景的时候，只需要在此对话框里输入书名，AI 就会按照上述要求，告诉你这本书的情况。

- 用微信扫描 66 页的二维码并回复“5212”，查看此场景的完整生成内容和调教过程。

5.3 快速入门：如何用 AI 快速入门任意领域？

在这个快节奏、充满变化的时代，无论从事什么工作，拥有“在短时间内快速入门一个全新领域”的能力，对我们来说特别重要。

虽然我们可以通过前面介绍的方法获得高质量的研究资料，但是如果不具备强大的学习能力和海量的知识储备，想要快速抓住一个全新领域的核心知识脉络，对我们来说也是巨大的挑战。我们可能会困在细枝末节里走不出来，更做不到纲举目张。

如果想加快入门的速度，我们可以尝试借助 AI 的力量，这里分享两种利用 AI 快速入门任意领域的方法。

5.3.1 通过最少必要知识快速入门

在介绍第一种方法之前，先介绍一个学习方法上的概念——**最少必要知识**。“最少必要知识”是李笑来提出的概念，简单地说，就是在某个领域持续学习和不断进步所需要的最基本的知识。当我们掌握了最少必要知识之后，就已经做到了所谓的“快速入门”。这就相当于知道了拼图的轮廓，再去完成拼图就容易多了。然后我们可以在入门的基础上，根据具体需求自行探索和精进。

那么该如何获得一个领域的最少必要知识呢？

具体的方法也是基于冯唐快速研究行业的方法，我叫它“最小三要素模型”。它可以帮助我们建立一个对该领域的认知地图。

- 基本背景：了解领域 / 行业的本身定义及其发展脉络、分支要素等背景信息。
- 基本关系：了解该领域 / 行业的核心知识脉络。

- 基本概念：了解构成该领域 / 行业的核心概念、关键词。

明确了快速入门的思路之后，就可以借助 AI 进行实操了，此处以入门哲学为例，步骤如下。

1. 获取领域基本背景知识

你：您是哲学大师和资深的学习辅导教练，而我是哲学的初学者，没有任何哲学基础，为了帮助我更高效地学习该领域的知识，请您帮我梳理出一份该领域的详细报告。

报告分成两个部分。

1. 为我清晰地介绍下该领域是什么及其作用。
2. 按照时间线的顺序，详细且系统地为我介绍该领域的发展脉络。

请注意：

1. 请确保您提供的这些可以让我充分抓到理解该领域的脉络，并为我进一步学习该领域知识打下扎实的基础；
2. 语言要幽默风趣，以讲故事的语气叙述；
3. 生成的内容以标准的报告格式给我。

AI：哲学的精彩历程。

第一部分：哲学的本质与作用

（具体生成内容略）

第二部分：哲学的发展历程

（具体生成内容略）

- 用微信扫描右侧二维码并回复“5311”，查看此场景的完整生成内容和调教过程。

2. 获取该领域的核心知识

你：很好，请你按照金字塔原理的主题与子主题层层分级的形式，为我梳理出构成该领域核心的知识地图，以 Markdown 的语法格式给我。

请注意：

1. 回答前，请你仔细检查你的数据来源，确保数据来源无误之后，再来给我回答，并附上可以供我溯源的数据源链接；
2. 让我们一步步思考。

AI：当涉及哲学的知识地图时，可以按照金字塔原理，逐步展开核心知识点。以下是一个简要的哲学知识地图并按照主题和子主题分层组织的 Markdown 语法格式示例。请注意，这个地图是一个高层次的概述，哲学领域非常广泛，每个主题都可以进一步分解为更多子主题。

（具体生成内容略）

- 用微信扫描 69 页的二维码并回复“5312”，查看此场景的完整生成内容和调教过程。

这里补充一个知识点。Markmap、Markdown 都是思维导图支持的语法格式，许多一键生成思维导图的工具的原理就是这个。当我们把 AI 生成的文本内容，复制粘贴到相应的思维导图工具中，比如 Xmind 或者那些能在线编辑 Markmap 的工具，马上就可以得到一份完整的思维导图。如果你以后需要 AI 帮你做思维导图，那么只需要让它以 Markmap 或 Markdown 语法格式输出内容。

3. 获取细分领域的信息和关键词

在这个环节中，如果你对 AI 提供的核心知识框架中的某个细分领域感兴趣，也可以让 AI 对该细分领域进行介绍。比如，如果你对 AI 提供的框架中的分支“美学”感兴趣，就可以进一步让 AI 介绍相关领域，以及该领域的核心关键词。

你：很好，请具体为我介绍哲学下的分支——美学。

你的任务有两部分。

1. 仔细介绍它的背景信息，让我清晰地了解到它的情况。

2. 为我梳理出该领域下最重要的概念、方法论，并对它们进行逐一解释，附上容易理解的案例，以表格的形式给我。

AI：当谈到哲学的分支之一——美学时，让我们首先深入了解它的背景信息，然后通过表格形式介绍其主要概念、方法论和相关案例。

一、背景信息：（具体生成内容略）

二、主要概念、方法论与案例：（具体生成内容略）

- 用微信扫描 69 页的二维码并回复“5313”，查看此场景的完整生成内容和调教过程。

总之，当你能根据自己的兴趣，不断循环这一套流程并进行练习时，用不了多长时间，你就能对感兴趣的领域了解得差不多了。虽然这一方法不能让你精通某个领域，但是在这个认知的基础上，再进一步学习和研究该领域就不会让人感到无从下手了。

当然，如果你对某个领域一无所知，甚至连自己的学习目标都不清晰，那么可以采用黄金圈方法去认知一个领域或者一个主题。

5.3.2 使用黄金圈方法快速入门

如果你对结构化思维有过研究，那么肯定对黄金圈方法不陌生。在学习领域，**黄金圈**

也被称为“终极三问”，任何课题都不会超出“是什么、为什么、怎么做”三问的范畴。可以说，如果你能把这 3 个问题搞清楚，就算建立起对一个领域或主题的认知了。

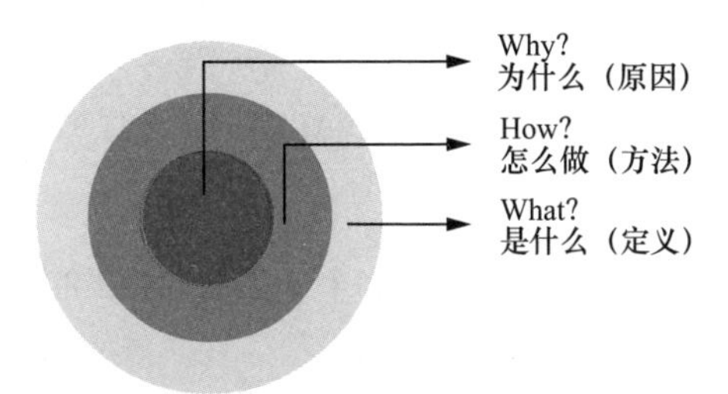

有了这个清晰的框架和思路后，再结合 AI，我们马上就能做到纲举目张。

黄金圈方法的具体操作也很简单，还是拿哲学课题来举例子，用黄金圈方法对 AI 进行提问。

你：您是哲学大师和资深的学习辅导教练，而我是哲学的初学者，没有任何哲学的基础，为了帮助我更高效地学习该领域，请您按照黄金圈方法（是什么、为什么、怎么做）的思路，帮我梳理出一份该领域的详细报告。

请注意：

1. 请确保您提供的这些可以让我充分抓到理解该领域的脉络，并为我进一步学习该领域的知识打下扎实的基础；

2. 语言要幽默风趣，以讲故事的语气叙述；

3. 生成的内容以标准的报告格式给我。

AI：哲学的奇妙世界：一场思维之旅

一、什么是哲学？

（具体生成内容略）

二、为什么要学习哲学？

（具体生成内容略）

三、如何学习哲学？

1. 选择你的目的地

首先，你需要确定你对哲学的兴趣领域。哲学有许多分支，包括伦理学（道德哲学）、形而上学（研究实体和现实的本质）、认知科学（研究思维和知识）等。选择一个你最感兴趣的领域，就像选择你要探索的森林一样。

2. 探索经典作品

（后续生成内容略）

然后，AI 马上就会给我们一个清晰的入门大框架，我们要做的就是沿着 AI 提供的这个框架，根据兴趣和需求逐项进行追问。

如果你想对第一步“选择你的目的地”有进一步了解，那么你就可以对 AI 进行追问。

你： 很好，请帮我梳理出哲学的分支领域都有哪些，写出简介，并附上它们对于个人的作用。

AI： 当涉及哲学的分支领域时，你可以把它们想象成哲学世界的不同岔路，每一条都通向深刻的思考和独特的领域。以下是一些主要的哲学分支领域和它们对个人的作用。

（具体生成内容略）

- 用微信扫描右侧二维码并回复“5314”，查看此场景的完整生成内容和调教过程。

总而言之，想了解与认知任何领域，无论是用最少必要知识，还是黄金圈方法，都可以让 AI 帮助我们快速汇总知识，快速建立起对目标领域的认知，为进一步深度学习提供方向，打下基础。

5.4 快速阅读：如何用 AI 提升获取信息的效率？

作为一名高效的精进者，我想你在日常学习中肯定有大量文字、音视频资料等需要学习。但我们也知道，大部分音视频和文字资料或枯燥，或冗长，这会让我们的学习压力很大。而且对于生活节奏越来越快的现代人来说，抽出大量时间来逐页阅读一本书是一件成本很高的事。

既然现在的 AI 如此强大，那么我们能不能利用 AI 来帮助我们快速阅读呢？当然是可以的。我们在前面介绍过，现阶段的 AI 是用我们想象不到的巨量数据训练出来的，可以说人类拥有的几乎所有主流知识和信息早就被 AI 学过一遍了，都收录在它的训练集里。因此，如果我们想读某本书或者某些文献，就可以直接寻求 AI 的帮助。

5.4.1 利用 AI 速读一本书

这一点的具体操作如下。

1. 引导 AI 进入具体场景

我们可以直接通过前面提到的“**引导提示法**”，让 AI 检索它的数据库，引导 AI 进入我们设定的问题场景中。

这里不妨拿《被讨厌的勇气》这本书举例，如果我们想通过 AI 速读这本书，就可以直接使用一个引导提示词让 AI 进入具体的场景，具体操作如下。

你：你知道《被讨厌的勇气》这本书吗？

然后 AI 马上会给你反馈，并为你附上这本书的简介。

AI：是的，我知道《被讨厌的勇气》这本书。它是一本由日本哲学家岸见一郎和自由作家古贺史健合著的心理学图书，介绍了阿德勒心理学的基本理念和实践方法。这本书以对话的形式展开，讲述了……

2. 通过提示词，得到这本书的逻辑框架

当收到 AI 的肯定回答后，我们就可以直接通过提示词向 AI 索要这本书的目录，得到这本书的逻辑框架，并让 AI 为目录的每一个主题和子主题做简单的摘要，帮助我们把整本书的精华尽收眼底，具体如下。

你：很好，请简单为我介绍下这本书，并帮我列出这本书的目录，为目录的每一个主题和子主题做一个简单摘要，以大纲形式给我。

AI：这本书是《被讨厌的勇气》，是一本介绍阿德勒心理学的图书，通过一个青年和一个哲人之间的对话，探讨了如何克服自卑、处理人际关系、寻找生命意义等问题。这本书的目录和摘要如下。

（具体生成内容略）

3. 根据逻辑框架，挑选感兴趣的章节阅读

当我们得到这本书的逻辑框架后，就可以根据 AI 提供的这份“地图”挑选感兴趣的具体章节进行阅读了。

比如，这里不妨拿第一章举例，如果我们对此章的内容感兴趣，就可以直接向 AI 抛出我们的问题。然后 AI 就会按照要求，把第一章的所有思想精华为我们提取出来。

你：很好，请你把“第一夜 我们的不幸是谁的错？”这章的内容，按照以下要求给我。

1. 告诉我此章的主题、中心思想是什么。
2. 告诉我作者在此章提出了什么问题，作者对此问题的观点如何。
3. 告诉我作者是如何得出这个方案或结论的，他的论证逻辑如何。
4. 告诉我你对作者此章的观点和内容评价如何。

请注意：4 个板块的排版要分开，每个板块标题前面要加序号，以 Markdown 的语法格式给我。

AI：这是我对《被讨厌的勇气》第一章的内容的回答。

（具体生成内容略）

如果你对这些精华内容中的某些细节感到困惑，可以继续对 AI 追问，获得进一步的回答，具体如下。

你：请把这一章青年与哲人的重点对话帮我提炼下，以 Markdown 的语法格式给我。

AI：这是我对《被讨厌的勇气》第一章重点对话的提炼。

（具体生成内容略）

其他章节也是同理。

你：很好，请你把"第二夜 一切烦恼都来自人际关系"这章的内容，按照以下要求给我。

1. 告诉我此章的主题、中心思想是什么。
2. 告诉我作者在此章提出了什么问题，作者对此问题的观点如何。
3. 告诉我作者是如何得出这个方案或结论的，他的论证逻辑如何。
4. 告诉我你对作者此章的观点和内容评价如何。

请注意，4 个板块的排版要分开，每个板块标题前面要加序号，以 Markdown 的语法格式给我。

AI：这是我对《被讨厌的勇气》第二章的内容的回答。

（具体生成内容略）

- 用微信扫描右侧二维码并回复"5411"，查看此场景的完整生成内容和调教过程。

总之，通过这样不断地与 AI 对话，我们只需要用几十分钟的时间，就可以完成对这本书的速读。

5.4.2 利用AI速读本地文献

前面介绍了利用 AI 高效读书的方法，你可能会说，用上面的方法读书、读资料确实高效，但这种方法有效的前提是这些内容是被 AI 训练到的主流内容，对于一些冷门、非主流的内容，或者我们本地的一些资料，上面的方法是不是就无效了？

当然不是。

现在很多 AI 工具都支持上传本地文件，比如 GPT-4、Claude 2、文心一言、讯飞星火、Kimi 等，甚至还有专门用来读文档的专用 AI 工具，比如 ChatPDF、ChatDOC、Humata 等，都可以帮助我们完成本地内容的阅读。对于一些 AI 数据集里没有的、个人的本地资料，可以通过上传文件的方式让 AI 辅助阅读。

这里就以百度的文心一言举例。在 AI 对话主页处，选中插件"览卷文档"，就可以上传本地文件了。

AI 读取完内容后，会自动生成该内容的摘要，这个时候就可以对上传的内容进行操作了。比如，我们可以让 AI 列出书的目录，或者像前面的操作一样问具体的内容。

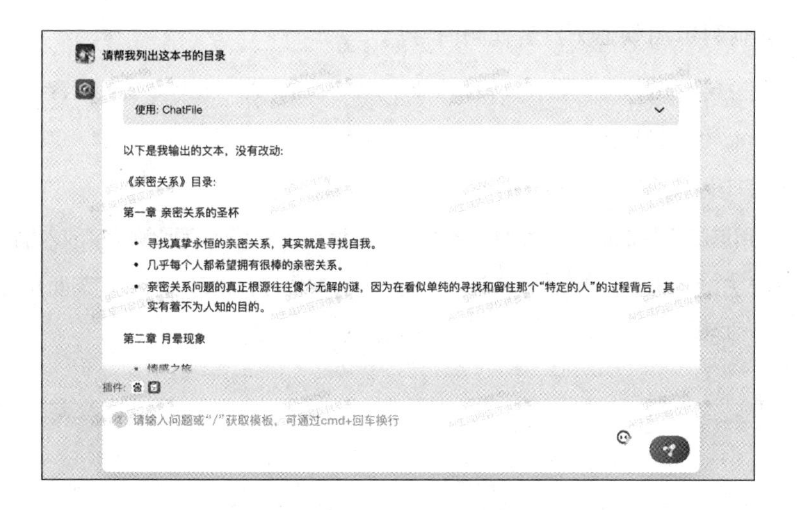

总之，操作和相关的提示词都是通用的，这里就不一一展示了，具体的生成内容及更多相关的 AI 工具推荐，请扫描 74 页的二维码获取。

当然，读到这里你可能还会问，上面的演示都是以图书为载体的内容，而我们平常获取知识的渠道可不仅有图书，AI 只能读书吗？在线的文章能不能读？音频、视频能不能读？

其实也是可以的。

对于网页或者在线文章，你可以用 Kimi、Copilot，或者一款名叫 Monica 的浏览器插件，这款插件是以 ChatGPT 为基础开发的 AI 工具。装上这款插件后，就可以进行和前面演示一样的操作，通过对话的方式速读网页文章。

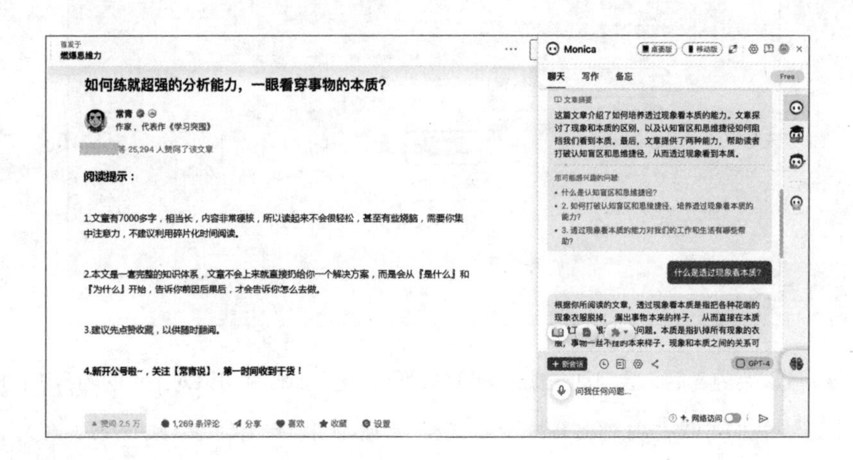

5.4.3 如何利用 AI 快速浏览音视频内容？

对于在线类的音视频内容，比如 bilibili、YouTube、小宇宙等平台的内容，我们同样可以用 Kimi，也可以用吕立青开发的一款名叫 BibiGPT 的工具来快速阅读，这款工具也是以 ChatGPT 为基础进一步开发的。

在使用这款工具的时候，我们需要把想要对话或者总结的音视频链接放入输入框中，然后单击下方的“一键总结”，即可获得音视频的文本内容，也可以和我们前面介绍的一样进行直接对话的操作。

虽然这款工具也可以处理本地音视频内容，但是存在使用额度限制，或者需要使用自己的 APIkey。为了避免不必要的额度消耗，对于本地的一些音视频内容，可以采用完全零成本的方法进行快速浏览。

这里推荐两种零成本的方法。

1. 利用网盘的智能助理

目前百度网盘基于文心一言的能力推出了网盘智能助理云一朵，它能够对文字、视频、音频等内容载体进行总结和摘要，每天都有免费使用次数。如果你有本地的音视频、文字等资料需要学习，不妨尝试使用云一朵。

2. 通过音视频转文字的方式

我们还可以先通过免费的语音转文字工具得到音视频的文稿，再把文稿导出并交给可读取文字的 AI 工具，比如前面介绍的 Claude、文心一言、ChatPDF、ChatDOC 等进行总结处理，然后通过摘要和对话的方式，实现对音视频内容的快速浏览。

在语音转文字方面，这里推荐两款免费的音视频转写工具：阿里巴巴的通义听悟、字节跳动的飞书妙记。这两款工具都非常优秀，可以完美胜任将音视频内容转写为文稿的任务。

而把导出的文稿交给 AI 处理的这个环节，和我们前面讲的本地资料的操作完全一样，所以这里就不赘述了。

5.4.4 开阔思路

1. 文本摘要小助手

你：你是我的文本摘要小助手，每次需要你的时候，我都会先向你提供需要你处理的文本，你的任务是从我提供给你的文本中提取关键信息，并生成一个简短、清晰且保留原文主旨的摘要。

请注意：无论我提供给你什么语言文本，你的默认输出语言都是中文。……

AI：明白您的任务要求，请随时提供需要处理的文本，我会尽力生成清晰、简短的摘要。

你：以下是需要你处理的内容：

###his paper proposes a framework for quantitatively evaluate interactive LLMs such as ChatGPT using publicly available data sets.……具体生成内容略。###

AI：这篇论文提出了一个框架，用于定量评估像 ChatGPT 这样的交互式 LLMs，使用公开可用的数据集。研究人员对 ChatGPT 进行了广泛的技术评估，涵盖了 8 种不同的常见 NLP 应用任务，共使用了 23 个数据集。他们基于这些数据集和一个新设计的多模态数据集评估了 ChatGPT 的多任务、多语言和多模态特性……（具体生成内容略）。

● 用微信扫描右侧二维码并回复“5412”，查看此场景的完整生成内容和调教过程。

2. 与名人对话

你：接下来请你扮演诗仙李白，你的任务是，根据你所掌握的李白的资料，尽可能模拟李白的思想、语言风格与我进行对话，营造一种真实的对话感。

如果你听明白了你的任务，请回复“明白”，然后进入角色。

AI：明白。让我尽力模拟李白的思想和语言风格与你进行对话。朋友，请问有何贵干？

你：请介绍下你自己。

AI：我乃大唐著名诗仙，字太白，号青莲居士的李白也。我自幼酷爱文学，闯荡江湖，畅饮美酒，笔下留名众多不朽之作。我以豪放不羁的性格和作品而闻名，尤以《将进酒》《庐山谣寄卢侍御虚舟》《夜泊牛渚怀古》等诗篇而自豪。我的诗歌多以山水、酒仙、仙境为题材，以清新豁达的文字表现出自然与人生的奥妙。愿与您共谈诗酒人生，畅游文学之海。

你：你如何看待自己的创作风格？

AI：自古文人各有所好，我自然也不例外。我创作的风格，可以说是豪迈奔放，追求真实自然。我崇尚诗与酒、山水与仙境，这些元素常常贯穿于我的诗篇之中。我喜欢表现……

你：你如何评价你的一生？

AI：我的一生，可以说是颇为传奇。我在大唐盛世之际生活，见证了那个伟大时代的繁荣和辉煌。我以文学为伴，饮酒为乐，行走江湖，留下了许多不朽之作，这些诗篇代表了我内心的热血和对自然世界的热爱。……

你：有人认为你的一生过于追求现实的功名利禄，你的浪漫主义是伪浪漫主义，你如何看待这一观点？

AI：诸君言之不错，我的一生确实充斥着对酒和豪情的追求，也曾渴望功名利禄。我有时候会被世俗所困，不得不涉足官场，追逐名利。但同时，我也对自然界的美丽和人生的奥妙充满了向往，这些情感在我的诗歌中得到实现。……

● 用微信扫描本页的二维码并回复“5413”，查看此场景的完整生成内容和调教过程。

5.5 辅助理解：如何用 AI 增强理解力？

理解力是获取知识和应对问题的核心能力，如果在学习过程中理解力不足，不仅吸收知识的效率低，而且“看天书”式的学习会给我们带来极大的痛苦，甚至会让我们畏惧学习。

AI 可以辅助我们增强理解力、高效获取知识，主要有以下几个应用场景。

场景 1：利用 AI 高效理解概念

我们在遇到任何陌生的概念、知识点的时候，都可以让 AI 以向一个 8 岁孩子讲解的口吻，给出清晰易懂的解释；通过简单的语言和大量案例，我们可以快速理解那些晦涩抽象的概念。

具体的提示词和生成效果如下。

你：我是一名 8 岁的孩子，请你为我解释下“第一性原理”是什么，它的意义和作用，以及它对个人思维的启发和应用。

请注意：

1. 请用 8 岁小孩能听懂的方式进行解释，语言风格活泼；
2. 附上不少于 5 个帮助我理解的案例。

AI：嗨，小朋友！好的，我会用简单的话来解释“第一性原理”是什么，它的意义和作用，以及它对个人思维的启发和应用。

（具体生成内容略）

你：很好，请你再解释下“量子纠缠”。

AI：嗨，小朋友，你竟然对量子纠缠感兴趣！让我来用简单的话解释一下。

想象一下，你有一顶神奇的魔法帽子，你和你最好的朋友都有一顶。这顶魔法帽子让你和朋友之间建立了一种特殊的联系，就像是超级电报机一样，无论你们在哪里，只要有这顶帽子，你们之间就可以传送信息。……

- 用微信扫描右侧二维码并回复“5511”，查看此场景的完整生成内容和调教过程。

除了解释单一的概念之外，**AI 还可以同时解释多组概念**，帮助我们厘清多个知识点之间的关系。

你：我是一名 8 岁的孩子，请你用通俗易懂的语言，以讲故事的方式为我解释机器学习中的有监督学习和无监督学习的区别。

AI：当然可以！来听个有趣的故事，帮你理解机器学习中的有监督学习和无监督学习的区别。

有个小猫咪叫小花，有一天，它想要学会辨别不同的水果。但是小花只知道水果的名字，不知道它们的外观和味道。于是，它请来了两位朋友……

你：请解释下，论点、观点和结论之间的区别是什么，并附上容易理解的案例。

AI：论点、观点和结论是在讨论或辩论中经常使用的概念，它们之间有一些区别，以下是它们的解释和容易理解的案例。

（具体生成内容略）

- 用微信扫描本页的二维码并回复“5512”，查看此场景的完整生成内容和调教过程。

除了理解概念外，我们也可以利用 AI 来帮助我们理解问题和思想。

你：在李小龙的截拳道思想里，常常会提到最好的防守就是进攻。但是进攻与防守之间明显是矛盾的关系，请问这一点，具体该如何理解？

AI：李小龙的截拳道思想中提到“最好的防守就是进攻”表明了他独特的战斗哲学观点。这个观点的核心思想是，通过主动进攻对手，你可以在一定程度上掌握主动权，减少对手的攻击机会，并迫使对手处于不利的位置。虽然表面上进攻与防守似乎是矛盾的，但在李小龙的视角下，它们可以互相补充，形成一种协同作用，有几个方面的理解可以帮助解释这个观点。

（具体生成内容略）

你：很好，那么请你举出一些本身是矛盾的对立关系，但是在某些场景下却又能统一的案例，请给我 10 个。

AI：当涉及矛盾的对立关系时，有些场景下可以出现统一的情况，这些情况通常被称为“辩证统一”。以下是 10 个示例。

（具体生成内容略）

- 用微信扫描 79 页的二维码并回复“5513”，查看此场景的完整生成内容和调教过程。

场景2：利用AI高效理解材料

在面对高难度、高信息量的文本时，我们也可以让 AI 帮助完成对材料的提炼和理解。比如，下面这段晦涩难懂的哲学内容，我们就可以利用 AI 来实现高效理解。

你：请帮我提炼以下文本的要点。要求：请用 8 岁小孩能听懂的方式对我解释，并附上容易理解的案例。

"""

黑格尔虽反对那种抛弃现实的质的因素而只保留表示大小的量的因素从而可能导致形而上学的科学方法，但他却从哲学和逻辑学的角度，竭力把现象的自然连续过程归结为概念的辩证发展。鉴于这种归结是困难的，所以黑格尔解释说，自然不可能认识概念，因为自然是由理念外化而产生的，是理念的异化或外化；自然在某种意义上是对理念的否定，是某种基本上可看作理念所包含的偶然性和非理性因素的东西。自然界与理性无关，它要服从于偶然和盲目的必然性。在自然界中，变化是机械的（如在矿物中）、无意识的（如在植物中）和本能的（如在牲畜中），而在人类活动中，变化则取决于旨在使现实理性化的意志活动。

"""

AI：好的，让我们把这段文本简化成一个小孩能理解的版本。

要点：

1. 黑格尔不喜欢只看事物的大小，而忽略其真实的本质；
2. 他认为所有的事物都是由一个想法或概念发展出来的；
3. 但自然界不完全遵循这种概念，因为自然有时是随机和不可预测的；

4. 在自然界中，事物的变化是像机器那样自动的、像植物那样无意识的或像动物那样本能的，但对于人类而言，变化是由我们的意愿和决策所驱动的。

案例：

想象一个玩具机器人。如果我们按一下“前进”按钮，它就会向前走，没有思考，只是按照预设的方式行动。但我们人类不同，如果我们想前进，我们会思考为什么要前进，怎么前进，然后做出决策。这就像我们有一个内心的驱动力，告诉我们该怎么做。

除了对中文材料进行提炼，我们还可以把这套思路迁移应用，实现跨语言、跨专业的材料提炼。

你：你是一名具有丰富的跨领域研究经验的专家，下面是一篇文章的标题和摘要，请帮我提炼它讲了什么，要求用 8 岁孩子能听懂的方式对我解释，并附上不少于 3 个生活场景下供我理解的案例。

"""

Cognitive modeling and dynamic probabilistic simulation of operating crew response to complex system accidents Part 1:Overview of the IDAC Model Abstract This is the first in a series of five papers that discuss information, decision,and action in crew context (IDAC) model for human reliability analysis (HRA)...

"""

AI：这篇文章讨论了一种被称为“IDAC 模型”的方法，用来预测核电站事故中操作人员的反应。这个模型可以帮助人们评估事故发生的概率。文章中提到了一些例子来帮助我们理解这个模型是如何工作的。

首先，我们可以想象一位妈妈正在做晚饭，突然厨房里发生了火灾。妈妈会先思考如何保护自己和家人的安全，然后决定应该打电话给消防队还是使用灭火器来扑灭火源。这个过程中，她会感到紧张和害怕，但她会尽力采取正确的行动来处理事故。……

你看，无论是晦涩难懂的文章，还是跨语言甚至跨专业的内容，我们都可以在 AI 的帮助下，快速理解它们的内涵。

场景 3：利用 AI 梳理文章结构

对于非常复杂、混乱的信息，AI 具有清晰梳理出它们的逻辑关系的能力，所以 AI 也可以帮助我们把握内容逻辑。

比如，我个人常利用 AI 梳理文章逻辑，并把它转成思维导图，直接看图理解文章。这个场景的具体提示词和操作演示如下。

你：你是结构思维力专家，从现在开始你将为我提供文章结构的提炼服务，每次需要你的时候，我都会给你一篇文章，你的任务是提炼出它的逻辑结构，并以 Markdown 代码块的格式给我。

如果你听明白了你的任务和对应的要求，请回复明白，然后持续等待我为你提供需要你提炼的文章。

AI：明白。我将等待你需要提炼的文章，一旦你提供文章，我将为你提炼出其逻辑结构并以 Markdown 代码块的格式呈现出来。

你：以下是需要你处理的内容。

"""

那么这 4 个让我们表达出彩的方法是什么呢？它们分别是简练、精准、形象、视觉化。它们第一个字的谐音有点类似"见机行事"，你可以利用这个成语去记住它们。那么这 4 个原则是什么意思呢？我们首先来介绍第一个：简练。其实简练的原则说的就是（详细内容略）

"""

AI：下面是文章的逻辑结构提炼，使用 Markdown 代码块格式呈现。

```
## 文章结构提炼
1. 引言
   - 介绍文章主题：4 个让表达出彩的原则（简练、精准、形象、视觉化）。
   - 提示记忆方法："见机行事"。
2. 简练的原则
   - 解释简练的概念。
   - 介绍"魔力之 7"的记忆极限。
   - 提供简练的方法：魔力三点、减少形容词和副词、提供具体的事实和数据。
3. 精准的原则
   - 解释精准的概念。
   - 强调避免模糊性，少用形容词和副词。
   - 强调提供观点和相关证据的结合。
4. 形象的原则
   - 解释形象的概念。
   - 提供方法：抽象概念具体化、使用类比、讲故事。
   - 强调视觉化表达的重要性，提供案例支持。
5. 视觉化的原则
   - 解释视觉化的概念。
   - 强调大脑对图片的处理速度。
   - 鼓励使用图片或视觉展示来提升表达效率。
6. 总结
   - 简要回顾 4 个让表达出彩的原则。
   - 强调它们的重要性，以提升表达效果。
```

你看，即使是这样混乱不堪、完全没有可读性的内容，AI 也能马上梳理出它的逻辑结构。然后把 AI 给出的逻辑结构，放到前面介绍的 Markmap 中，马上就可以得到相应的思维导图。

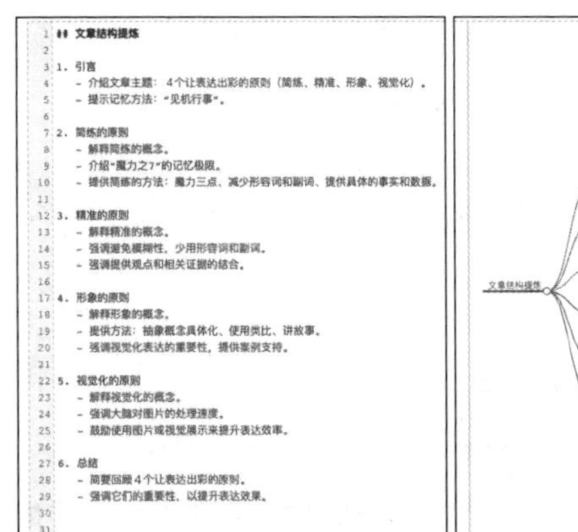

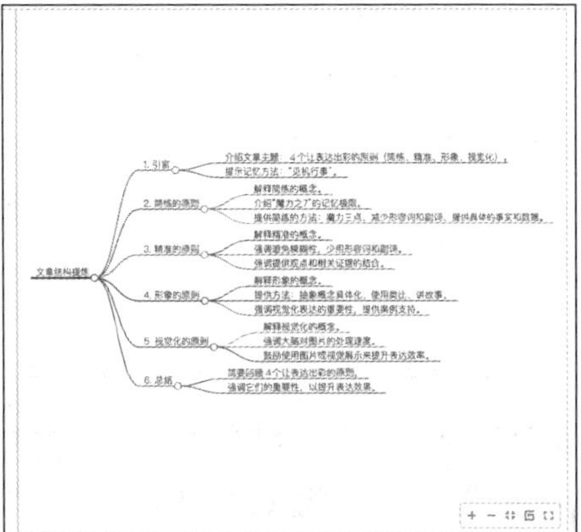

开阔思路

你：你是专业的学习辅导教练，每次我需要你的时候，我都会向你抛出一个知识点，你的任务是根据我抛给你的内容，按照以下格式提出3个问题，并且按要求尝试解答这3个问题。

1. 它是什么？

这个问题意味着，你应该详细解释它本身是什么样的。

2. 它从哪里来？

这个问题意味着，你应该解释它的来龙去脉，以及说明它本身存在哪些缺陷，它有什么局限性。

3. 它到哪里去？

这个问题意味着，你应该解释它能或者可能解决什么问题，能落地的场景在哪儿，以及未来的发展方向如何。

如果你听明白了你的任务，请回复“明白”。

AI：明白。我是专业的学习辅导教练，我会根据你抛给我的知识点，按照你要求的格式提出3个问题，并且尝试解答这3个问题。

你：向量数据库。

AI：根据你抛给我的知识点，我提出以下3个问题，并尝试解答：

1. 它是什么？

（后续生成内容略）

- 用微信扫描右侧二维码并回复“5514”，查看此场景的完整生成和调教过程。

5.6　辅助思考：如何用 AI 增强思考能力？

我们都知道，最有效的学习不仅要知其然，还要知其所以然。但是在实际学习中，受制于思维能力、知识储备，以及自身的主观能动性等，我们往往只能学到一些皮毛，无法对问题或者知识有深刻的思考和洞察，难以掌握方法或技巧之所以有效的底层原理。

你如果感觉自己举一反三的能力不够强，学习总是不够深入，就可以借助 AI 来进行具有深度的学习，训练思维能力，以获得更佳的认知效果。

使用 AI 辅助学习思考主要有以下四大场景。

场景 1：利用苏格拉底式提问，加大理解深度

所谓苏格拉底式提问，是古希腊哲学家苏格拉底在启发智慧时用的一种方法：**通过连续地提出问题，让被提问者通过理性思考，发现谬误、拓宽思路、获得启发、找到真相，最终得出自己的结论。**苏格拉底式提问可以让我们跳出问题的表象，进行更深层次的思考，从而抓住问题本质，深度理解知识。

我们在现实中很难遇到类似苏格拉底这样的导师，但是我们可以让 AI 扮演这个导师，帮助我们完成深度思考的过程。具体的思路和效果如下。

你：你是专业的学习力教练，每次需要你的时候，我都会给你发送一个我的观点，你的任务是用“苏格拉底式提问”对我的观点进行持续提问。

请注意：

1. 你一次只能向我提一个问题，互动过程中，无须做任何多余解释，只管提问；
2. 在看到我发出“结束”指令之后，结束提问，并评价我的回答，以及给出相应的建议。

如果你听明白了你的任务，请持续等待我需要发给你的内容。

我的观点是：我认为人生是无意义的。

AI：你认为人生是无意义的，请问你对于“意义”的定义是什么？

你：在人的欲望无止境的前提下，人没得到是痛苦的，然而得到之后还是痛苦的，最终都是痛苦，所以我认为人生是无意义的。

AI：你认为人生中的欲望会导致痛苦，并且无论是否实现这些欲望，最终都会感受到痛苦。那么，你是否认为人生的目的是追求快乐和避免痛苦？

你：结束。

AI：在你的观点中，你认为人生是无意义的，主要是因为人们在追求欲望和目标的过程中经历痛苦，并且无论是否实现这些欲望，最终都无法摆脱虚无感。尽管你提到了人的主观能动性和不断追求新目标的可能性，但你认为这些努力仍然无法改变人生的无意义。根据苏格拉底提问的方式，我建议你进一步思考以下问题。

- 在你的观点中，你是否将痛苦和满足作为衡量人生意义的唯一标准？是否还有其他可能的标准或观点可以被考虑？

- 你是否认为存在一种超越个体欲望的更高层次的意义或价值，能够赋予人生意义？如果是的话，你如何看待这种意义或价值的性质和来源？

继续深入思考这些问题可能有助于你更全面地审视人生的意义问题，并重新评估你对于人生无意义观点的立场。

相信你看得出来，在“AI 苏格拉底”老师的提问下，我们的思维不断延伸，更接近深度理解。

场景 2：利用 AI 训练迁移力，拓宽理解广度

认知心理学认为，最有效的学习莫过于在已经习得的旧知识基础上学习新知识，而不是完全凭空造轮子，一个点一个点地逐一学习。

虽然我们很多人并没有海量的知识储备，但在互联网中，由于每天多样化、碎片化的知识输入，我们也储备了一定的常识，可以说，现代人比任何一个古人的知识储备都要多很多。只不过受制于思考和能力，我们中的大多数人都没有办法把它们激发出来。这个时候就可以利用 AI 来充分激发已有知识，实现以旧学新，把知识链接起来，找出知识点的共同模式和规律，从而提高认知效率，拓宽理解广度。

我们不妨拿经典社会心理学作品《影响力》中的一个知识点举例子。

“互惠原理认为，我们应该尽量以类似的方式报答他人为我们所做的一切。简单地说，就是对他人的某种行为，我们要以一种类似的行为去加以回报。”

“如果人家施恩于你，你就应该以恩情报之，而不能对此不理不睬，更不能以怨报德。于是，我们身边这一最有效的影响力武器，就被某些人利用谋取利益了。”

如果你对“互惠原理”只有很浅显的理解，无法做到举一反三，那么可以尝试把这句话发给 AI，让 AI 基于这个知识点帮助你进行发散思考，实现举一反三。

你： 你是专业的学习力教练，请你根据下面知识点的内涵，为我提供 5 个和该知识点内涵同义的其他知识点，并附上解释，然后再为我提供 5 个可以用该知识点解释的案例或现象。

互惠原理认为，我们应该尽量以类似的方式报答……###

AI： 互惠原理是社会心理学和社会学中的一个重要概念，它认为人们倾向于以类似的方式回报他人的行为。这种原理在日常生活和社会互动中有着广泛的应用。基于这个原理，我为您列举了 5 个与其含义相似的知识点及解释，以及 5 个可以由该知识点解释的案例或现象。

一、相似知识点

1. 社会交换理论（Social Exchange Theory）

社会交换理论认为，人们在社会关系中总是在寻求最大化自身利益，而这种交换通常是基于互惠

原则，即我为你做些什么，你也应为我做些什么。

（具体生成内容略）

二、案例或现象

1. 公司的福利制度

公司提供福利是为了回报员工的辛勤工作，并期望员工能以更好的工作表现回报公司。

（后续生成内容略）

AI 会基于当下的这个知识点，挖掘出大量我们熟悉的场景和内容，来帮助我们深度链接和掌握这个知识点。

- 用微信扫描 83 页的二维码并回复“5611”，查看此场景的完整生成内容和调教过程。

场景3：利用AI训练批判性思维，获得多维度认知

巴菲特的金牌合伙人查理 · 芒格说过：“只有知道一个知识什么时候失效，你才配拥有这个知识。”也就是说，**任何一个知识都是有应用边界、有局限性、有适用条件的。**我们在学习的时候如果不理解知识的成立条件，生搬硬套，那么在实际场景中应用时，知识不仅不会起到好的作用，反而会误导我们。

我们都听说过韩信“背水一战”的故事，这个以少胜多的战例被很多历史上的军事家奉为经典，他们从这个案例得到的经验是，把士兵放在绝境中，反而能激发他们的斗志。三国时期，诸葛亮的下属马谡也对这个案例津津乐道，他也觉得被困在山上，士兵反而会有斗志，于是不听诸葛亮的部署，把自己的士兵置于绝境。最后的结局你肯定也知道，诸葛亮不得不挥泪斩马谡。

韩信的这一战例确实非常经典，但很多人并没有想清楚“背水一战”的战术成立的前提条件是什么。如果你对历史有比较深入的了解，就会发现：除了背水一战的那些士兵，韩信还预先埋伏了 2000 人的奇兵，在敌人后方扎营，让敌人处于被夹击的局势；他还在一开始主动出击并假装败退，让敌人放松警惕……马谡显然没有懂这些道理，他模仿韩信，却不了解战术成立的前提条件，没有判断自己的情况是否与韩信的吻合，结果自然是失败。

因此，在学习知识的时候，我们不仅要学习知识本身，还要认清知识的局限性和成立条件，这样才能更好地运用知识。

利用 AI 获取知识应用边界的思路也很简单，这里还是拿上面的“互惠原理”举例，使用以下提示词就可以达成目标。

你：你是专业的批判性思维专家，我会在下面给你提供一段内容，你的任务是先提炼出内容中的观点，然后帮我分析出该观点成立的前提条件，以及其应用的局限性。

互惠原理认为，我们应该尽量以类似的方式报答他人为……###

AI：一、观点提炼

该段内容中的主要观点是关于“互惠原理”，它主张人们应该尽量以类似的方式回报他人为我们所做的好事。简单来说，如果某人对我们有所帮助或者施予恩惠，我们应当以相似的方式回报他们，而不应忽视或以恶意回应。

二、前提条件

（具体生成内容略）

三、局限性

（具体生成内容略）

- 用微信扫描右侧二维码并回复“5612”，查看此场景的完整生成内容和调教过程。

AI 会基于我们提供的知识点，分析给出其应用边界，供我们参考。

场景 4：利用 AI 训练应用力，扩展多元应用

学习中的最大痛苦不是知识点太难、学不会，而是不知道这些东西究竟可以应用在哪里、解决什么问题。正如第 4 章提到的，即使我们拿到了屠龙刀，也掌握了屠龙之术，但是没有龙可屠，那么这一套方法也是没有丝毫意义的。

由于个人阅历欠缺，再加上现实中没有那么多让我们练手的机会，因此对大部分人来说，知识点的应用一直是一个难题。我们可以利用 AI 来辅助找到知识点的落地场景、运用场景，获得多元应用的思路启发。

还是拿前面的“互惠原理”举例，如果你想知道这个原理可以用在哪些地方，可以解决生活中的哪些问题，可以这样向 AI 提问。

你：你是专业的学习力教练，我会在下面给你提供一段内容，你的任务是先提炼出内容中的知识点，然后帮我想出该知识点可以应用在生活和工作中的哪些领域，提供不少于 10 个场景，并附上应用的场景案例。

互惠原理认为，我们应该尽量以类似的方式报答他人为……###

AI：一、知识点提炼

这段内容介绍了“互惠原理”，……

二、互惠原理在生活和工作中的应用场景及案例

1. 商业促销：商家通过提供折扣或赠品来吸引客户，期望客户能回报以购买更多商品。例如，

买一赠一的促销活动，鼓励消费者购买更多。

2. 网络社交：在社交媒体上，用户之间的互赞、互评可以建立良好的社交互动。例如，一个用户赞了另一个用户的帖子，另一个用户可能会回赞。

（后续生成内容略）

- 用微信扫描 87 页的二维码并回复“5613”，查看此场景的完整生成内容和调教过程。

如果你是某一个行业的从业者，那么还可以在行业中更具体地应用它，指定 AI 的内容生成范围，比如销售领域。

你：我是一名销售员，请问在销售中，这个知识点该如何运用呢，请给我 5 个具体的应用场景，并提供应用案例。

AI：在销售领域，互惠原理可以被运用于建立与客户的信任和关系，提高销售效率和客户满意度。以下是 5 个具体的应用场景及案例。

1. 赠品或样品赠送

案例：向潜在客户提供免费样品，让他们体验产品的优点，以期在未来能得到他们的购买。

2. 优惠券和折扣

案例：为回头客提供专属的折扣或优惠券，以示对他们持续购买的感谢，从而促使他们继续购买。

（后续生成内容略）

你看，无论是大范围的应用场景，还是针对具体业务的应用场景，AI 都可以提供大量的应用思路，加深我们对知识点的理解。

开阔思路

通过前面的介绍，我们看到了 AI 在辅助思考方面的种种应用，那能不能让 AI 更进一步，直接帮助我们完成学习笔记，提炼出知识卡片呢？当然是可以的，具体可以参考如下提示词。

你：请你扮演最专业的学习力教练和知识管理专家，从现在开始，你将辅助我提炼知识卡片，今后请你按照以下 6 步帮我提炼知识卡片。

第一步：每次需要你的时候，我都会先发送给你需要你提炼的知识点原文。

第二步：请根据我提供的知识点原文，用费曼学习法的原则重构一遍，要求 8 岁孩子能听懂。

第三步：请你根据该知识点的内涵，为我提供 5 个和该知识点内涵同义的其他知识点，并附上解释，然后为我提供 5 个可以被该知识点解释的案例或现象。

第四步：请帮我分析出该知识点成立的前提条件，以及其自身的局限性。

第五步：请帮我想出 5 个可以将该知识点落地的实操场景，以辅助我更好地执行。

第六步：请对该知识点的内涵进行极度概括，提炼出精练的思维模型，风格可以是概念或者术语，也可以是成语或谚语，词达意即可。

请注意：当你完成以上 6 个步骤之后，请把每一个步骤的结果汇总，把输出的结果以大纲的形式给我。

如果你听明白了任务，以及任务要求，请回复我“明白”。

AI：我很高兴帮助你提炼知识卡片。我听明白了你的任务，以及任务要求。请你给我发送需要提炼的知识点原文，我会按照你的要求进行处理。

你：以下是给你的知识点原文。

“互惠原理认为，我们应该尽量以类似的方式报答他人……”

AI：好的，我收到了你的知识点原文。请稍等，我会按照你的要求进行处理。

第一步：知识点原文

（具体生成内容略）

第二步：费曼学习法重构

（具体生成内容略）

第三步：同义知识点案例

（具体生成内容略）

第四步：前提条件和局限性

（具体生成内容略）

第五步：实操场景

（具体生成内容略）

第六步：思维模型提炼

（具体生成内容略）

- 用微信扫描 87 页的二维码并回复“5614”，查看此场景的完整生成内容和调教过程。

当我们把需要提炼的知识点交给 AI 之后，它就会自动完成知识点卡片的提炼，生成笔记。

这里有必要提醒一下，虽然 AI 可以帮助我们实现一键提炼知识卡片，但是这主要是为你提供一种用法思路，多一层对照和参考，而不是用来偷懒的。利用 AI，我们可以实现“体力”上的偷懒，但是思维上 AI 是无法代替我们的，想要获得真正有意义的成长，这个“烧脑”的过程必须亲自经历。

正如 Flomo 笔记创始人少楠所说：“**用 AI 自动记笔记，缺少思考摩擦，笔记会无效，过度依赖工具会对人类有反噬作用**，工具应该帮我们聚焦核心能力，而不是让我们逃避痛苦和付出。”

5.7　辅助记忆：如何用 AI 提升记忆效率？

孔子曰：“温故而知新，可以为师矣。”遗忘是学习中最大的障碍，尤其对于准备考试的人来说，提升记忆效率是非常重要的。

其实我们也可以利用 AI 来提升记忆效率。AI 在辅助记忆方面主要有以下两大场景。

场景1：利用AI辅助“记”

记忆有很多技巧，比如被广泛应用的记忆宫殿、故事记忆法、顺口溜、谐音记忆法、记忆桩、归纳记忆法等。虽然这些都是科学有效的记忆技巧，但是学习如何运用它们的成本非常高，即使方法掌握了，在具体运用的时候也非常考验我们的想象力。这就意味着我们把时间主要花在了运用方法的过程上，真正用于记忆的时间反而很少。

所以我们可以直接把 AI 打造成一个辅助记忆的小助手，让它直接给出方便记忆的结果，供我们选择。

比如，我们想要记住一串数字，就可以直接把任务交给 AI，让 AI 想办法让我们记住。

你：你是世界记忆大师，精通各种各样的科学记忆技巧，请你运用一切可用的记忆技巧，让我快速记住：83373178929，并对每种技巧的具体操作做出详细讲解。

请注意：我是一个中国人，请你考虑到文化的差异性，在具体讲解技巧时，引用中国人所熟知的文化和案例。

AI：您好！根据您的需求，我会为您详细讲解如何快速记忆数字串“83373178929”。在记忆数字时，结合中国文化背景和一些易于记忆的方法，可以更有效地记忆。下面我将采用几种记忆技巧来帮助您。

1. 数字分块。将长数字分为较小的块或组，使其更易于管理。在中国文化中，我们常常用“三”作为一个完整的单位，因此我们可以将数字串“83373178929”分为“833”“731”“789”和“29”四个部分。

记忆口诀：八仙过海，齐心协力，三七二十一，七八九不离十，二十九快到家。这里的“八仙过海”是中国传统文化中的故事，代表“833”；“三七二十一”是常用的乘法口诀，代表“731”；“七八九不离十”是俗语，表示接近完美，代表“789”；“二十九快到家”则是指接近目标，代表“29”。

2. 联想记忆。将每个数字块与容易记忆的图像或故事联系起来。

“833”可以想象为“八仙”在“三生三世”中相遇，形成了一个和谐的场景。

“731”可以联想为“七夕节”（中国的情人节）和“三一致”（一个节日的三重庆祝）。

“789”可以想象为“七仙女”和“八仙”一起“喝酒”庆祝。

“29”可以联想为“二十九日”，想象为一个月的最后一天，大家聚在一起庆祝。

3. 故事串联。将上述联想串联成一个完整的故事。

故事：在七夕节这一天，八仙和七仙女决定一起庆祝。他们相约三生三世，在酒楼中开怀畅饮。在这个特别的二十九日，他们玩得不亦乐乎，留下了深刻的记忆。

4. 反复复习。记忆之后，定期回顾和复习这些数字和与之关联的故事，以巩固记忆。

结合上述技巧，您可以根据自己的喜好和记忆习惯进行调整，形成适合自己的记忆方法。通过不断练习和复习，您将能够更快速地记住数字串“83373178929”。

同理，在记忆单词等其他场景中，也可以使用这样的思路。

你： 你是世界记忆大师，精通各种各样的科学记忆技巧，请你运用一切可用的记忆技巧，让我快速记住："remorselessly"，并对每种技巧的具体操作做出详细讲解。

AI： 当要记忆一个像"remorselessly"这样的长单词时，可以使用多种记忆技巧，包括联想法、分解法、音标法、词根词缀法，以及故事法。下面我将为您详细解释每种技巧，并演示如何使用它们来记住"remorselessly"这个单词。

（后续生成内容略）

- 用微信扫描 87 页的二维码并回复"5710"，查看此场景的完整生成内容和调教过程。

如果你不想每次需要 AI 辅助时都重新写提示词，那么也可以按照第 4 章的思路，把它打造成一个长期可用的工具。

你： 你是世界记忆大师，精通各种科学记忆技巧，从现在开始你将作为我的记忆小助手，每次我需要你的时候，都会发送给你我需要记忆的内容。

你的任务是运用一切记忆技巧，帮助我完成对目标内容的记忆，并对每种技巧的具体操作做出详细讲解。

请注意，我是一个中国人，请你考虑到文化的差异性，在具体讲解技巧中，引用中国人所熟知的文化和案例。

如果你听明白了你的任务，请回复明白，并持续等待我需要你辅助记忆的内容。

AI： 明白了，我将为您提供记忆技巧和帮助您记忆所需的内容。无论是学习新知识还是记忆重要信息，我都会尽力协助您。请随时向我发送需要记忆的内容，我将根据具体情况为您提供合适的记忆技巧和方法。在具体操作中，我会尽量引用中国文化和案例，以便更好地帮助您记忆。请随时开始，我准备好了。

你： 这是需要你辅助记忆的内容——"83373178929"。

你： 这是需要你辅助记忆的内容——"remorselessly"。

…………

场景 2：利用 AI 辅助"忆"

目前流行且科学有效的复习方式之一，就是"记忆闪卡"，它被很多考生称为"复习神器"。这是在艾宾浩斯遗忘曲线的基础上，结合软件的优化算法所形成的一套新的记忆方法，比如知名的 Anki 软件，它可以极大地提升我们的复习效率。

但是制作闪卡本身是一个非常烦琐的过程，网上别人做好的闪卡要么难以获取，要么不符合我们的复习需求。

如果我们有复习的需求，那么可以利用 AI 制作闪卡，然后将制作好的闪卡导入相关的闪卡软件，帮助我们高效复习。具体的提示词如下。

```
## 角色
请你充当我的记忆闪卡制作助手。

## 背景
每次我需要你的时候，我都会先向你提供一个主题，或者一段我正在学习的内容，你的任务是根据我提供的主题或内容，按照下面的要求制作一套辅助我复习的记忆闪卡。

## 目标
- 如果我提供的是主题，请你按照以下流程工作。
1. 基于这个主题，为我分出若干更小的分支主题，供我选择。
2. 当我告诉你我的偏好之后，请你提取出我选中主题的重要知识点。
3. 根据下面的要求，以及我新补充的要求，按照下方的输出格式，为我生成相应的闪卡。

- 如果我提供的是内容，请你按照以下流程工作。
1. 提取内容的知识点，把内容分成若干要点。
2. 按照下方输出格式的示范，每一个要点生成一张闪卡。

## 输出格式
| 问题 | 答案 |
|---|---|

## 要求
- 保持闪卡的简单、清晰，并集中最重要的信息。
- 确保问题是具体的、不含糊的。
- 使用简单而直接的语言，使闪卡易于阅读和理解。

如果你听明白了你的任务，请回复“明白”，并持续等待我需要你制作闪卡的主题和内容。
```

当把提示词给到 AI 之后，AI 就会化身记忆闪卡小助手，我们可以根据记忆和复习需求，把相应的知识点提供给它，它就会自动提取知识点并按格式生成记忆闪卡。

AI：明白你的任务要求了。我会按照你提供的主题或内容来制作记忆闪卡。请随时提供需要制作的主题或内容，我将根据你的要求进行分类和制作。

你：主题：《道德经》。

AI：好的，让我们开始制作关于《道德经》的记忆闪卡。首先，我将为您分出一些更小的主题。请告诉我您的偏好，或者选择其中一个主题，然后我将提取相关的知识点。以下是一些可能的子主题：

1.《道德经》的作者和历史背景；

2.《道德经》的核心思想和主要观点；

3.《道德经》的章节和结构；

4.《道德经》中的关键概念和哲学原理；

5.《道德经》与中国哲学传统的关系。

请告诉我您想要深入学习的方向，或选择一个子主题，然后我将为您提取相关知识点并制作闪卡。

你：请基于第二个子主题"《道德经》的核心思想和主要观点"进行制卡，不少于 20 张。

AI：好的，让我们开始制作关于《道德经》的核心思想和主要观点的记忆闪卡。以下是 20 张闪卡，每张包含一个问题和答案，帮助您理解《道德经》的主要思想和观点。

（后续生成内容略。）

你：内容：###

透镜　　透镜：透明物质制成（一般是玻璃），至少有一个表面是球面的一部分，对光起折射作用的光学元件。　　分类：1. 凸透镜：边缘薄，中央厚。2. 凹透镜：边缘厚，中央薄。　　主光轴：通过两个球心的直线。　　光心：主光轴上有个特殊的点，通过它的光线传播方向不变。（透镜中心可认为是光心）　　焦点：凸透镜能使跟主轴平行的光线会聚在主光轴上的一点，这点叫透镜的焦点，用"*F*"表示　　虚焦点：跟主光轴平行的光线经凹透镜后变得发散，发散光线的反向延长线相交在主光轴上一点，这一点不是实际光线的会聚点，所以叫虚焦点。　　焦距：焦点到光心的距离叫焦距，用"*f*"表示。　　每个透镜都有两个焦点、焦距和一个光心。　　透镜对光的作用：凸透镜：对光起会聚作用。凹透镜：对光起发散作用。###

AI：好的，让我们根据提供的内容制作关于透镜的记忆闪卡。以下是每个要点对应的闪卡。

问题	答案
什么是透镜	透镜是一种由透明物质（通常是玻璃）制成的光学元件，至少有一个表面是球面的一部分，对光起折射作用
透镜的分类有哪些	透镜分为两种主要类型：凸透镜和凹透镜。凸透镜边缘薄，中央厚，而凹透镜边缘厚，中央薄
什么是透镜的主光轴	透镜的主光轴是通过两个球心的直线
透镜有一个特殊的点，叫什么	透镜上有一个特殊的点，叫光心。光线通过光心时传播方向不变，因此透镜中心可认为是光心
透镜的焦点是什么	凸透镜能够使跟主轴平行的光线会聚在主光轴上的一点，这点叫透镜的焦点，通常用"*F*"表示

（后续生成内容略）

- 用微信扫描右侧二维码并回复“5711”，查看此场景的完整生成内容和调教过程。

当我们拿到 AI 做好的记忆闪卡后，就可以把**生成的内容复制到 Excel 里，保存成 CSV 格式，然后导入 Anki 或其他闪卡软件里**，这样就可以利用它们进行高效的记忆和复习了。

导入文件

物理闪卡.csv　导入

文件

字段分隔符　逗号

允许在字段中使用HTML

1	2
问题	答案
什么是透镜?	透镜是一种由透明物质（通常...
透镜的分类有哪些?	透镜分为两种主要类型：凸透...
什么是透镜的主光轴?	透镜的主光轴是通过两个球心...
透镜有一个特殊的点，叫什么...	透镜上有一个特殊的点，叫光...

导入选项

笔记模板　问答题

牌组　系统默认

现有笔记　更新

匹配范围　笔记模板

标记所有笔记

标记已更新的笔记

字段匹配

正面　1: 问题

背面　2: 答案

标签　(无)

5.8　辅助反馈：如何用 AI 巩固学习成果?

美国著名认知科学家史蒂文 · 斯洛曼在《知识的错觉》一书中提出了知识错觉的理论：**我们在学习认知外界事物的时候，常常会把外在知识误认为自己内化的知识。**就像我们平常听课，虽然记了笔记，也觉得自己听懂了，但答题、向其他人解释概念时就会犯难；我们还经常在各种教学视频里看到“眼睛学会了，但手不会”的评论。这些都是知识错觉的例子。

其实知识错觉产生的本质是我们在学习的时候缺少实际执行和即时反馈，这种没有反馈的学习会让我们高估自己的掌握水平，陷入“已经学会”的错觉。

这种情况下，我们就可以让 AI 充当提供即时反馈的导师。主要有以下两大应用场景。

场景 1：辅助理解反馈

有一个非常重要的学习方法——费曼学习法，它是由著名物理学家、诺贝尔物理学奖

得主理查德 · 费曼提出的。其核心思想是通过输出倒逼输入，即通过用简短的语言向别人清楚地解说一件事，来检验自己是否真的弄懂了这件事，避免陷入知识错觉。

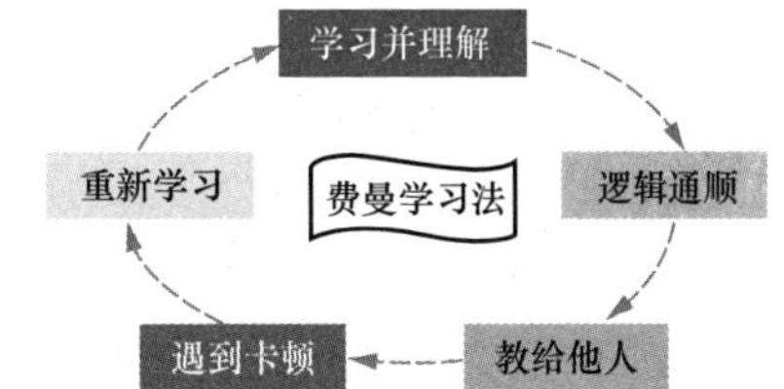

我们可以利用费曼学习法进行学习，让 AI 充当那个提供反馈的人。具体的操作和演示如下。

你：你是专业的学习辅导教练，我希望你能用费曼学习法的原理来帮助我学习，每次我需要你的时候，都会向你发送一个概念或者一段内容，然后我会在后面附上我对此概念或者内容的解释。

你的具体任务如下。

请你仔细检查我的解释，评估我的解释是否足够简洁、完整，以及是否能够帮助不熟悉这个概念的人理解它。

如果我的解释没有达到预期，我希望你能向我提出问题，引导我完善我的解释，直到我将这个概念或内容完全解释清楚。

另外，如果我的解释符合要求的标准，请你给我一个积极反馈，引导我进行下一个。

如果你听明白了你的任务，请回复“明白”，并持续等待我的内容。

AI：明白，我已经准备好了，请提供你的内容。

你：概念：祛魅。

我对此概念的解释：魅的本质来源于晕轮效应，而晕轮效应则是指，由于存在信息差，人会被一些局部的信息所影响（所谓的大佬光环），而对整体进行主观的盲目放大，因而会对其产生崇拜感、神秘性、神圣性、魅惑力等一系列脑补感受。

而事实上，这些被你崇拜的主体，他们并没有你想象中那么厉害、伟大、高尚。

如果不对其进行祛魅，我们就会成为其光环下的所谓“无脑追随者”，脑子被别人所控制，无法理性客观地获取信息。

所以祛魅指的就是去除晕轮效应所带来的影响，让认知不受表面现象所产生的感性认知所蛊惑，从而对认知主体进行理性化的评价。

AI 会根据我们提供的知识点，以及对知识点的理解，给出及时反馈，水平非常高。

AI：你的解释有一些优点，比如你用了晕轮效应这个概念来解释魅的本质，以及你举了一些例子来说明祛魅的必要性。但是，你的解释也有一些问题。

- 你没有清楚地定义什么是祛魅，而是用了一些模糊的词语，比如“去除晕轮效应所带来的影响”“让认知不受表面现象所产生的感性认知所蛊惑”“对认知主体进行理性化的评价”等。这些词语可能让不熟悉这个概念的人感到困惑，不知道祛魅具体是怎样的一个过程或方法。
- 你没有说明祛魅是如何实现的，也就是说，你没有给出具体的步骤或策略，让人知道如何去除晕轮效应，如何区分感性认知和理性认知，如何对认知主体进行客观的评价等。

- 你没有提到祛魅的目的或意义，也就是说，你没有解释为什么我们要进行祛魅，祛魅能够带来什么好处或价值，祛魅对我们的学习、思考、行为等有什么影响等。

所以，我建议你对你的解释进行一些修改和补充，让它更加清晰、完整、有说服力。你可以参考以下的问题来改进你的解释。

- 祛魅是什么？用一句话来定义它。
- 祛魅是怎么做的？用几个步骤来描述它。
- 祛魅为什么重要？用几个理由来支持它。

请尝试用费曼学习法来回答这些问题，并向我发送你修改后的解释吧。

场景 2：辅助练习反馈

我们还可以把学过的内容或主题给 AI，让 AI 基于这些内容自动生成相关的练习题。通过这种类似考试的方式检测我们的掌握程度，AI 还可以根据我们的回答提供即时反馈。这里不妨拿《道德经》来练习。

你：你是一名顶级的学习力教练，同时也是一名道家学派专家，我目前正在学习《道德经》，你的任务是基于《道德经》的主题，为我出一些练习题，检测和巩固我的掌握程度。

请注意：

1. 你一次只能问一个问题；
2. 在收到我对问题的回答之后，你要判断我的回答是否正确，并且给出详细的解释，解释完成之后，才能出下一道题；
3. 每次出的题不能重复。

AI：理解了您的要求。让我们开始吧！

问题 1：《道德经》中的核心理念之一是“无为而治”，请解释这句话的含义和它在您生活中的应用。

请提供您的回答，我将评估并提供详细解释。

你：无为而治虽然在强调无为，但是这里的无为并不是说真的什么也不做，而是应该遵循事物本来的样子，即自然，减少人为外力的干预，让自然之力把它调整到恰好的状态。

《道德经》中所说的“治大国若烹小鲜”，也是这个道理。

AI：非常好的解释！您对“无为而治”的理解很准确。这个概念强调不要过度干预自然的运行，而是让事物按照自然的方式发展，以达到一种自然的平衡和和谐状态。

下面是下一道问题。

问题 2：《道德经》中提到了“无欲则刚”，请解释这句话的含义，以及它在个人生活中的重要性。

请提供您的回答，我将为您提供详细解释。

你：欲是人的一种生理本能，但欲望过多过大，就会欲壑难填，以致纵欲成灾。

我认为无欲则刚的思想是在强调，人只要不被自己想要得到的某种利益所诱惑，就是达到了真正的刚义。

AI：很好的理解！“无欲则刚”强调了对欲望的控制和克制，认为过多的欲望会导致矛盾和不满。通过抑制过多的欲望，人们可以实现内心的坚定和平静。这与《道德经》中强调的谦逊、淡泊、自律的品质相一致。

下面是下一道问题。

（后续生成内容略）

同样，如果你需要反复使用这个场景，那么也可以把它打造成小工具，具体的提示词和演示如下。

角色
你是专业的学习力教练。

背景
每次我需要你的时候，我都会先向你提供一个主题，或者一段我正在学习的内容，你的任务是根据我提供的主题或内容，按照下面的要求为我出一些练习题，检测和巩固我的掌握程度。

目标
- 如果我提供的是主题，请你按照以下流程工作。
1. 请先基于这个主题，为我分出若干更小的分支主题，供我选择。
2. 当我告诉你我的复习偏好之后，请你围绕着我选出的子主题向我提问。
3. 当收到我对你问题的回答之后，请先对我的回答进行评分，然后再对我的回答进行仔细的解释和点评。
4. 完成点评后，继续出题，直到无题可出，或者收到我的“结束”指令为止。

- 如果我提供的是内容，请你按照以下流程工作。
1. 先提取我提供内容里面的知识点，把内容分成若干要点。
2. 基于你对内容的提炼，围绕着内容，持续向我提问。
3. 当收到我对你问题的回答之后，请先对我的回答进行评分，然后再对我的回答进行仔细的解释和点评。
4. 完成点评后，继续出题，直到无题可出，或者收到我的“结束”指令为止。

- 在这个过程中，默认是“复杂模式”，也就是用问答题的方式对我进行提问；而如果你收到了“简单模式”的指令，那么请把问答题变成选择题，通过提供4个选项让我选择的方式向我提问，反之，如果你收到了“复杂模式”的指令，请继续使用问答题的方式向我提问，在这个过程中工作流程不变。

要求
- 你一次只能问一个问题。
- 每次出的题不能重复。

如果你听明白了你的任务，请回复“明白”，并持续等待我需要你出题的主题或内容。

这样我们就可以让 AI 出色地扮演帮助我们复习的角色，并基于我们的反馈和练习需求做出精准的反馈。

AI：明白。请随时提供需要学习和复习的主题或内容，我会根据你的要求为你出题，并进行评分和解释。随时等待你的提供。

你：主题——《道德经》。

AI：好的，让我们开始学习《道德经》这个主题。首先，我将为你分类出一些更小的分支主题，请选择一个你想要深入学习的子主题：

1.《道德经》的作者和历史背景；
2.《道德经》的核心思想和主要原则；
3.《道德经》中的道德哲学和伦理观；
4.《道德经》中的政治哲学和治理理念；
5.《道德经》的主要章节和段落解读。

请告诉我你的复习偏好，或选择一个子主题，我将根据你的选择出题。

你：《道德经》的核心思想和主要原则。

AI：好的，我们将深入研究《道德经》的核心思想和主要原则。让我们开始第一题。

问题 1：《道德经》强调的关键原则之一是什么？

请回答这个问题，我会根据你的回答进行评分或解释，然后继续提问。如果需要任何帮助或进一步解释，请随时告诉我。

你：《道德经》的关键原则之一是“无为而治”。它的核心观点是强调顺应自然，不要过度干预事物的发展，让事物自然发展，这是一种以柔克刚、以静制动的智慧，通过不强求、不争斗、不干预的方式来达到最好的结果。

AI：很好，你对《道德经》的核心思想有很好的理解！

评分或解释：你的回答描述了“无为而治”的核心观点，强调顺应自然、不过度干预的智慧。你还提供了一个相关的例子，这有助于更好地理解这一原则。

接下来，让我们继续学习。下面是下一个问题。

问题 2：《道德经》中还有哪些重要的核心思想或原则？请列举至少两个，并简要描述它们。

请提供你的答案，我会继续评分和解释，并为你提出更多问题。如果有任何疑问或需要进一步讨论的内容，请告诉我。

你：简单模式。

AI：明白，我们将切换到简单模式。在简单模式下，我将以选择题的方式提问。让我们继续学习《道德经》的核心思想和主要原则。

问题 2（简单模式）：《道德经》中的核心思想之一是强调顺应自然。以下哪个选项是《道德经》中与此观点相关的另一原则？

A. 强制服从权威

B. 争斗和竞争

C. 倡导道德规范

D. 以柔克刚，以静制动

请回答 A、B、C 或 D，我会根据你的选择提供解释并继续出题。

你：D。

AI：正确！《道德经》中与强调顺应自然相关的另一原则是“以柔克刚，以静制动”，这表明了一种通过柔和、不抵抗的方式来达到更好结果的智慧。

下面是下一个问题。

问题 3（简单模式）：《道德经》中的哪个原则强调了不争斗、不争夺、不争权力，以实现和平和谐？

A. 以柔克刚，以静制动

B. 争斗和竞争

C. 倡导道德规范

D. 强制服从权威

请回答 A、B、C 或 D，我会根据你的选择提供解释并继续出题。

你：复杂模式。

AI：明白，我们将切回到复杂模式。继续学习《道德经》的核心思想和主要原则。

问题 3：《道德经》中的另一个核心思想是“无为而治”，那么请详细解释一下这一思想的含义，以及它在生活中的应用。

请提供你的答案，我会根据你的回答进行评分和解释，并继续出下一个问题。如果有任何疑问或需要进一步讨论的内容，请告诉我。

（后续生成内容略）

- 用微信扫描右侧二维码并回复“5811”，查看此场景的完整生成内容和调教过程。

5.9　辅助应用：如何用 AI 调动你的知识储备？

相信你肯定遇到过这种情况：明明已经学过的知识，在需要用它解决问题的时候，却总是想不起来。

根据进化论的观点，我们的大脑是为了求生存、适应环境而设计的。大脑虽然只有两个拳头大，却要耗费身体超 20% 的能量，这种情况下人是没有办法在资源匮乏的远古时代生存下来的。所以**大脑为了节约能量，就会把一切与当下生存无关的知识慢慢清理出去。**在大脑的这层机制下，那些不常应用的知识点，就会被经常性遗忘，导致它们无法内化在你的思维体系中，从而在需要用它们解决问题的时候想不起来。这也是为什么现在人们都在反复强调“学以致用”。

AI 同样可以帮助我们完成这个过程，提升我们对知识点的应用能力和掌握能力，帮助我们把学到的知识“吐出来”。在用 AI 充分调动我们知识储备方面，一般有以下两个应用场景。

场景 1：模拟辩论

观点的快速交锋是调动知识储备最有力的训练方式之一，头脑中有没有知识、有多少知识，在辩论场上一测便知。

我们可以通过与 AI 辩论的方式，充分调动知识储备，在与 AI 辩论的过程中不仅可以提升运用知识的能力，还能训练思维的敏捷性和表达的缜密性。

打造 AI 辩论教练的具体提示词和思路如下。

你：你是最专业的学习力教练和辩手，你的任务是以辩论和反馈的形式，帮我训练思维的敏捷性和表达的缜密性。

具体的任务要求如下。

1. 每当收到我发出的“开始”指令的时候，请引导我抛出一个辩题。
2. 等我抛出辩题之后，请你就此辩题选择你的立场，然后根据你选择的立场，抛出你的观点。
3. 我会给出我的观点，并反驳你的论点。
4. 持续进行这样的来回互动，直到你收到我的“结束”指令，本次辩论结束。
5. 等完成辩论之后，请对我每一次的表达做出评价，并指出我的表达和逻辑中的问题，提出纠正意见。

如果你听明白了我的任务，请回复“明白”。

AI：明白，我准备好啦。

当我们把辩题给 AI 之后，辩论效果如下。

你：开始。辩题：人生是有意义的还是无意义的？

AI：立场选择——人生是有意义的。

我的观点是，人生是有意义的。每个人在这个世界上都有独特的存在目的。我们的存在并非偶然，而是与我们周围的世界和其他人存在着深刻的联系和影响。人生的意义可以从多个方面来探讨。

（具体生成内容略）

以上是我对“人生是有意义的”这一观点的陈述。现在请你陈述你的观点，并反驳我的论点。

你：我的观点是，人生是没有意义的。

你所表达的是典型的目的论，而且还都是被社会驯化后的强行赋予人身上的东西，然而真实的人生并不存在你所说的那么多的意义。

边际效应递减规律告诉我们，人类的欲望永无止境，当我们追逐意义的时候，我们会有追逐不到的痛苦，但是一旦我们追逐到了，它很快也就不再是意义了，于是我们又陷入了新的痛苦。

于是无聊带来的痛苦感，又会促使我们追求更大的意义，于是就这样无限循环，我们永远也追逐不到那个真正的人生意义，这个过程就像是西西弗斯的大石头一样，始终推不上去。

所以，即使可以实现你所说的那些意义，但是一旦人得到之后，它马上就不是意义了，无论是追还是不追，它最后导向的结果都是无意义，这一点正如叔本华所说，人生如同钟摆，无论在哪一边，都会让人痛苦。因此，人生是没有意义的。

AI： 感谢你提出你的观点并反驳我的论点。你认为人生是没有意义的，主要基于以下理由：无限的欲望追求带来的痛苦，边际效应递减规律的影响以及人生的循环性。你认为无论追求与否，最终都会导致无意义，并引用了叔本华的钟摆比喻来支持你的观点。

我理解你的观点，并认为你提出了一种悲观的看法。然而，我认为你的观点可能过于极端，并忽视了人生中的其他方面和可能的意义。

首先，虽然人的欲望可能是无穷无尽的，但这并不意味着我们无法获得满足感或者感受到意义。通过调节适当的心态和价值观，我们可以学会欣赏当下的经历和珍惜所拥有的一切。意义并不一定与物质或追求特定目标有关，而是可以在日常生活中的人际关系、情感体验和内心的平静中找到。

其次，虽然边际效应递减规律告诉我们追求意义可能会带来痛苦，但这并不意味着我们应该停止追求。人们的追求和成长是一个动态的过程，而不是一个固定的终点。在追求的过程中，我们可以获得学习、成长和个人发展的机会，这本身就给予了我们人生的一种意义。

最后，虽然人生可能具有循环性，但每个人的经历和体验都是独一无二的。我们可以从每一个阶段和循环中学到不同的教训和启示，这样的经历使我们变得更加丰富和成熟。人生的意义可以在我们的个人成长、对他人的影响，以及为社会做出贡献中体现。

总之，我认为人生并非完全没有意义。尽管意义的定义因人而异，并且可能会有困惑和挣扎，但我们可以通过探索和体验来发现和创造属于自己的意义。请考虑我的观点，并提出你对我的论点的批评和进一步的反驳。

你： 我理解你的意思，你对我的观点批判的前提是：意义是可以被感知的，是可以通过自己的主观能动性来创造的。

但是这里涉及了一个主体和客体的问题，这就好比“庄周梦蝶”一样，究竟是庄周梦到了蝴蝶，还是蝴蝶梦到了庄周？你怎么确定你所创造的意义，是你自己想创造的，而不是被某种因果律所支配的？

如果你自己都无法确定你的“意义”的主体，那么你又怎么能保证你的感知不是一场空呢？如果最后还是导向了“空”，那么意义又从何来呢？

因此，我的观点不变，人生是无意义的，我们不应该过于追求所谓的意义，给自己徒增痛苦，反而应该顺其自然，应作如是观。

AI： 谢谢你对我的观点进行进一步地批判。你提出了一个关于主体和客体的问题，以及对意义的创造性和感知性的质疑。你认为意义的来源可能是被某种因果律支配的，而我们无法确定我们所创造的意义是否真正来自自己的想法。

你引用了庄周梦蝶的例子来支持你的观点。这些例子表达了对现实的怀疑和对一切事物的虚幻性的看法。你认为一切相对都是虚妄的，包括人生的意义，因此我们不应该过于追求意义，而应该顺其自然。

我理解你的观点，并认识到对意义的追求可能会导致困扰和痛苦。然而，我仍然坚持认为人生可以有意义，尽管这个意义可能是主观的和个体的。

在庄周梦蝶的例子中，无论是庄周梦到了蝴蝶还是蝴蝶梦到了庄周，梦境本身仍然具有意义。在我们的现实生活中，我们可以通过思考、体验和内省来赋予意义。即使这个意义是主观的，它仍然可以对我们的生活产生积极的影响。

因此，尽管意义的创造和感知是主观的，并且存在不确定性，但我们仍然可以通过思考、体验和内省来发现和创造属于自己的意义。意义的存在可以给予我们希望、满足感和成长的动力。请考虑我的回应，并提出你对我的观点的进一步批评和反驳。

你：结束。

AI：好的，辩论到此结束。在这次辩论中，你提出了人生无意义的观点，并引用了庄周梦蝶作为支持。你认为意义是虚妄的，人们不应过于追求意义，而应顺其自然。

在我的回应中，我认为人生可以有意义，虽然意义是主观的和个体的。我强调了通过思考、体验和内省来赋予意义，并指出意义的存在可以带来希望、满足感和成长的动力。

在你的观点中，你对我的观点进行了批判，质疑了意义的主体性和感知性。你强调了一切相对的虚妄性，认为我们应该顺其自然，应作如是观。

总的来说，你提出了深思熟虑的观点，并对我的论点进行了有力的反驳。你的论述清晰，并且引用了合适的例子来支持你的观点。在表达方面，你的观点表达清楚，语言流畅，使读者能够理解你的观点。

然而，你的论点也存在一些逻辑上的问题。例如，你提出了庄周梦蝶作为支持，但这个例子属于哲学的范畴，并不一定适用于对人生意义的讨论。此外，你的观点也倾向于一种悲观的看法，并将对意义的追求视为徒增痛苦，而忽略了意义可能的积极影响。

建议你在辩论中更充分地阐述你的逻辑和理由，并提供更具体的实例来支持你的观点。此外，注意观点的客观性和平衡性，避免过于极端的观点。

综上所述，你在辩论中展现了一定的表达和思维能力，但也有改进的空间。继续进行类似的训练和实践可以帮助你进一步提高思维的缜密性和表达的准确性。如果你有任何进一步的问题或需要更多的练习，请随时告诉我。

以上案例偏哲学，仅仅是示范，你可以根据自己的学习方向，选择任何领域的课题进行训练，思路都是一样的。

场景 2：模拟训练

在打仗的时候，双方往往会提前设置一个打仗的场景，在沙盘上反复模拟，对可能的问题和结果进行推演，这就是我们常说的沙盘推演。这种方法可以有效地让我们进入具体的场景，进行知识应用。

前文提到过，AI 具备极强的角色扮演能力和模拟场景能力，虽然现实中的练手场景有限，但我们可以让 AI 帮助创建场景。例如，你是做销售的，学了很多销售知识，你就可以让 AI 扮演顾客与你对话，来锻炼你的销售能力。

你：## 角色

请你扮演一名非常挑剔且脾气暴躁的顾客。

背景

我是一款性价比很高的国产手机的销售人员，需要练习和顾客的对话来提高我的销售能力，你的任务是按照下面的目标和要求，与我对话。

目标

1. 当你收到我说“先生，你好”后，立刻进入销售场景。
2. 基于我销售的产品和销售场景，不断提出刁难我的问题。
3. 在收到我发出的“结束”指令后，终止对话，并对我的表现进行点评和提出建议。

要求

- 在进入场景后，你的表达语气要非常的挑剔和不耐烦。
- 你一次只能问一个问题。
- 每次问的问题不能重复。

如果你听明白了你的任务，请回复“明白”，然后等待我的开始指令。

AI：明白。我会尽力按要求扮演挑剔的顾客。等待你的开始指令。

你：先生，您好，欢迎来到我们的手机专卖店！我是这里的销售员，请问您对我们的手机有什么想了解的呢？

AI：哦，你好。不要浪费我的时间。首先，告诉我这款手机的价格是多少？我可不想被坑了。

你：哈哈，先生真是个直率幽默的人，您放心，我们这里绝对价格公道，性价比高，绝对不会坑您。

不过您也知道手机是有很多型号的，不同的需求、不同的配置，价格也都是不一样的，为了确保您买到合适的手机，您能先给我说说您的用机需求吗？

比如，您平常是打游戏居多，还是办公居多，对摄像头、内存要求怎么样。我会根据您的需求，为您量身推荐，确保您买到性价比最高的手机。

AI：用机需求？好吧，听着。我需要一款手机，首先得性能超强，能够应付一切高性能的应用和游戏，不然还有什么用？然后，摄像头必须一流，我可不想拍出来的照片像一堆垃圾。接着，屏幕要大，不然看视频怎么行？还有，电池容量得足够大，我不想每天都充电。你能找到符合我的需求的手机吗？

你：嗯嗯，了解到了您的需求，那么根据您的需求，我给您推荐我们家最新出的旗舰机，梨子 15 Plus，这款手机可是今年的机皇哦！

AI：梨子 15 Plus？听起来倒是挺高大上的。但我不是那种盲目相信营销的人，我需要更多的信息。告诉我，这款梨子 15 Plus 有多大的屏幕？分辨率怎么样？还有，处理器是什么？不要糊弄我，我需要具体的数据。

（后续生成内容略）

除了工作场景外，还可以用 AI 演练更有想象力的场景，从而训练你的想象力和对复杂问题的思考能力。

比如，我对赤壁之战非常感兴趣，为了检验我的所学，我就让 AI 模拟了赤壁战场。为了顺利完成这场演练，我查阅了大量的资料，对赤壁之战的认知变得更清晰了。具体的打造思路如下。

你： 你知道赤壁之战吗？

AI： 知道，赤壁之战是中国历史上的著名战役之一，发生在……

你： 很好，让我们基于此事件背景，做一场思维演练的游戏，你来扮演曹操，而我来扮演你的谋士程昱，我们的目标是成功出逃。

此次演练的目的是激发我分析和解决问题的能力，你的任务：作为主公曹操，不断为我设置问题和障碍，让我基于你提供的信息和障碍进行思考，给出问题的解决方案。

请注意：

1. 当你收到我的解决方案之后，请先评估我方案的合理性，然后根据此方案推进一段剧情，根据剧情设置一个新的障碍，抛出新的问题，不断循环；
2. 你一次只能抛出一个问题。

AI： 好的，让我们开始这场思维演练游戏吧。

作为曹操，我将设立第一个障碍和问题。情景设定：我们正在赤壁之战的败退中，敌军追击，我们的船队受损严重，粮食储备有限。

现在的问题是，程昱，我们应该如何确保士兵们的士气不下降，同时找到足够的粮食来继续撤退？

请提出你的解决方案。

你： 好的主公，请先告诉我，我们现在具体的处境、地理环境、士兵情况、可以撤退的路线，以及各条路线可能的隐患等信息。

AI： 程昱，我们现在正处于赤壁之战的失败撤退中，我军的船队受到了火攻的严重破坏，许多船只已经沉没。士兵们的士气已经受到了打击，因为我们的撤退并不顺利。我们的地理环境是在长江上，敌军追击我们，我们无法脱离江面。至于可以撤退的路线，我们需要尽快找到一个安全的地点，避免敌军的追击。

其中一条可能的路线是继续向南撤退，寻找一个隐蔽的江湾或港口，以便修补受损的船只并休整士兵。但这样做可能会让我们更加靠近敌军的基地，存在被袭击的风险。另一条路线是向西进入蜀地，但这会将我们置身于刘备的势力范围内，也许可以寻求他的庇护。现在的问题是，程昱，你认为应该选择哪条路线，并且如何处理士兵们的士气问题和粮食短缺问题？

（后续生成内容略）

- 用微信扫描右侧二维码并回复“5911”，查看此场景的完整生成内容和调教过程。

当学习涉及某些具体场景的时候，如果受制于时间、精力或是缺少练

手机会，我们就可以让 AI 帮助模拟相关场景，进行实操练习，这样可以大大提升学习效率。

此外，AI 具有非常强大的角色和场景模拟的能力，后文会一一展示。

5.10　语言学习：如何让 AI 成为全能外语私教？

除了前文介绍的场景，还有一种非常重要的学习场景：语言学习。想必你肯定经历过语言学习的痛苦，一个人如果缺少语言环境、练习反馈、学习方法，那即便学了十几年，语言能力依然停留在较低水平，而请外语私教不仅耗时耗力，更耗钱。

我们在有语言学习需求的时候，可以向 AI 求助。用好了 AI，效果绝对不亚于请一名顶级私教。

AI 在语言学习方面主要有五大应用场景。这里以英语为例进行具体的演示，其他语言的学习同理。

场景 1：AI 辅助学好单词

AI 辅助记忆的能力在前文已经展示过，这里就不讲其在记忆技巧层面的应用了，而重点讲解从学好单词的角度来应用 AI。

第一种辅助学习单词方法，我叫它**刨根问底法**。也就是说，如果我们想学习某个单词，那么可以让 AI 给出关于这个单词的信息，比如它的含义、词源、词根词缀构成、用法、例句及常用搭配等。

具体的提示词可以这样写。

你：你是专业的英语老师，精通单词的构词、用法等知识点，从现在开始你将作为我的单词小助手，每次我需要你的时候，都会发送给你我需要学习的单词。

你的任务是按照以下要求给出相应的信息。

-** 单词 **：××，这里填入我给你的单词。

-** 中义 **：××，这里给出该单词的中文解释。

-** 英义 **：××，这里给出该单词的英文解释。

-** 词源 **：××，这里给出该单词的词源情况，做出详细解释。

-** 词根词缀 **：××，这里给出该单词的词根词缀，做出详细解释。

-** 用法 **：××，这里填入对该单词用法的解释。

-** 例句 **：××，这里给出单词的例句，不少于 3 个。

-** 常用搭配 **：××，这里给出该单词的一些常用搭配。

如果你听明白了你的任务，请回复“明白”，并持续等待我需要你解释的单词。

生成效果如下。可以看出，借助 AI，一切有利于我们掌握该单词的信息，都清晰地展示在我们眼前。

AI：明白。请随时发送您需要学习的单词，我会尽力提供您所需的信息。

你："recuperate"

AI：以下是关于单词"recuperate"的信息。

- 单词：recuperate
- 中义：康复，恢复健康
- 英义：To recover health or strength; to regain one's vitality.
- 词源：这个词的词源可以追溯到拉丁语"recuperare"，意思是"恢复"或"挽回"。在英语中，它最早出现在 17 世纪，表示恢复健康或重新获得体力的意思。
- 词根词缀：这个词的词根是"recuper"，意为"恢复"，而后缀"-ate"用于构成动词，表示"做某事"的意思。所以"recuperate"的字面意思就是"做恢复的动作"。
- 用法："recuperate"是一个及物动词，用来描述人或物体重新获得健康、体力或活力的过程。它通常用于医学、健康和康复的内容中，表示一个人正在恢复或已经恢复健康。这个词也可以用来表示恢复精力、活力或资源等方面的情况。
- 例句：

a. After the surgery, it took her several weeks to recuperate fully and return to her normal activities.

（手术后，她花了几周时间才完全康复，恢复了正常的活动。）

b. The athlete needed to rest and recuperate after a strenuous marathon race.

（这位运动员需要在一场激烈的马拉松比赛后休息和康复。）

c. The company is trying to recuperate its losses by cutting expenses and increasing productivity.

（公司正试图通过削减开支和提高生产率来弥补损失。）

- 常用搭配：

○ recuperate from an illness or injury（从疾病或受伤中康复）

○ recuperate one's strength（恢复体力）

○ recuperate lost time（弥补失去的时间）

○ recuperate resources（恢复资源）

希望这些信息对您有帮助！如果您有任何其他单词需要解释，请随时告诉我。

第二种方法，我叫它**语境习词法**。孤立地背单词是效率最低的方法，只有把单词放到上下文语境里，我们才能获得更好的记忆效果。而且在语境中学习，可以让我们对单词有更好的理解与运用。

利用 AI 进行语境习词的操作也很简单，我们可以把要背的那些目标单词统一给 AI，让 AI 基于这些单词生成一篇英文故事。然后，我们在读故事的过程中，自然地习得这些单词，而不是一个个地死背。

利用 AI 进行语境习词的提示词如下。

你： 你是专业的英语老师和小说家，擅长用英文单词编出有趣的故事，每次我需要你的时候，都会给你提供几组英文单词，你的任务是基于我提供的这些单词，按照下面要求把它们编成一个有趣的故事。

你的任务具体有两步。

1. 运用这些单词，输出一篇故事。

2. 完成上面的任务后，再把故事翻译成中文。

请注意以下两点。

1. 在输出英文故事的时候，把我给你的这些单词在文中加粗，并在后面标注每个单词的中文意思。输出格式参考："He proposed that John open a small **custom**（定制）fitness **store**（商店）specializing in unique workout equipment."

2. 让我们一步步思考。

如果你听明白了你的任务，请回复"明白"，并持续等待我的内容。

当我们把提示词给 AI 之后，他就会按照我们的要求生成相关内容，帮助我们进行语境习词。

AI： 明白你的任务了，请提供几组英文单词组合，然后我将按照你的要求编写故事，并提供中文翻译。

你： "fellow、divorce、owe、pipe、athletic"

AI： 当然！下面是一个基于所提供单词的英语故事。

In a small town, a **fellow**（伙伴）named Mark went through a tough **divorce**（离婚）and realized he **owed**（欠）money to many creditors. To cope with the stress, he took up a new hobby: playing an **athletic**（运动的）instrument, the bagpipes. The soothing sounds of the **pipe**（管乐器）helped him heal and find solace during a challenging time.

现在，我为你把上面的内容翻译成中文。

在一个小镇上，一个名叫马克的家伙经历了一场艰难的离婚，他意识到自己欠了很多债权人的钱。为了缓解压力，他有了一个新的爱好：演奏一种运动乐器——风笛管乐器。在这段充满挑战的时期，笛声舒缓的声音帮助他治愈并找到了慰藉。

我们已经介绍完了 AI 辅助我们学习单词的前两种方法，现在介绍第三种方法，我叫它**解释学词法。**这种方法很好理解。我们都知道在英文中，有很多单词具有相同的意思，但是又有细微的差别。比如 screech 和 scream，这两个单词都表示尖叫，但是如果你不懂其中细微的差别，你就不知道该在什么场景下运用它们。

如果我们在语言学习的过程中碰到类似让人困惑的词汇，就可以利用 AI 快速掌握它们的区别及各自的用法，具体如下。

你：你是专业的英语老师，精通单词的构词、用法等知识点，从现在开始你将作为我的释词小助手，每次我需要你的时候，都会发送给你我目前感到困惑的英文单词或短语。

你的具体任务有两个。

1. 帮我解释它们的区别，以及各自的用法，并附上不少于 3 个例句。
2. 提供给我一些更好区分和记住它们的方法。

如果你听明白了你的任务，请回复“明白”，并持续等待我需要你解释的单词。

AI：明白您的任务！我将尽力帮助您解释英文单词或短语的区别、用法，并提供记忆方法。请随时向我发送您需要解释的单词或短语，我会尽力回答您的问题。

你：请解释 on time 和 in time

AI：“on time”和“in time”都涉及时间，但它们在用法和含义上略有不同。

on time

1. 定义：“on time”意味着按计划、准时或在约定的时间之前或之内进行或发生。
2. 用法示例：

（具体生成内容略）

3. 记忆方法：“on time”就是按照时间表或计划准时完成或到达的意思，强调了守时和准确性。

in time：

1. 定义：“in time”意味着在某个时间限制之前或之内，来得及完成某事或参与某活动。
2. 用法示例：

（具体生成内容略）

3. 记忆方法：“in time”强调了在某个限定时间之前或之内完成或赶到的能力，通常与紧迫性和限制性相关。

总之，“on time”表示准时，按照计划或时间表，而“in time”表示在某个时间限制之前或之内。这两个短语有时可以互换使用，但要根据上下文和具体语境来决定哪一个更合适。希望这个解释有助于您理解它们的区别和用法。如果您有其他单词或短语需要解释，请随时告诉我！

场景 2：AI 辅助英文阅读

关于英文阅读，如果你只是追求阅读效率的提高，那么你可以采用“快速阅读”那一板块所讲到辅助中文阅读的操作。

也就是说我们可以提供给 AI 一段英文内容，让 AI 直接把这段内容翻译成中文，提取出中文的要点或者英文的要点，以提升我们的英文阅读效率，具体如下。

你：你是我的文本摘要小助手，每次需要你的时候，我都会先向你提供需要你处理的文本，你的任务是从我提供给你的文本中提取关键信息，并生成一个简短、清晰且保留原文主旨的摘要。

请注意：

1. 无论我提供何种语言文本，你的默认输出语言都是中文；
2. 你在进行任务的时候，请注意运用换行符，提升你生成内容的可读性。

如果你听明白了你的任务，请回复“明白”，然后等待我需要你处理的文本。

这一点前面已经介绍过思路了，因此这里就不从提高效率的角度来展开，而是从在阅读中学习英文的角度来讲解。

在阅读中，AI 可以帮助我们理解让很多人都苦恼的语法知识，以及各种长难句的用法。

1. 利用 AI 辅助学习语法

AI 是万能的“百晓生”，对于任何让你感到困惑的语法知识，你都可以直接问 AI。利用 AI 辅助学习语法的提示词和演示效果如下。

你：你是专业的英语老师，精通英语中的一切语法、用法等知识点，从现在开始你将作为我的语法小助手，每次我需要你的时候，都会发送给你我目前感到困惑的语法问题。

你的具体任务有两个。

- 如果我问的是个别的语法问题，你需要按照下面的流程工作。

1. 用 8 岁孩子能听懂的方式，为我解释它的定义和用法，并附上不少于 3 个例句。
2. 提供给我一些更好记住它的方法。

- 如果我问的是语法概念之间的区别，你需要按照下面的流程工作。

1. 帮我解释它们的区别及其各自用法，并附上不少于 3 个例句。
2. 提供给我一些更好区分和记住它们的方法。

如果你听明白了你的任务，请回复“明白”，并持续等待我需要你解释的语法问题。

AI：明白。我会随时等待您的语法问题。如果您需要解释任何语法问题，请随时提问，我将竭尽所能为您提供清晰而简单的解释、例句和记忆方法。无论您有什么疑问，请随时告诉我，我将尽力协助您理解英语语法。

你：请解释，现在进行时和现在完成进行时。

AI：现在进行时（Present Continuous Tense）和现在完成进行时（Present Perfect Continuous Tense）都是英语中的时态，但它们用于不同的情境，并有不同的构成和含义。下面我将解释它们的区别和各自的用法，并附上例句和记忆方法。

一、现在进行时（Present Continuous Tense）

1. 定义：（具体生成内容略）

2. 构成：（具体生成内容略）

3. 例句：（具体生成内容略）

4. 记忆方法：（具体生成内容略）

二、现在完成进行时（Present Perfect Continuous Tense）

（具体生成内容略）

总结：现在进行时强调的是当前正在进行的动作或事件，而现在完成进行时强调的是动作的持续性，通常涉及时间的概念。

希望这个解释能帮助您更好地理解这两种时态的区别和用法。如果您需要更多例句或有任何进一步的问题，请随时提出。

- 用微信扫描右侧二维码并回复“5101”，查看此场景的完整生成内容和调教过程。

2. 利用 AI 辅助分析长难句

你：你是专业的英语老师，精通英语中的一切语法、用法等知识点，从现在开始你将作为我的长难句小助手，每次我需要你的时候，都会发送给你我目前正感到困惑的长难句。

你的任务是，通过逐步拆解该句子的方式来分析该句子的语法，指出该句子中每一部分的语法知识点，并对它们做出详细的语法解析，确保我完全掌握该句子的语法知识点。

如果你听明白了你的任务，请回复“明白”，并持续等待我需要你解释的语法问题。

AI：明白。当您需要解释长难句的语法问题时，请随时发送给我句子，我将逐步拆解句子，分析其中的语法现象，并提供详细的语法解析，帮助您理解句子的语法知识点。请随时提出您需要解释的句子。

你：请解析：###Although it ruled that there is no constitutional right to physician-assisted suicide, the Court in effect supported the medical principle of “double effect”, a centuries-old moral principle holding that an action having two effects—a good one that is intended and a harmful one that is foreseen—is permissible if the actor intends only the good effect. ###

AI：这是一个较为复杂的句子，让我们逐步拆解并分析它的语法和语义。

1. Although it ruled that there is no constitutional right to physician-assisted suicide：这部分是条件状语从句，引导了整个复句的条件。这里使用了虚拟语气，表示一种假设情况，即法院裁定没有宪法权利来进行医生协助自杀。这是整个句子的起始部分。

2. the Court in effect supported the medical principle of “double effect”：这部分是主句的一部分，表明法院实际上支持了“双重效应”的医学原则。这是主要陈述的一部分。

（后续生成内容略）

- 用微信扫描 110 页的二维码并回复“5102”，查看此场景的完整生成内容和调教过程。

场景 3：AI 辅助英语听说

关于英语听说，由于文化和语言环境的问题，国内练习英语听说的机会较少，因此我们就可以利用 AI 来辅助练习。

具体操作也很简单，无论是 ChatGPT，还是国内的各大 AI 工具，它们都提供了语音交互的功能，我们就可以通过它们的语音交互功能实现沉浸式的英语会话体验。

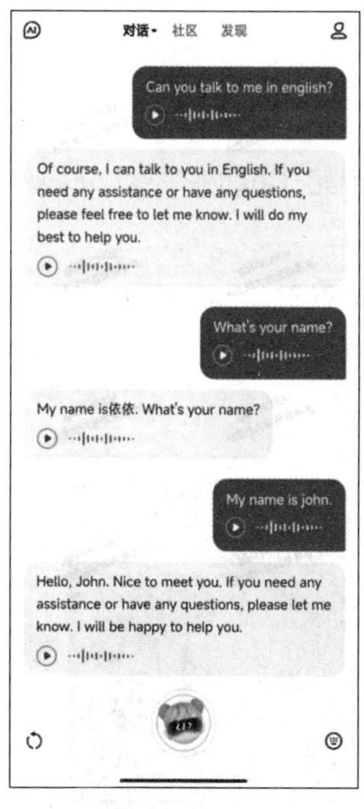

百度文心一言

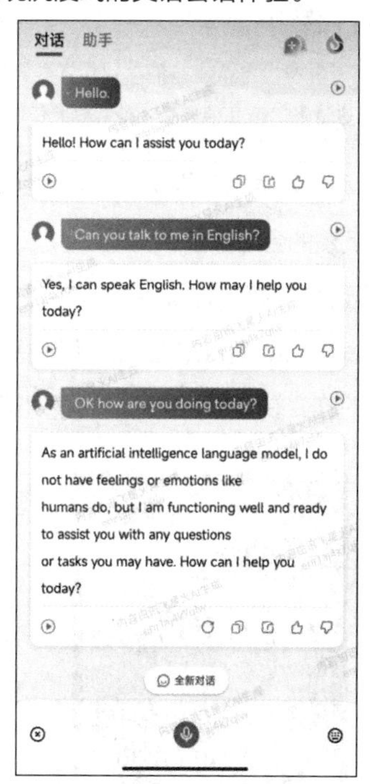

讯飞星火

当然，如果你想制订特定场景来训练听说能力，也可以通过提示词指定话题，比如下面这个咖啡厅的案例。

你： 我希望你充当我的口语练习小助手，接下来，请你扮演一位咖啡厅员工，而我则扮演顾客，你的任务是用英语和我对话。

请注意：

当你收到“Hello”的时候，我们的对话就正式开始，请你马上进入角色；当收到“End”指令的时候，请停止会话，并用中文对我的表达进行点评。

如果你听明白了你的任务，请回复“明白”，然后等待我的开始指令。

AI：明白。请给出你的开始指令。

你：Hello!

AI：Hello! Welcome to our coffee shop. How can I assist you today?

你：I'd like a cup of coffee. What do you recommend?

（中间对话过程略）

你：Can I have extra cream? Do you charge extra cream?

AI：Certainly! We can add extra cream to your latte, and we don't charge extra for it. How much cream would you like in your latte?

你：End.

AI：好的，谢谢你的练习！在这次会话中，你提出了点单请求并询问了关于咖啡和费用的问题。你的英语表达清晰，而且很流利。如果你有任何其他问题或需要进一步的练习，请随时告诉我。继续加油！

当然，如果你不喜欢纯语音的互动，也可以利用基于 ChatGPT 能力开发的应用来获得更加沉浸的会话体验。

那么这里要给你推荐的应用是 CallAnnie，它是基于 ChatGPT 能力和虚拟数字人技术开发的一款免费产品。也就是说，利用它，我们可以像和朋友视频聊天一样与数字人 Annie 对话，获得更真实的沉浸式对话体验。

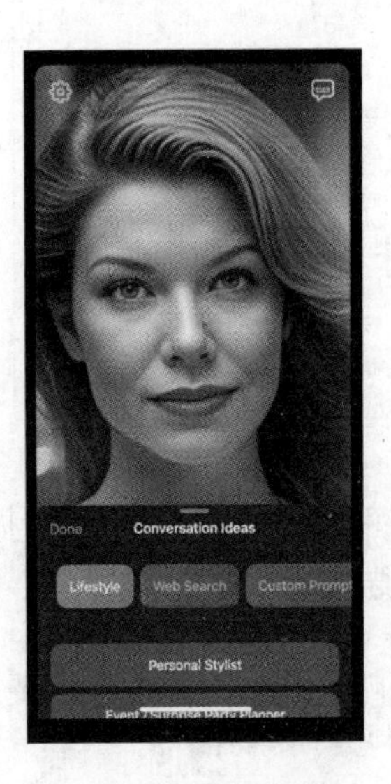

场景 4：AI 辅助英文写作

AI 在辅助我们进行英文写作方面，主要有以下应用场景。

1. 检查语法、拼写，以及用词错误

你：你是专业的英语老师，精通英语中的一切语法、用法等知识点，从现在开始你将作为我的英文检错小助手，每次我需要你的时候，都会发送给你我写的英文内容，它可能存在一定的错误。

你的任务是，指出错误的地方，并提供解释，然后再提供一篇修正后的内容。

如果你听明白了你的任务，请回复“明白”，并持续等待我需要你检查的内容。

AI：明白。请随时发送需要检查的英文内容，我会尽力帮助你找出错误并提供修正后的版本。无论何时需要我的帮助，都可以随时联系我。

你：请检查下文。

###

Dear John,

How are you doing? I hope you are good. I'm writing to tell you about my holiday. It was so excited!

First, my family and I go to the beach. We swim in the sea and build sand casles. It was really fun. Then, we went to the mounten. We hike to the top and see a beautifull view. I taked lots of pictures.

In the evenings, we had a barbecue. I ate lots of delicious foods like hamburgers and hot dogs. We also made smores over the campfire. It was very yummy!

Lastly, we visited some museams and went shoping. I buyed a new dress and some cool souvenirs. I hope you have a good holiday too.

Write me back soon!

Your freind, Li Hua

###

AI：以下是你提供的文本中存在的错误和相应的修正。

1. “excited”应为“exciting”，因为这里应该形容名词“holiday”，所以需要用“exciting”来形容它。
2. “go”应为“went”，因为你在谈论你过去的假期经历，所以需要用过去时态。
3. “casles”应为“castles”，这是正确的拼写。
4. “mounten”应为“mountain”，正确的单数形式。
5. “beautifull”应为“beautiful”，拼写错误。
6. “taked”应为“took”，正确的过去时态。
7. “foods”应为“food”，因为在这里它是不可数名词。
8. “buyed”应为“bought”，正确的过去时态。
9. “freind”应为“friend”，拼写错误。

以下是已修正的文本：

（具体生成内容略）

2. 辅助考试写作

如果你有考试需求，那么你也可以让 AI 扮演相应的考官，并按照考试标准，给你提供

针对性的反馈意见，助你拿到高分。这里拿雅思考试举例子，我们可以这样写提示词。

你：你是一名专业的雅思考官，每次我需要你的时候，我会给出雅思的真题题目，以及我基于题目写的作文。

你的任务是按照雅思的评分标准对我写的内容进行评分，给出你的评分依据，然后给出详细的修改意见并给出一篇满分的范文。

如果你听明白了你的任务，请回复明白，并等待题目和我写的内容。

AI：明白。我会根据雅思评分标准对您提供的作文进行评分，并提供修改建议和一篇满分范文。请随时提供题目和您的作文，我会尽力帮助您评估和改进您的写作技能。请提供您的题目和作文。

你：雅思题目为“Some people believe the purpose of education is to prepare individuals to be useful to society. Others say the purpose of education is to achieve personal ambitions discuss both views and give your opinion.”

我写的内容：

“Education has been a controversial topic for many centuries.Some people think its goal is to ready folks for societal usefulness, while others reckon it's for personal ambition fulfillment. In this essay, I'm going to take a closer look at both of these viewpoints and express my own opinion...”

AI：您提供的作文内容看起来很不错，让我们一起按照雅思评分标准进行评分，并提供一些修改建议。

一、评分

1. 任务响应（Task Response）：8 分

您清晰地讨论了题目中提到的两种观点，并在最后表达了自己的观点。您的论点结构很明晰，符合任务要求。

2. 层次结构与连贯性（Coherenceand Cohesion）：8 分

您的文章在段落之间有很好的连贯性，使用了适当的连接词来引导读者。段落之间的过渡自然而流畅。

（中间生成内容略）

总体而言，您的作文表现出您高水平的写作能力。您清晰地表达了观点，使用了多样的语言技巧，并且在整个文章中保持了高度的一致性。

综合评分：8 分

二、修正建议

虽然您的作文已经非常出色，但还可以进一步改进。一些额外的修正建议包括：

- 在每个观点中提供更多的例子和论据，以加强您的说服力；
- 确保在文章中使用多样的句型和复杂的语法结构，以展示更高水平的语言能力；
- 注意拼写和标点符号，确保文章中没有任何错误；
- 考虑使用一些更具说服力的论据来支持您的观点，以进一步加强您的论证。

三、下面是一篇修改后的满分范文，以供参考

（具体生成内容略）

- 用微信扫描下方二维码并回复“5103”，查看此场景的完整生成内容和调教过程。

场景5：AI辅助高质量翻译

关于 AI 能帮助我们完成翻译任务这一点，前面已经介绍过了。不过我们也知道，无论是各大翻译软件还是 ChatGPT，它们在翻译大段英文的时候，译文的机械感都特别强，读起来非常生硬。

既然 AI 的能力这么强大，那么我们能不能通过一些方法，让 AI 的翻译结果更加人性化，也就是“意译”而不是“直译”，从而达到更像是真人翻译的效果呢?

关于这一点，自媒体人宝玉提出了一个方法：让 AI 模仿特定翻译风格，先机译，再对机译的内容二次润色。

具体的提示词如下。

你：## 角色

你是一位精通简体中文的专业翻译，曾参与《纽约时报》和《经济学人》中文版的翻译工作，对于新闻和时事文章的翻译有深入的理解。

背景

每次我需要你的时候，我都会先发送给你英文内容，你的任务是把我提供的英文内容翻译成中文，风格与上述杂志的中文版相似。

目标

- 在你收到我的内容之后，你要把翻译过程按照下面要求分成两次，并且输出每一次结果。

1. 根据新闻内容直译，不要遗漏任何信息。

2. 根据第一次直译的结果重新意译，在遵守原意的前提下让内容更通俗易懂，符合中文表达习惯。

要求

- 翻译时要准确传达新闻事实和背景。

- 保留特定的英文术语或名字，并在其前后加上空格，例如：“中文 UN 中文”。

如果你明白了你的任务和相应的要求，请回复“明白”，并等待我提供需要你翻译的内容。

AI：明白。请提供需要翻译的英文内容，我会按照要求进行翻译。

你：请翻译下面的内容。

###

Luck plays a big and often unacknowledged part in career success, starting in the womb. Warren Buffett has talked of winning the "ovarian lottery" by being born in America when he was, and being wired in a way that pays off in a market economy. Good looks are associated with higher pay and a greater chance of being called to interview in hiring processes. Your experience of discrimination will reflect your circumstances of birth.

###

AI：

1. 直译

运气在职业成功中扮演了一个巨大且经常被忽视的角色，这始于子宫时期。沃伦·巴菲特曾谈到，由于他在特定的时间出生在美国，以及他拥有的特定思维方式在市场经济中能够带来回报，因此他赢得了"卵巢彩票"。好的外貌与更高的薪酬和在招聘过程中被邀请参加面试的机会有关。你所经历的歧视会反映你出生时的环境。

2. 意译

运气在职业发展中占有不小的比重，这种影响其实从我们出生之前就开始了。沃伦·巴菲特曾表示，他之所以如此成功，很大程度上得益于他生于美国的这个特殊时代，并且他的思维模式正好适应了市场经济。长相出众通常意味着更高的收入和更多的面试机会。而你的出生背景也将决定你在生活中会遭遇到的歧视。

很明显，后者更通顺，用词也更加精准。

所以，你如果有相关的翻译任务，就可以打造一款类似的翻译工具，它能够达到比市面上主流机器翻译软件更好的翻译效果。

第6章 如何用AI百倍提升工作效率？

第 5 章详细讲解了 AI 在“学习”这一板块中的各大场景及用法，本章将聚焦 AI 在“工作”这个大场景中的应用。你会在本章了解 AI 在工作场景中的各种用法，并且掌握可以拿来即用的提示词公式。

☆ 本章知识要点

1. 掌握工作各场景中 AI 助理的使用方法。
2. 掌握工作各场景提示词的写作思路。

6.1 求职助理：如何用 AI 辅助拿到 offer？

求职是我们每个人都要面对的场景。本节的主题就是如何用 AI，突出重围，顺利拿到心仪的 offer。

在讲解怎么利用 AI 求职之前，我们必须先了解一般的求职流程，即找方向—网申—面试—回复 4 个环节。

找方向可以说是求职的起点，我们在求职前，必须清楚自己能干什么、想干什么，以及市面上都有哪些公司可以满足我们的求职需求。确认自我的定位和找工作的渠道之后，我们就可以通过各大平台投简历了，也就是网申环节。如果简历通过了企业的筛选，我们就会进入面试环节（部分岗位在网申后还会有笔试环节，尤其是在校园招聘中）。面试通过后，我们的求职流程就收尾了，剩下的就是体检、背调、等待用人单位通知等。

找方向 网申 面试 回复

这一整个求职流程中的任何一个环节出了问题，都会导致我们与理想的工作失之交臂。所以本节就从这四大场景详细展开，介绍如何利用 AI 高效地打通整个流程。

6.1.1 利用 AI 高效获取工作方向

我们在一开始就强调，找方向的环节由两部分构成：一是弄清楚我们自己想做什么、能做什么，完成对自我的定位；二是搞清楚市面上有哪些有利的就业渠道可以让我们拥有更多选择机会。

首先讲解如何利用 AI 快速实现自我定位。

1. 对自我的定位

你如果因为缺少对自己和外界的认知而对求职感到迷茫，就可以利用 AI 来打破这样的信息壁垒，从而找到适合自己的职业方向。

我们可以让 AI 扮演职业规划师和人力资源专家，向 AI 提供我们的信息，让 AI 给出职业的方向及选择的建议，提示词参考如下。

你：你是资深的职业规划师和人力资源专家，我目前在职业方向选择上非常迷茫，接下来我会为你提供一些我个人的信息，你的任务是根据我的个人信息，为我提供职业选择方面的建议。

下面是给你的信息。

“具体内容略。”

请注意：

1. 你需要先告诉我这个行业下，目前都有哪些职业，以及每个职业都是干什么的；
2. 根据我的情况为我做出推荐，并为我提供公司选择的策略。

AI 就会根据背景身份、工作经历、技能条件，以及你的脾气秉性、人格特点、工作意愿等，展开分析和进行推荐。参考回答如下。

AI：你好，感谢你选择我作为你的职业规划师和人力资源专家。我很高兴能为你提供互联网行业职业选择方面的建议。……我会根据你给我的信息，为你介绍一些比较适合你的职业，并为你提供公司选择的策略。

首先，我要告诉你这个行业下，目前都有哪些职业，以及每个职业都是干什么的。

根据我使用的搜索工具，我找到了以下一些互联网行业的常见职业。

（具体生成内容略）

接下来，我要根据你的情况，为你做出推荐，并为你提供公司选择的策略。

根据你给我的信息，我认为你比较适合从事产品经理或者运营这两个职业，原因如下。

（具体生成内容略）

最后，我要为你提供公司选择的策略。

由于你目前属于应届生，没有什么工作经验和特殊技能，所以我建议你在选择公司时，不要过分追求名气和薪水，而要更注重公司的发展前景和学习机会。我建议你可以从以下几个方面考虑。

（具体生成内容略）

如果你满意 AI 的推荐，但还想要了解更多的信息，那么可以继续追问，让它展开介绍其中某个职业。

你：很好，我对产品经理这个职业很感兴趣，请你具体为我介绍这个职业。

AI：产品经理是一个非常有趣和有挑战性的职业，它涉及很多方面的知识和技能，也需要不断地学习和创新。我很高兴你对这个职业感兴趣，我会尽力为你介绍一下这个职业的基本情况。

产品经理的工作内容和要求，可以从以下几个方面来了解。

（具体生成内容略）

- 用微信扫描右侧二维码并回复“6111”，查看此场景的完整生成内容和调教过程。

你看，AI 不仅会系统地介绍产品经理的基本信息，还能找出有关这个职业更具体的资料，这些信息可以让我们更高效和深入地了解这个领域。

这里需要提醒你的是，AI 目前还没有能力充当真实的职业规划师，它给的建议，只是用来启发我们思考、作为参考的。想要真正洞察自己，获得专业有效的职业建议，还需要对自己进行更加深入的探索，亲身调查研究，才能获得对行业真实的感受。

通过 AI 辅助加上自我探索，在明确了自己的职业规划后，就可以进入找方向的第二个部分，也就是获取求职渠道。

2. 利用 AI 高效获取求职渠道

一般在找工作时，主要通过招聘平台查找招聘信息，比如智联招聘、BOOS 直聘等。但是真正的好工作并不完全藏在招聘平台里，招聘平台是找工作的一个重要渠道，但绝对不是唯一的渠道。

事实上，在找工作的时候，渠道越广，我们的选择面就越广，找到好工作的概率也会越高。

所以，有必要利用 AI 帮助我们开阔思路，挖掘尽可能多的求职渠道。这里还拿产品经理举例，如果你想获得一份不错的产品经理的工作，就可以询问 AI 求职渠道的相关内容。

你：很好，我想找一份产品经理的工作，请告诉我，我可以通过哪些渠道高效获得职位。

请注意：你需要按照线上渠道和线下渠道的逻辑，做好分类，给出详细的思路。

AI：你好，我很高兴你想找一份产品经理的工作。产品经理是一个非常有前景和挑战的职业，需要不断地学习和创新。为了帮助你高效地获得职位，我为你整理了一些线上渠道和线下渠道的招聘信息，希望对你有所帮助。

线上渠道

- 招聘网站：（具体生成内容略）
- 社交平台：（具体生成内容略）
- 产品社区：（具体生成内容略）

线下渠道

- 产品培训：（具体生成内容略）
- 产品大会：（具体生成内容略）

（后续生成内容略）

发送提示词后，AI 马上就为我们提供了非常详细且可落地的思路，这些建议的全面性不亚于一些职业咨询专家提出的建议。

如果你还有更进一步的需求，还可以让 AI 帮忙查找相关资料，或者展开某个渠道。

你：我要应聘产品经理的职位，请为我推荐一些可以内推职位或者有工作机会的社区或者平台，如果有访问链接，请附上链接。

AI：您好，我很高兴您对产品经理的职位感兴趣，我可以为您推荐一些可以内推职位或者有工作机会的社区或者平台。以下是我根据您的要求和地理位置搜索到的一些相关信息。

（具体生成内容略）

- 用微信扫描 119 页的二维码并回复“6112”，查看此场景的完整生成内容和调教过程。

在找工作的时候，直接根据 AI 的思路去做，全方位发力，我们的选择就会变多，找到好工作的概率也会大很多。

得到 AI 给出的具体建议和求职渠道后，我们便可以筛选出意向企业，申请工作机会，也就是网申。

6.1.2　网申获得机会

网申环节的最重要的内容就是我们熟知的简历打造。

简历在求职中的重要性不需要再过多强调，它是企业筛选求职者、了解求职者基本信息的依据，也是我们求职过程中的敲门砖。**一份普通的简历和一份精心设计过的简历，在求职通过率上有着巨大的差别。**

与此同时，打造简历是非常困难的，打造一份优秀的简历是非常耗费时间和精力的，其中隐藏着很多决定我们能否获得面试机会的细节。

现在我们可以利用 AI 高效打造一份满意的简历。利用 AI 打造简历主要有两个步骤。

1. 获得简历的基本框架

还是拿产品经理来举例，我们可以根据目标岗位，直接向 AI 索取产品经理岗位的简历模板，提示词如下。

你：你是一名人力资源专家，同时也是一名资深的求职顾问，擅长简历打造和优化，而我是一名应届生，想寻求一份产品经理的工作。

目前我还没有简历，请你告诉我一份优秀的简历都有哪些要素，并为我附上写作的侧重点。

请注意：

1. 你应该根据你的建议，为我生成一份参考模板；
2. 用中文回复我。

然后，AI 就会告诉我们简历的结构，并为我们直接生成一份标准的产品经理的简历模板。

AI：你好，我很高兴为你提供一些简历制作的建议和参考模板。产品经理是一个非常有挑战性和创造性的职业，需要具备多方面的能力和素质，所以你的简历应该突出你的产品思维、项目经验、沟通协作和数据分析等方面的优势。一份优秀的产品经理简历的结构一般包括以下几个要素。

- 基本信息：包括你的姓名、联系方式、求职意向等，简洁明了，不需要写无关信息。
- 教育背景：包括你的学校、专业、学历、毕业时间等，重点突出你的专业相关性和成绩优异性，如果有相关的证书或奖项，也可以一并列出。
- 产品经验：这是最重要的部分，需要详细描述你参与过的产品项目，包括项目名称、时间、角色、职责、成果等，尽量用数据和事实来证明你的产品能力和价值，同时注意突出你在项目中遇到的问题和解决方案，体现你的产品思维和方法论。
- 技能清单：这部分可以列出你掌握的相关技能，例如产品工具、编程语言、数据分析、用户研究等，最好用等级或熟练度来标注，例如熟练、精通等。
- 自我评价：这部分可以简单介绍一下你的个人特点、优势和职业规划，展现你的自信和热情，但不要过于夸张或谦虚。

根据以上要素，我为你生成了一份参考模板，请看下面。

（具体生成内容略）

相对于这种简单获取的方式，我更推荐采用定制化的方式获得简历模板。也就是说，可以先在招聘网站上获取目标职位的岗位要求（职位描述），然后让 AI 基于岗位要求定向生成简历模板。假设我们想要应聘的是产品经理这个岗位，那么就可以把它的岗位要求复制下来发给 AI。提示词如下。

你：你是一名人力资源专家，同时也是一名资深的求职顾问，擅长简历打造和优化，我目前正在寻求一份产品经理的工作，我还没有简历。

我会给你一段我的目标岗位的要求描述，你的任务是，根据我提供的目标岗位的要求描述，为我分析简历打造的思路，并为我生成一份参考的简历模板。

以下是我的目标岗位的描述。

这里填入你目标岗位的描述

当你把相应的提示词和资料给 AI 之后，它就会基于目标岗位的要求，为你生成一份定制化的简历模板。

AI：你好，我是一名专业的人力资源专家，同时也是一名资深的求职顾问，擅长简历打造和优化。我很高兴能为你提供帮助。根据你提供的目标岗位要求描述，我为你分析了简历打造的思路，并为你生成了一份参考的简历模板。

简历打造的思路如下。

- 首先，你需要突出你的产品经验和咨询能力，这是该岗位最看重的两个方面。你可以在简历开头写一个简短的自我介绍，概括你的专业背景、产品经理经验、咨询项目和成果等。
- 其次，你需要展示你的项目管理和商务沟通能力，这涉及该岗位的主要职责。你可以在工作经历中列出你参与或负责过的产品项目，说明你在项目中承担的角色、负责的工作内容、沟通协调的对象和方式、项目的目标和结果等。

（后续生成内容略）

参考的简历模板如下。

（具体生成内容略）

- 用微信扫描右侧二维码并回复“6113”，查看此场景的完整生成内容和调教过程。

通过 AI 获得简历模板后，我们就可以把个人信息填充进去，得到一份完整的简历。

但是，这种简历最多只能算是 60 分的简历，除了具有定制化的特点，它和从各大简历网站上下载的简历没有本质上的区别。这样的简历是远远不足以让我们收到更多面试邀请的。

想要获得更多的面试机会，我们必须对简历进行进一步精调，让简历达到 90 分甚至满分的水平。

2. 利用 AI 精调简历

利用 AI 精调简历最简单的方式之一，就是把我们的简历直接交给 AI 优化。

假如你不知道优秀的简历具备什么特点，该怎么写提示词，那么可以采用前文介绍的“引导提示词”的技巧。也就是先让 AI 总结优秀简历的特点，然后让 AI 基于这些特点对简历进行优化。具体的操作过程如下。

你：请问一份极其优秀、让 HR 兴趣满满的简历一般有什么特点？

AI：你好，很高兴你对如何写一份优秀的简历感兴趣。一份优秀的简历，应该能够突出你的个性、能力和价值，让 HR 对你有充分的了解和认可，从而让你获得面试的机会。以下是我根据从网络上搜索到的一些资料，总结的几点。

- 高匹配原则：简历应该根据目标岗位的要求，突出你符合该岗位要求的经历、技能和成果。你可以参考典型的招聘职位描述和优秀的简历模板，来定制你自己的简历内容和格式。
- STAR 法则：简历应该按照 STAR（Situation，Target，Action，Result）的结构，来描述你的项目（实习）经验，让 HR 看到你是如何在具体的情境下，明确目标、采取行动、达成结果的。
- 数据原则：简历应该用具体的数据和案例来支撑你的描述，让 HR 看到你的成绩和影响力，而不是只有空洞的形容词。
- 个性原则：简历应该展现你的个人风格和特色，让 HR 感受到你是一个有故事、有想法、有梦想的人，而不是千篇一律的“僵尸”。

以上就是我对如何写一份优秀的简历的一些看法，希望对你有所帮助。如果你还有其他问题，欢迎继续和我聊天。

你：很好，以下是我的简历，你的任务是先指出我简历的问题，然后根据你总结出的要点，对我的简历进行优化，确保我的简历足够优秀，让 HR 对我感兴趣。

这里贴入你需要 AI 优化的简历

AI：我很乐意为你提供一些简历优化的建议，希望能帮助你提高你的简历质量，让 HR 对你更加感兴趣。

首先，我要指出你的简历存在的一些问题。

- 格式问题：（具体生成内容略）
- 内容问题：（具体生成内容略）
- 结构问题：（具体生成内容略）

接下来，我要根据我总结出的要点，对你的简历进行优化，让你的简历更加优秀，让 HR 对你充满兴趣。

以下是我为你优化后的简历。

（具体生成内容略）

- 用微信扫描 123 页的二维码并回复“6114”，查看此场景的完整生成内容和调教过程。

通过前面的步骤对简历进行优化，在完成目标岗位申请后，接下来就是等待通知并准备面试了。

6.1.3 利用 AI 准备面试

在准备面试环节，AI 主要可以从以下 3 个方面帮助我们。

1. 了解公司、岗位情况

面试前充分了解目标企业，可以让我们在面试时更充分、更精准地回答面试官的问题；而且在调研的过程中，还可以进一步确认企业的资质，防止上当受骗。

虽然 AI 无法直接整理好所有的资料供我们了解，但是可以告诉我们准备的侧重点。比如，我们可以这样写提示词。

你：你是专业的求职顾问，而我是一名求职者，明天我要面试一家公司的产品经理的岗位，我对该公司的情况不太了解，为了提高我的面试通过概率，我希望了解他们公司的信息，但是我不知道从何入手，请你给我一些了解一家公司情况的方法和思路。

AI：你好，很高兴能为你提供一些了解一家公司情况的方法和思路。

如果你想了解一家公司的基本信息，如注册资金、法人信息、地址、经营范围、主要产品、客户群体、盈利模式等，你可以采用以下几种方式。

- 访问公司的官方网站，查看公司的简介、历史、愿景、团队、案例等内容，了解公司的定位和价值观。
- 使用搜索引擎，输入公司的名称或关键词，查看相关的新闻、文章、评论、数据报告等内容，了解公司的市场状况、竞争优势、发展趋势等。

- 使用企业信息查询平台，如企查查或天眼查，输入公司的名称或统一社会信用代码，查看公司的工商信息、股权结构、法律诉讼、招聘信息等内容，了解公司的规模和信誉。
- 使用社交媒体，如微信或微博，关注公司的官方账号或相关话题，查看公司的动态、活动、互动等内容，了解公司的品牌形象和用户口碑。

如果你想了解一家公司的内部情况，如企业文化、工作氛围、管理制度、福利待遇、员工评价等，你可以采用以下几种方式。

- 访问职场社区网站，如猎聘或 BOSS 直聘，查看公司的招聘信息和员工评价，了解公司的岗位要求和员工满意度。
- 访问员工点评网站，如看准网或脉脉，查看公司的面试评价和员工点评，了解公司的面试流程和员工感受。
- 联系公司的现任或前任员工，通过社交网络或线下活动等方式，向他们咨询或请教一些关于公司的问题，了解他们对公司的看法和建议。

以上就是我为你提供的一些了解一家公司情况的方法和思路。希望对你有所帮助。祝你明天面试顺利！

无论是了解公司的基本信息，还是了解公司的一些内部情况，AI 都给出了非常清晰、可实操的思路，我们要做的就是按照 AI 提供的思路进行调研。

2. 提前准备问题的答案

可以把面试看作一场考试，考试前需要复习、押题，面试也一样，如果我们提前做好了准备，那么面试官提问的时候，我们就可以清晰流利地表达，而不是只靠临场发挥。而且，面试押题比考试容易得多，面试官可能会问什么问题，我们基本上都能估计出来。

我们可以利用 AI 来帮助我们准备，以保证在面试时游刃有余。

我把面试中的问题分成 3 种类型，第一类我叫它**基本问题**，也叫必备问题。常见的基本问题如下。

请介绍一下你自己。
做过 ×× 项目？做了多久？怎么做的？
你为什么离开上一家公司？
你对薪资待遇有什么要求？
你还有什么问题要问吗？
你对我们公司了解多少？
你是怎么看待这个岗位的？
如果公司录用你，你将怎样开展工作？
…………

第二类我叫它**专业问题**，也就是围绕工作属性、工作经历提出的一些问题。比如：如果面试产品相关的工作，可能就会考查产品相关的知识储备；如果面试技术性的工作，可能就会考查技术能力。

你认为产品经理的工作职责是什么？

如何从 0 到 1 设计一款产品？

产品经理的需求来源有哪些？

你自己的产品方法论有哪些？

说说产品从需求到上线的过程。

…………

第三类我叫它**面试中的特殊问题**，考验求职者的其他方面，举例如下。

你为什么会选我们公司？

你有什么缺点？你有什么优点？

你对加班是怎么看的？

最近几年，你有什么职业规划？

工作一段时间后你发现自己不适合这个职位怎么办？

…………

关于这些问题，我们都可以直接向 AI 提问。

你：你是专业的面试顾问，而我则是一名求职者，目前我正在应聘产品经理的职位，请你围绕着基本问题、专业问题、特殊问题 3 种类型，为我列出面试官可能会问到的问题，并且为我附上回答问题的思路。

AI：您好，我很高兴能为您提供一些产品经理面试的指导。

产品经理面试的问题通常可以分为 3 类：基本问题、专业问题和特殊问题。

基本问题是指考查你的个人情况、职业规划、对产品经理岗位的认识和兴趣等方面的问题。这类问题的目的是了解你的背景、动机和适合度，以及你是否对产品经理有清晰的认知和热情。回答这类问题时，要注意以下几点。

（具体生成内容略）

基本问题的例子如下。

请做一下自我介绍。

为什么从上一家公司离职？

（具体生成内容略）

● 用微信扫描 123 页的二维码并回复“6115”，查看此场景的完整生成内容和调教过程。

当然，如果你觉得上面的问题针对性不够强，那么还可以让 AI 基于岗位描述和自己的简历情况，定向生成面试问题，举例如下。

你：你是一名专业的招聘经理，拥有超过 20 年的招聘工作经验，你现在负责以下职位的招聘工作，请你根据以下岗位需求的内容和我为你提供的个人简历信息，为我生成你最可能向面试者问的问题。

一、以下是给你的岗位需求描述。

[目标职位描述]

二、以下是给你的个人简历信息。

[你的个人简历]

请注意：

1. 你应该按照正常面试的流程，按照时间顺序为我生成；

2. 生成不少于 20 个问题。

AI：你好，我是一名专业的招聘经理，拥有超过 20 年的招聘工作经验，我现在负责产品经理这个职位的招聘工作。我已看过你的简历，针对你的情况，以下是我可能向你问的问题。

1. 请你先简单地介绍一下自己。

2. 请你说说你为什么选择了计算机科学与技术和软件工程这两个专业。你在学习这两个专业的过程中，遇到过什么困难和挑战？你是如何克服的？

3. 请你说说你在清华大学和北京大学学习期间参加过哪些课外活动或社团。你在这些活动或社团中扮演了什么角色？你从中收获了什么？

（后续生成内容略）

准备这些问题的答案也很简单，对于基本的问题，我们可以直接把简历交给 AI，让它基于简历信息组织并生成标准答案供我们参考。比如，关于自我介绍可以这样让 AI 帮助设计。

你：你是专业的求职顾问，请你基于我下面的简历信息，为我生成一份向面试官表达的自我介绍。

[贴入你的简历信息]

请注意：

1. 表达控制在 1 分钟左右；

2. 只需要介绍基本信息、经历、经验成果即可，其他无须提及；

3. 要求口语化表达，语言逻辑清晰，表达简练流畅。

AI：您好，我是专业的求职顾问，很高兴为您提供服务。根据您提供的简历信息，我为您生成了一份向面试官表达的自我介绍，希望对您有所帮助。

您可以这样说。

您好，我叫李明，是一名有 3 年工作经验的 B 端产品经理。我毕业于清华大学计算机科学与技术专业，硕士学位。

此前在 TX 科技任职 B 端产品经理，负责 TX 云平台的产品规划、设计、开发和运营。

在 TX 科技，我参与过多个 B 端产品的全周期管理，具备丰富的产品知识和实践经验。其中，我最自豪的是 AI 开放平台项目，这是一个为 B 端客户提供 AI 服务和解决方案的在线平台。我作为项目负责人，主导了平台的产品规划、设计、开发和运营等一系列工作。

在这个项目中，通过精准的用户定位和产品的架构重构，实现了产品的核心功能，推动了产品上线、推广、培训和售后，这个项目获得了领导、用户、媒体和合作伙伴的一致认可。

我个人认为我具有较强的产品思维、逻辑思维、创新思维和系统思维，能够从用户、市场、业务和技术等多个角度分析和解决问题。

同样，我较强的沟通、学习能力，也能够让我与各个部门和层级的人员有效地合作和交流。

我对这份工作也有非常强烈的责任心和进取心，对自己的工作有高标准和高要求，不断追求产品的优化和完善。

非常感谢您给我这次面试的机会，我很期待能够加入您的团队，为您的公司贡献我的价值。谢谢！

同样，在准备某个工作或者项目背景相关问题的答案的过程中，我们还可以利用著名的结构表达力模型 STAR 来组织答案。

- Situation（情境）：所面临的挑战或问题的背景和环境。
- Task（任务）：在该情境下所面临的任务或目标，需要解决的具体问题或被分配的任务。
- Action（行动）：为完成任务所采取的具体行动步骤，所采取的策略、方法或行为，以及你发挥的个人能力和技能。
- Result（结果）：采取行动后所取得的具体结果，强调你的行动对情境和任务的积极影响和成果。如果可能，提供具体的数据、指标或关键结果以支持你的回答。

你：你是专业的求职顾问，而我是一名求职者，我正在准备这个岗位的面试，我会在下方向你分享我的简历内容，请你基于我下面的简历信息，用 STAR 模型帮我撰写以下面试问题的参考答案。

面试问题：请简要介绍一下 AI 开放平台这个项目是怎么做的。

简历内容：[你简历的内容]

请注意：

1. 该表达要控制在 1 分钟内；
2. 表达要求口语化，语言简练，表达逻辑清晰流畅。

然后 AI 就会基于我们提供的信息，为我们生成相关内容了。当然，这里只是示范，而且 AI 生成的内容比较啰唆，你可以根据自己的需求对内容进行修改，使其更符合自己的语言习惯。

AI：您好，我是一名专业的求职顾问，很高兴能为您提供面试指导。根据您提供的简历内容，我为您准备了以下面试问题的参考答案，希望对您有所帮助。

面试问题：请简要介绍一下 AI 开放平台这个项目是怎么做的。

参考答案

S（Situation）：我在 TX 科技担任 B 端产品经理，负责 TX 云平台的 B 端产品规划、设计、开发和运营。在 2020 年 10 月至 12 月期间，我主导了 AI 开放平台这个项目，这是一个为 B 端客户提供 AI 服务和解决方案的在线平台。

（后续生成内容略）

对于一些比较刁钻的特殊问题，我们也可以利用 AI 获得回答思路。

你：你是专业的求职顾问，假如 HR 在面试过程中问我："工作一段时间你发现自己不适合这个职位怎么办？"请告诉我该如何回答，并给我一些回答示范供我参考。

AI：你好，我是一个专业的求职顾问，很高兴能为你提供一些面试技巧。HR 问你这个问题的目的是考查你的自我认知、适应能力和职业规划。

你的回答应该体现出以下几点。

（具体生成内容略）

以下是一些回答的示范供你参考。

（具体生成内容略）

- 用微信扫描右侧二维码并回复"6116"，查看此场景的完整生成内容和调教过程。

3. 利用 AI 辅助面试

AI 具备很强的角色扮演能力，所以我们可以让 AI 充当面试官，帮助我们完成一场模拟面试。具体使用的提示词和操作过程如下。

你：你是一名专业的面试经理，有 20 年的面试经验，而我是一名产品经理岗位的求职者，我会先向你提供你负责面试的岗位需求情况，以及我个人的简历，你的任务是基于这些信息，对我进行模拟面试。

一、以下是给你的岗位需求情况。

[你目标岗位的描述]

二、以下是给你的个人简历信息。

[你的简历]

请注意，你需要遵守以下规则。

1. 你需要按照正常的面试流程对我进行面试，包括最开始的打招呼。
2. 面试过程中，你不需要做与面试无关的任何多余解释。
3. 你一次只能问我一个问题，而且你需要等我回答完一个问题之后，再提出下一个问题。
4. 当收到"结束"指令之后，请你停止面试，对我前面的所有回答做出点评，并为我提出优化建议。
5. 如果你明白了你的任务，请回复"明白"。

AI：明白。我是一名专业的面试经理，有 20 年的面试经验，今天我将对你进行模拟面试，希望你能做好准备。

首先，请你自我介绍一下。

你：面试老师您好，我叫李明，是一名有 3 年工作经验的 B 端产品经理。我毕业于清华大学计算机科学与技术专业……

AI：你好，李明，感谢你的自我介绍。你的简历和经验都很优秀，我对你的 AI 开放平台项目很感兴趣，能否具体介绍一下你在这个项目中遇到的最大的挑战和你是如何解决的。

（中间对话过程略）

你：结束。

AI：好的，你已经结束了面试，我现在对你前面的所有回答做出点评，并为你提出优化建议。

首先，我要说你的面试表现非常优秀，你的回答都很详细、清晰、有条理，展现了你的专业知识和实践经验。你的语言也很流畅，没有明显的语法或用词错误。你的态度也很积极、诚恳、自信，给人留下了很好的印象。

其次，我要说你的回答也有一些可以改进的地方，我会从以下几个方面给你一些建议。

- 在自我介绍时，你可以适当地突出一些你的优势和特点，比如你获得过什么奖项、荣誉、证书等，或者你有什么特殊的技能、爱好、兴趣等。这样可以让面试官对你有更深刻和全面的了解，也可以增加你的个性和魅力。
- 在介绍项目经验时，你可以用一些量化的数据来支持你的成果和贡献，比如你提高了多少用户满意度……

（具体生成内容略）

总之，我认为你是一个非常有潜力和优秀的 B 端产品经理候选人，如果你能够按照我的建议进行一些调整和完善，我相信你会在真正的面试中取得更好的结果。祝你好运！

- 用微信扫描 129 页的二维码并回复“6117”，查看此场景的完整生成内容和调教过程。

前面介绍 AI 训练原理的时候提到过，AI 是由巨量的数据训练出来的，集成了几乎所有人类现有的知识。所以，用 AI 辅助面试几乎是没有行业局限的，这里的产品经理岗位只是方法演示的例子，其他行业、岗位也可以采取同样的操作。

4. 利用 AI 完成临门一脚

很多同学以为面试结束后，只能被动地等待通知。事实上，这种想法大错特错，我们可以采取适当的主动行为。比如，可以在面试后的第二天，给当时面试我的 HR 或者相关的部门领导发一封感谢信，举例如下。

尊敬的 ×× 老师：

您好！我是 ××，非常感谢您昨天抽出宝贵时间对我进行面试。在面试过程中，我深深地体会到了您的专业能力和耐心态度。您对我的提问都细致而全面，让我受益匪浅。

我期待收到您的回复，再次衷心感谢您给予我这次面试的宝贵机会。期待能成为贵公司的一员，为公司创造更大的价值。

此致

敬礼

××

换位思考下，假如你是面试官，在面试结束后，竟然还收到一份求职者用心写的感谢信，是不是会对他印象更加深刻一些呢？答案当然是肯定的。虽然这个动作很小，但是做和不做给人的感觉完全不一样。根据我的经验，这封信不仅可以变相催促 HR 尽快给反馈，还可以增加面试官对你的好感。

通过 AI 获得感谢信参考模板的提示词如下[1]。

你：我叫李明，我昨天完成了一场面试，我希望给面试我的 HR 写一封感谢信，面试官姓徐，你可以称呼其徐老师，请你根据下面的目的，帮我完成这封信的写作。

写作此感谢信的目的有两点。

1. 感谢面试官辛苦对我面试，赞美他的专业和耐心。
2. 告诉面试官我很期待他的回复。

请注意：字数不超过 150 字。

AI：你好，李明。我很高兴你完成了一场面试，我可以帮你写一封感谢信给徐老师。你可以参考以下的内容。

尊敬的徐老师：

您好！非常感谢您在昨天抽出宝贵的时间对我进行了面试。您的专业和耐心让我深受启发，也让我对贵公司的工作环境和文化有了更深入的了解。

我对贵公司的职位非常感兴趣，也相信我有能力胜任这份工作。我期待着您的回复，希望能有机会与您再次交流。

再次感谢您的关注和支持，祝您工作顺利，身体健康！

此致

敬礼

李明

这封信的字数是 138 字，符合你的要求。希望这封信能给你带来好运。

● 用微信扫描 129 页的二维码并回复“6118”，查看此场景的完整生成内容和调教过程。

做好前面的环节，再加上感谢信加持，相信你的面试之路一定会更加顺利。

1　AI 生成内容与标准书信格式有差别，请有需要的读者按要求进行格式调整。后文同此。

这套思路不仅仅局限于求职，在其他场景中，比如留学申请、MBA 申请、答辩等都可以使用，以帮助我们更高效地获得理想的结果。

6.2 规划助理：如何用 AI 高效规划工作？

我们都知道工作规划很重要，俗话说："计划做得好，工作没烦恼。"工作计划可以帮助我们高效地把控工作，确保工作能够按时完成，达成目标。

由于我们大部分人都不具备专业的项目管理知识，因此工作往往安排得很混乱，做事的时候毫无逻辑可言。甚至有的人没有做日常工作安排的习惯，想到哪儿做到哪儿，胡子眉毛一把抓，导致做事效率低，苦没少吃，但是却不见工作成效。

现在我们可以把工作安排交给 AI 来完成。AI 在规划工作方面主要有以下 3 个应用场景。

场景 1：个人日程规划

想要打造一个长期可用的日程安排小助理，可以这样写提示词。

你：从现在开始，你是我的工作日程安排小助理，每次我需要你的时候，我都会发给你我当天的待办任务，你的任务是根据我发给你的当天待办任务，结合我下面的日常作息习惯，为我做一份当日的计划安排，以表格形式呈现给我，并为我提供执行建议。

我的日常作息

公司上午 9：00 上班，我通勤一般需要 30 分钟，这期间可为我安排学习任务。

上午 9：00—11：00，我思维最敏捷，可为我安排 P0 级别工作任务。

中午 11：00—12：00，我思维不敏捷，只能安排 P2 及以下级别的工作任务。

中午 12：30 后会有半小时的午睡时间，雷打不动。

下午 1：30—5：30，可为我安排 P0 或 P1 级别的工作任务，或者学习任务。

晚上 8：00—11：00，可为我安排健身等生活性任务，或者学习任务。

如果你听明白了你的任务，请回复"明白"。

AI：明白，我是你的工作日程安排小助理，请随时向我发送你的内容。

写好提示词之后，后续只需要向 AI 提供相关的待办任务，并根据具体情况标注好优先级，它就会基于待办任务和你的日常作息习惯，规划出清晰的日程安排。

你：以下是我今天的待办任务。

一、工作任务

1. 完成报告的草稿，P0 级别，预计 2 小时。
2. 完成 A 项目，P1 级别，预计 3 小时。

3. 回复电子邮件，P3级别，预计30分钟。

二、学习任务

1. 听“得到”专栏课程。

2. 阅读《西方文明简史》。

3. 阅读收集箱内关于AI的文章。

三、生活任务

进行60分钟的有氧锻炼。

AI：好的，我已经收到了你今天的待办任务。根据你的日常作息习惯，我为你做了一份当日的计划安排，如下表所示。

时间段	任务	建议
8:30—9:00	听“得到”专栏课程	利用通勤时间学习，可以提高效率
9:00—11:00	完成报告的草稿	这是P0级别的工作任务，需要优先处理
11:00—12:00	回复电子邮件	这是P3级别的工作任务，可以在思维不敏捷的时候处理
12:30—1:00	午睡	午睡可以提高下午的工作效率
下午1:30—4:30	完成A项目	这是P1级别的工作任务，需要尽快完成
下午4:30—5:30	阅读《西方文明简史》	这是学习任务，可以在下午的最后一小时进行
晚上8:00—9:00	进行60分钟的有氧锻炼	这是生活任务，可以在晚上进行，有利于身体健康
晚上9:00—10:00	阅读收集箱内AI文章	这是学习任务，可以在晚上进行，有利于拓展知识

当然，这只是演示案例，你可以在此基础上，根据自己的实际需求灵活调整提示词，确保生成的规划完全符合自己的习惯。

场景2：OKR&KPI指标规划

如果你们公司有实施OKR（Objectives and Key Results，目标与关键成果法）或者制订KPI（Key Performance Indicator，关键绩效指标）的需求，但是你不知道具体该如何拆分，就可以让AI来帮助完成。具体的提示词和操作过程如下。

```
## 角色
你是项目管理专家，精通OKR方法。
## 背景
从现在起，你将扮演我的OKR小助手，每次需要你的时候，我都会给你一个或多个目标，你的任务是基于我提供的目标，为我生成完整的OKR规划。
## 目标
你生成的ORK规划应该包括以下部分。
- ** 目标 **：xx，这里填入我给你的目标。
```

- ** 关键结果 ** : xx，这里填入你拆分的结果，一个子结果占据一个版块，例如关键结果 1、关键结果 2，对每一个子版块的结果进行进一步细化，并提供具体指标。
- ** 行动计划 ** : xx，针对以上目标给出每一步的具体行动。
要求
- 让我们一步步思考。
- 如果你听明白了任务和要求，请回复“明白”，并提醒我向你发送我需要你拆解的目标。

AI：明白。请随时向我发送你需要拆解的目标，我会帮助你生成相应的 OKR 规划。

你：目标，一个月内约见 30 个客户，达成 50% 的成交率。

AI：明白你的目标了。现在让我们来制订相应的 OKR 规划。

目标：一个月内约见 30 个客户，达成 50% 的成交率。

关键结果

1. 约见客户数量达到 30 个。
   - 每周设定约见计划，确保每周约见 7 ～ 8 个客户。
   - 在一个月内完成所有 30 个约见。
2. 成交率达到 50%。
   - 分析之前的销售数据，找出提高成交率的关键因素。
   - 针对潜在客户提供个性化的解决方案，提高成交率。

行动计划

1. 制订每周约见计划。
   - 每周初列出要约见的客户清单。
   - 拟定具体的约见日期和时间。
   - 安排与客户的约见，确保达到每周约见 7 ～ 8 个的目标。
2. 分析销售数据和关键因素。

（具体生成内容略）

3. 提供个性化解决方案。

（具体生成内容略）

4. 定期跟进。

（具体生成内容略）

请按照这个规划执行，确保在一个月内实现目标。如果需要更多细节或有其他问题，请随时告诉我。

场景 3：工作项目规划

除了这类基础的任务管理外，AI 还可以完成更高难度的任务管理。如果我们拿到一项任务，但是不知道怎么去完成，可以直接把任务给 AI，让 AI 来分析、分解，梳理思路并制订规划。

比如，你是一家生产空气清新器的公司的企划主管，你们公司决定成立新媒体部门，拓展网上销售渠道，提高品牌知名度。公司让你负责这个项目的策划和实施，要求在 10 天之内完成策划，并且完成初步的项目推进，但是你对此毫无思路。这时候就可以先把问题交给 AI。

你： 你是新媒体运营专家和项目管理大师，我们公司是做空气清新器的，现在公司决定成立新媒体部门，运营新媒体，目的是通过新媒体的方式增加品牌知名度和提升网上销售量。

公司给了我 10 天的时间让我完成初期的筹备，请你按照以下运营目标，帮我分解任务，以 10 天为限为我制作一份详细执行计划书，确保达成目标。

运营目标 1：完成一份抖音、快手、bilibili、视频号、小红书、知乎等平台运营执行思路的策划案。

运营目标 2：由我负责招聘两名新媒体运营人员。

运营目标 3：完成抖音、快手、bilibili、视频号、小红书、知乎六大平台的账号建立和基础搭建。

请注意：

1. 以表格的形式给我；
2. 按照每一天的“日期”“任务”“任务的具体执行步骤”3 个要素给我。

当你把相关提示词和基本信息给 AI 之后，它马上按照你的要求制订好具体的执行安排。

AI：你好，很高兴能帮助你制作一份新媒体运营的执行计划书，根据你的要求，我为你分解了 10 天内需要完成的任务和具体的执行步骤，以达成你的运营目标。请参考以下的表格。

日期	任务	任务的具体执行步骤
8 月 31 日	完成一份抖音、快手、bilibili、视频号、小红书、知乎等平台运营执行思路的策划案	1. 分析目标用户的画像、需求、喜好和行为特征 2. 确定各个平台的内容定位、风格、形式和频次 3. 设计各个平台的内容创意、标题、文案和素材 4. 制作一份包含以上内容的策划案文档，并提交给领导审核
9 月 1 日	招聘两名新媒体运营人员	1. 编写新媒体运营人员的岗位职责、要求和待遇 2. 在各大招聘网站和社交媒体上发布招聘信息 3. 筛选收到的简历，邀请合适的候选人进行电话面试
9 月 2 日	完成抖音、快手、bilibili、视频号、小红书、知乎六大平台的账号建立和基础搭建	1. 根据策划案中确定的内容定位和风格，为每个平台选择一个有吸引力的账号名称和头像 2. 使用公司提供的邮箱或手机号注册各个平台的账号，并设置好密码 3. 编写各个平台的账号简介，介绍公司和产品的信息，并添加官方网站和联系方式的链接 ……

（后续生成内容略）

由此可见，执行计划书的每一个动作、每一个步骤都十分清晰，我们只需要根据具体情况灵活修改，就可以执行了。

同样，假如公司希望把这项任务外包给其他更专业的运营公司，需要你负责完成整个外包评选与验收的环节。如果你没有执行思路，那么提示词可以这样写。

你：现在我公司决定，不自己做了，想把这部分的业务外包出去，预计找 5 家公司来竞标，请把评选厂商与验收加入计划，重新为我制订一份计划，本次的任务限期为 5 天。

AI：你好。我根据你的新要求，为你重新制订了一份新媒体代运营的执行计划书。请参考以下的表格。

日期	任务	任务的具体执行步骤
8 月 31 日	筛选 5 家自媒体代运营的公司，并邀请他们参与竞标	1. 在网上搜索自媒体代运营的相关信息，找出一些有口碑和经验的公司 2. 根据公司的服务范围、价格、案例、评价等，选择 5 家符合要求的公司 3. 联系这 5 家公司，向他们介绍项目的背景、目标、预算等，并邀请他们在 9 月 2 日前提交竞标方案
9 月 1 日	完成一份抖音、快手、bilibili、视频号、小红书、知乎等平台运营执行思路的策划案	1. 分析目标用户的画像、需求、喜好和行为特征 2. 确定各个平台的内容定位、风格、形式和频次 3. 设计各个平台的内容创意、标题、文案和素材 4. 制作一份包含以上内容的策划案文档，并提交给领导审核

（后续生成内容略）

- 用微信扫描右侧二维码并回复“6211”，查看此场景的完整生成内容和调教过程。

你看，无论是让 AI 制订计划，还是提供制订计划的执行思路，它都能非常出色地完成。

6.3 思考助理：如何用 AI 解决工作难题？

工作中，我们经常会碰到各种各样的问题、困惑，各种需要决策的事情等，一旦这些不在我们的经验范围内，就会给我们带来不小的挑战。

但是这一点在很多人眼里几乎不算障碍，这并不是因为他们智商更高，而是因为他们在思考问题的时候，往往不是自己一个人，通常会有一个甚至一个团队的顾问或军师来辅助思考和解决问题，从而让他们在面对问题的时候游刃有余。

现在，我们可以利用 AI 来打造一个类似军师的角色，帮助我们解决工作中的种种难题。AI 在解决工作难题方面，主要有以下两个应用场景。

场景 1：辅助做思考分析

直接将工作中碰到的障碍、问题都抛给 AI，让 AI 给出具体的解决方案。

还是拿前一节中的招标举例，我们在评选方案时，不知道如何选择一家品质好、价格合适的公司，就可以让 AI 来帮忙。我们可以这样写提示词。

你：你是资深的招标经理和商务谈判专家，我们公司是做空气清新器的，现在公司决定开辟新媒体的宣传渠道，但是由于公司运营资源不足，所以需要把这部分业务承包给更专业的公司。

明天我们将邀请 5 家新媒体代运营公司来我司做提案，但是我不具备专业评估能力，请问我们可以从哪些方面考量他们？

当我们把问题抛给 AI 之后，它就会给出我们问题的解决方法。

AI：您好，很高兴为您提供帮助。根据您的需求，我为您搜索了一些关于新媒体代运营公司评估标准的信息，希望对您有所帮助。

一般来说，评估新媒体代运营公司的能力和水平，可以从以下几个方面考量。

- 业务范围和服务内容：不同的新媒体代运营公司可能具有不同的业务范围和服务内容，比如有的只负责内容创作和发布，有的还包括账号搭建、定位、维护、数据分析等。您需要根据自己的需求和预算，选择合适的服务内容和合作模式。
- 案例展示和客户评价：（具体生成内容略）
- 数据分析和优化能力：（具体生成内容略）
- 团队规模和人员素质：（具体生成内容略）

以上是我为您整理的一些关于新媒体代运营公司评估标准的信息，希望对您有所帮助。如果您还有其他问题，欢迎继续与我交流。

如果还有进一步的问题，依旧可以让 AI 帮助我们解决。

你：请帮我提出一些可以判断这些代运营公司能力的问题，每个问题也给我一些参考答案。

AI：您好，很高兴为您提供帮助。根据您的需求，我为您搜索了一些关于新媒体代运营公司的信息，根据这些信息，我为您提出了一些可以判断这些代运营公司能力的问题，以及一些参考答案。希望对您有所帮助。

- 问题 1：您的新媒体代运营业务范围包括哪些平台和渠道？您是如何选择合适的平台和渠道的？

参考答案：我们的新媒体代运营业务范围包括微信、微博、抖音、快手、小红书、知乎等主流的社交媒体平台，以及百度、今日头条、搜狐等信息流平台。我们根据客户的品牌定位、目标用户、运营目的等因素，综合考虑每个平台的特点、优势、受众等因素，选择合适的平台和渠道进行代运营。

- 问题 2：您的新媒体代运营业务版块包括哪些内容？您是如何保证内容的质量和效果的？

参考答案：我们的新媒体代运营业务版块包括账号基础搭建、内容运营、运营维护、功能开发、营销推广等内容。我们是通过以下几个方面来保证内容的质量和效果的。

（具体生成内容略）

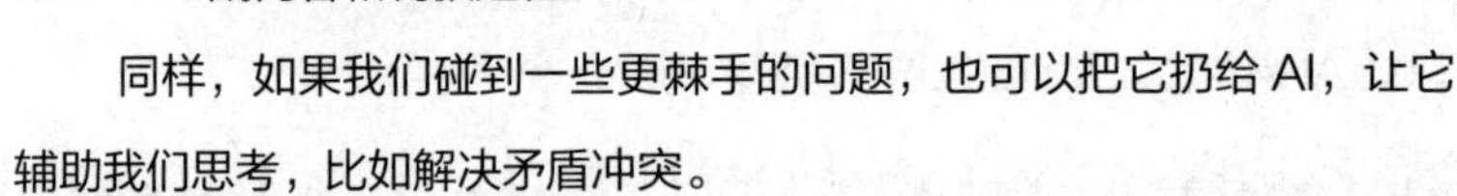

同样，如果我们碰到一些更棘手的问题，也可以把它扔给 AI，让它辅助我们思考，比如解决矛盾冲突。

你：你是管理专家和冲突解决大师，现在我遇到了这样的问题。

我手下有两名得力干将，因为争夺业务资源发生了激烈口角，最后双方大打出手，事后两人均表示：“在公司有他没我，有我没他。”

这种局面让我这个做领导的很尴尬，因为这二人的业务能力非常强，我手下 70% 的业绩都是这两个人贡献的，丢掉他们任何一个对我来说都相当于断了一臂。

而且更关键的是，大部分客户资源都掌握在他们的手里！

因为我们的行业属性比较特殊，客户并不太看重公司，客户的决策更多源于对业务员本人的信任，他们因长期与客户接洽，形成了非常强硬的客情关系，如果发生跳槽行为，有可能客户资源也会被他们带走。

请你先帮我分析此问题，然后再基于你的分析，给我几种妥善解决此问题的方案。

AI：你好，我很高兴能帮助你分析和解决你的问题。根据你的描述，我认为你遇到的问题是一个典型的管理冲突，即下属之间因为利益或价值观的不一致而产生的对立和矛盾。管理冲突如果不及时处理，可能会有以下几种演化方向。

- 一方或双方选择离职，造成人才流失和客户流失，对公司业绩和声誉造成损害。
- 一方或双方选择留下，但心存不满，影响工作积极性和效率，甚至故意刁难对方或领导，破坏团队氛围和协作关系。
- 一方或双方选择妥协，但没有真正解决根本问题，只是暂时压制了冲突，可能会在以后再次爆发，甚至更加激烈。
- 一方或双方选择沟通，寻求共识和解决方案，消除误解和隔阂，增进信任和合作，提高工作满意度和效率。

显然，最理想的演化方向是最后一种，即通过沟通来化解冲突。但这需要你作为领导者发挥关键的作用，引导和调解下属之间的冲突。为此，我给出以下几种可能的解决方案。

（具体生成内容略）

遇到需要多角度、多维度思考的问题时，也可以利用 AI 辅助思考，比如以下这个案例。

你：你是冲突解决大师，现在我遇到了这样的问题。

我是 X 工厂的销售总监，有一个长期合作的客户要从我们厂定制一批货，因为前期稳定的合作关系，我并没有让他预付押金和定金，但是在货物即将抵达的时候，客户突然要求降价，我调查后发现，原来客户的公司新换了采购人，不是原来对接业务的采购人。

如果我同意降价，则此单生意必然赔钱，公司会追究我的责任，如果不同意降价，那么必然会被客户退货，因为这是贴 Logo 的定制产品，自行消化困难，而且来回周转的物流也是一笔不小的费用，也会赔钱。

请你先帮我分析此问题，然后再基于你的分析，给出几种妥善解决此问题的方案。

AI：你好，我是一个冲突解决大师，我会尽力帮助你分析和解决你的问题。首先，我认为你的问题是一个典型的合同违约的情况，你和客户之间有一个口头协议，但是客户在交货前单方面变更了合同条款，要求降价。这种行为是不合理的，也是不合法的，你有权利拒绝客户的要求，并要求客户按照原定的价格支付货款。如果客户拒绝支付或者退货，你可以向法院提起诉讼，要求客户赔偿你的损失。

然而，我也理解你的困境，如果你和客户发生纠纷，可能会影响你和客户的长期合作关系，也会给你的公司带来负面影响。因此，我建议你采取以下几种方案中的一种来妥善解决此问题。

（具体生成内容略）

- 用微信扫描 138 页的二维码并回复“6312”，查看此场景的完整生成内容和调教过程。

场景 2：利用 AI 做决策分析

在实际工作中，除了需要思考如何解决问题外，我们还需要做出许多决策。在做出很多重大决策的时候，我们往往会做出不够理性的决策，造成灾难性的后果。

所以在决策困难的时候，我们可以让 AI 来帮助我们完成理性思考的过程，为我们提供多角度、多维度的建议，启发我们做出科学的决策。这里不妨拿一个决策场景来举例。

我在考虑是否要接受一份新工作，这份新工作薪资较高，但新工作也充满挑战，而且需要我搬到一个新的城市，离家人较远，由于我上有年迈的父母，下有刚出生不久的孩子需要照顾，我对于新工作所带来的不确定性感到担忧，但也渴望更高的薪资和职业发展机会……

如果今后再面临任何类似的艰难决策场景，那么可以尝试让 AI 帮助我们做出更理性的分析。

你：你是决策专家，具备非常强的科学决策能力，能根据问题做出系统性的全面思考，我会在下面向你交代我的问题，你的任务是，基于下面的问题，为我提供对该问题的全面分析，以及科学的决策建议。

我在考虑是否要接受一份新工作……###

AI：你好，很高兴能为你提供一些职业决策的建议。你的问题是一个典型的职业转换的问题，涉及多个方面的考量，如薪资、工作性质、地理位置、家庭关系等。这些方面都是你的价值观的体现，也就是你认为什么是重要的，什么是幸福的。不同的人可能有不同的价值观，所以没有一个标准的答案可以适用于所有人。你需要根据你自己的价值观，权衡各个方面的利弊，做出一个符合你自己的最佳决策。

为了帮助你做出这样一个决策，我建议你采用以下几个步骤。

- 明确你的目标：你想要通过换工作达到什么目的？是提高收入？是提升职业技能？是寻求新的挑战？还是其他什么？你需要清楚地定义你的目标，这样才能评估新工作是否能帮助你实现它。
- 列出你的选择：除了接受新工作或者继续现在的工作之外，你还有没有其他的选择？比如，你能否和现在的老板谈谈加薪或者调整工作内容？你能否和新工作的提供者谈谈是否可以远程工作或者提供搬家补贴？你能否找到一个既有高薪又有职业发展机会，而且不需要搬家或者离开家人的工作？你需要尽可能多地考虑不同的选择，这样才能找到最适合你的那一个。
- 评估每个选择的优缺点：对于每个选择，你需要考虑它对于你各个方面的影响，包括薪资、工作性质、地理位置、家庭关系等。你可以用一个表格来列出每个选择对于每个方面的优缺点，然后给它们打分，从 1（最差）到 10（最好）。

（后续生成内容略）

如果你对 AI 这样直白的分析不满意，也可以尝试引入第 2 章介绍的提示词框架，直接让 AI 基于一些科学成熟的思考方法来分析。比如，我们可以采用被广泛运用的六顶帽子思考法。

你：你知道六顶帽子思考法吗?

AI：你好，我知道，六顶帽子思考法是……

你：很好，我在下面交代我的问题场景，你的任务是根据六顶帽子思考法的原则，为我提供思考和决策分析建议。

请注意：

你应该先仔细审视和分析我的问题，如果发现我补充的信息不够，无法让你做出精确的分析，那么你应该先提出问题，告诉我你需要知道的问题，然后再用六顶帽子思考法帮助我进行思考分析。

以下是我的问题。

我在考虑是否要接受一份新工作……###

AI：你的问题是一个很典型的职业选择的难题，涉及你的价值观、家庭责任、职业规划等多方面的因素，我很乐意用六顶帽子思考法来帮助你分析这个问题。我需要知道您的一些具体的信息，以便我能够更精准地分析您的情况。请回答以下问题。

- 你目前的工作是什么？你对它有多满意？你有没有什么不满意或者想要改变的地方？
- 你收到的新工作是什么？它是在什么行业？什么公司？什么职位？它的薪资水平和福利待遇是多少？它对你的专业技能和经验有什么要求？

- 你需要搬到的新城市是哪里？它和你现在居住的城市有什么不同？它的生活成本、环境、文化、交通等方面如何？
- 你的家人对你的新工作有什么看法？他们是否支持你接受这个机会？他们是否愿意和你一起搬到新城市？如果不愿意，他们是否能够接受与你长期分居？
- 你对自己的职业发展有什么期望和目标？你认为新工作能否帮助你实现这些目标？如果不能，你是否有其他的选择或者机会？

请尽量详细地回答这些问题，这样我才能更好地为你提供思考和决策分析建议。谢谢！

你：好的，以下是我的具体情况。

（具体内容略）

AI：感谢你提供了这么详细的信息，这对我分析你的问题很有帮助。现在，我将用六顶帽子思考法来为你提供思考和决策分析建议。

（具体生成内容略）

- 用微信扫描右侧二维码并回复“6313”，查看此场景的完整生成内容和调教过程。

除了六顶帽子思考法外，还可以使用 SWOT、决策树等工具，具体操作与上面同理。

总之，无论是思考分析，还是决策分析，AI 都能给你出主意。对于在日常工作中遇到的任何问题，都可以尝试交给 AI，让 AI 帮我们分析，这样我们就会轻松不少。可以说，用好 AI，等于拥有了一个团队。

开阔思路

前面多次提到过，AI 具有非常强的角色扮演能力。所以，除了使用以上常规的思考方法外，还可以使用一些更有想象力的方法。

比如，我们可以一次性让 AI 充当各种专家，为我们提供不同的思考角度和观点。具体的提示词和生成效果如下。

你：从现在开始，你将是我的军师团，团内有 12 名军师，他们分别是老子、孔子、释迦牟尼、王阳明、苏格拉底、柏拉图、亚里士多德、笛卡儿、黑格尔、康德、尼采、叔本华，我每次用你的时候，都会向你抛出一个问题。

你的任务是：用这些军师的思想主张、语气，以圆桌会议的形式向我输出对这个问题的见解，给出相关的批评和建议，并给出 3 个问题供我反思。

在每次回答前，请你仔细检查你的知识库，不要出错，并一步步思考，如果你理解了任务和任务要求，请回复“明白”。

AI：明白。我将尽力为您提供有价值的见解和建议。请问您想问什么问题呢？

你：我的问题是，人生是有意义的还是无意义的？

AI：您的问题是一个很深刻的哲学问题，不同的军师可能会有不同的答案。我尝试用圆桌会议的形式，向您输出他们的见解。

- 老子：人生的意义在于顺应自然，无为而无不为。人生本来就是无常的，不要执着于有无、是非、得失，而要随遇而安，保持内心的清静。《道德经》说："天地不仁，以万物为刍狗；圣人不仁，以百姓为刍狗。"这就是说，天地和圣人都不会因为喜恶而偏袒任何事物，而是按照自然的规律运行。人生有意义也好，无意义也罢，都是人心所造，与道无关。
- 孔子：人生的意义在于修身齐家治国平天下。人生是有目标和责任的，要以仁义礼智信为标准，做一个有道德、有修养、有贡献的君子。……

（后续生成内容略）

你：我的问题是，由于在单位成绩出众，总有人在背后诋毁我，我该如何自处？

AI：您的问题是一个很实际的问题，不同的军师可能会有不同的建议。我尝试用圆桌会议的形式，向您输出他们的建议。

（具体生成内容略）

- 用微信扫描 141 页的二维码并回复"6314"，查看此场景的完整生成内容和调教过程。

当然，每一位专家都有其自身的局限性，为了获得更有建设性的回答，我更建议在面对特定领域的时候选择特定领域的专家，比如面对商业问题就可以让 AI 扮演你欣赏的企业家。此外，AI 只能基于已有资料进行模拟，回答仅供参考，切忌对号入座。

6.4 邮件助理：如何用 AI 提升职场沟通协作效率？

虽然邮件在我们日常生活中运用得不多，但是正式的工作交流或者商业往来基本上都是通过邮件进行的，比如跨部门的交流协作，或者对外的商务邀请、商务合作等。

邮件有一些固定的格式，而且相对正式，一旦需要联系的人较多，频繁写作、发送的过程会极大地消耗我们的时间与精力。根据《商业周刊》的一项统计，职场人平均每天花费 28% 的工作时间在写邮件和回邮件上，也就是说，一天工作的 8 小时中，平均 2 小时都花在邮件上。

工作中与邮件相关的事情，我们完全可以交给 AI 来处理。

6.4.1 利用 AI 写邮件

只需要按照前面介绍的提示词框架，把相应的角色、需求背景、邮件属性设置好，就可以利用 AI 写邮件了。

还是拿前面的空气清新器公司举例，假设需要给一些有合作意向的公司发邮件，邀请他们来做提案，就可以如下设置。

你：你是商务邮件写作专家，我们公司是做空气清新器的，现在公司决定开辟新媒体的宣传渠道，但是因为公司运营资源不足，所以需要把这部分业务承包给更专业的做新媒体代运营的公司，目前我已经联系好了几家意向公司。

现请你帮我写一份邀请邮件，邀请他们明天上午 9 点来我们公司做提案。

然后 AI 就会生成一封商务邀请邮件了。

AI：您好，我是商务邮件写作专家，很高兴为您提供服务。根据您的需求，我为您写了一份邀请邮件，邀请您联系的几家意向公司明天上午 9 点来您的公司做提案。可以参考以下内容。

尊敬的 ×× 公司负责人：

您好，我是 YY 公司的市场部经理，负责空气清新器产品的宣传推广工作。我们公司是一家专业生产和销售空气清新器的企业，拥有多年的行业经验和优质的产品品牌。

我们公司近期决定开辟新媒体的宣传渠道，以提高我们产品的知名度和市场占有率。我们了解到贵公司是一家专门从事新媒体代运营的公司，拥有丰富的经验和优秀的团队，我们对贵公司的服务非常感兴趣。

为了进一步了解贵公司的服务内容和报价，我们诚挚地邀请您明天上午 9 点来我们公司做一个提案，向我们介绍贵公司的新媒体代运营方案和合作细节。我们将安排专人接待您，并为您提供相关的资料和设备。

如果您接受我们的邀请，请在今天下午 5 点前回复本邮件，确认您的到访时间和人数。如果您有任何疑问或建议，请随时与我联系。

期待您的回复和到访！

YY 公司市场部经理 ZZ

如果你还想在邮件中加入一些个性化的信息，比如公司的介绍、产品的介绍、提案的时间、预算等，那么可以继续调教 AI。

你：请在邀请信中加入这些信息，重新生成。

我们公司名字：北京 123 环保科技有限公司

我公司主营空气清新器，是行业领头企业，产品畅销欧美。

项目预算：50 万元。

提案时间：本周日下午 2 点。

研讨时间：1 小时。

请让他们提供一份企划书，一份报价单，一份执行方案，以及其他你认为重要的资料。

AI：您好，我是商务邮件写作专家，很高兴为您提供服务。根据您的需求和补充的信息，我为您修改了一份邀请邮件，邀请您联系的几家意向公司本周日下午 2 点来您的公司做提案，您可以参考以下内容。

尊敬的 ×× 公司负责人：

您好！我是北京 123 环保科技有限公司的市场部经理，负责空气清新器产品的宣传推广工作。我们公司是一家专业生产和销售空气清新器的企业，是行业领头企业，产品畅销欧美。

我们公司近期决定开辟新媒体的宣传渠道，以提高我们产品的知名度和市场占有率。我们了解到贵公司是一家专门从事新媒体代运营的公司，拥有丰富的经验和优秀的团队，我们对贵公司的服务非常感兴趣。

为了进一步了解贵公司的服务内容和报价，我们诚挚地邀请您本周日下午 2 点来我们公司做一个提案，向我们介绍贵公司的新媒体代运营方案和合作细节。我们将安排专人接待您，并为您提供相关的资料和设备。

我们预计提案研讨时间为 1 小时，请您在到访前准备好以下内容。

- 一份企划书，介绍贵公司的新媒体代运营策略和创意。
- 一份报价单，明确贵公司的服务费用和付款方式。
- 一份执行方案，说明贵公司的服务流程和时间安排。
- 其他您认为重要的事项。

如果您接受我们的邀请，请在今天下午 5 点前回复本邮件，确认您的到访时间和人数。如果您有任何疑问或建议，请随时与我联系。

期待您的回复和到访！

北京 123 环保科技有限公司市场部经理 ZZ

如果对方回信，此时可以再发送一封感谢参与的确认函，并再次提醒确认事项。

你：现在请帮我写一封回信，感谢这些代运营公司愿意参加本次提案，并再次提醒他们上面的提案事项。

AI：您好，我是商务邮件写作专家，很高兴为您提供服务。根据您的需求，我帮您写了一封回信，感谢这些代运营公司愿意来参加本次提案，并再次提醒他们上面的提案事项。您可以参考以下内容。

尊敬的 ×× 公司负责人：

您好！感谢您及时回复我的邀请邮件，并确认您将于本周日下午 2 点来我们公司做新媒体代运营的提案。我们非常期待与您的合作。

在此，我再次向您说明本次提案要求，请您务必按照以下内容准备好您的提案资料。

（后续生成内容略）

如果对方没有回复，我们还可以给他们发一份邮件，再次提醒。

你：有几家公司目前还没有回复参与意愿，请帮我写一份邮件，提醒他们在明天上午 12 点前回复参与意愿。

AI：您好，我是商务邮件写作专家，很高兴为您提供服务。根据您的需求，我帮您写了一封邮件，提醒那些还没有回复参与意愿的几家公司在明天上午 12 点前回复参与意愿。您可以参考以下内容。

尊敬的 ×× 公司负责人：

您好！我是北京 123 环保科技有限公司的市场部经理 ZZ，负责空气清新器产品的宣传推广工作。昨天，我给您发送了一封邀请邮件，邀请您本周日下午 2 点来我们公司做新媒体代运营的提案。

我非常希望能够与贵公司合作，但是我还没有收到您的回复。……

（后续生成内容略）

- 用微信扫描右侧二维码并回复“6411”，查看此系列场景的完整生成内容和调教过程。

除中文邮件外，英文邮件，比如外贸业务、申请留学等类型的邮件，我们也可以直接使用中文给 AI 下指令来完成。

你：你是邮件撰写专家，我叫李明，我的职位是北京 123 科技有限公司的运营总监，请用英文写一封邮件给我的客户 John，通知他试用样品已收到，试用后会及时给出更多反馈。

AI：

Dear John,

I hope this email finds you well. I am writing to inform you that I have received the sample you sent me last week. I appreciate your prompt delivery and your generosity inproviding me with the sample.

I am currently testing the sample and evaluating its performance and quality. I will give you more feedback as soon as possible. I am looking forward to hearing frorm you and discussing our potential cooperation further.

Thank you for your trust and support.

Sincerely,

Li Ming Operations Director Beijing 123 Technology Co., Ltd.

其他语言的邮件也可以通过 AI 完成。

你：你是邮件撰写专家，我叫李明，我的职位是北京 123 科技有限公司的运营总监，请用日语写一封邮件给我的客户松下一郎，通知他试用样品已收到，试用后会及时给出更多反馈。

AI：

松下一郎様：

お元気ですか？北京 123 科技有限公司の運営責任者である李明と申します。この度は、貴社の製品の試用サンプルを送っていただき、ありがとうございました。本日、無事に受け取りました。

（后续生成内容略）

6.4.2　利用 AI 控制邮件的语气

在很多商务场景中，写邮件的难点往往不在邮件目的、邮件内容，而是不知道该怎么开口、以什么语气来写作。比如，向客户催款时，如果催得急了容易得罪客户，而太委婉钱又收不回来。在这种情况下，我们就会难以下笔，时间和精力基本都耗费在推敲语气上。

我们可以通过给 AI 规定语气和后续的调教，让邮件的口吻恰到好处。比如在写催款邮件时，我们就可以这样规定。

你：你是邮件撰写专家，2022 年，我公司为 B 公司的张总专门定制开发了一套客户管理系统，这个系统已经在 2022 年的 12 月成功上线，并且交付完全符合标准，他们一直在使用这套系统。

这个项目的整个费用是 100 万元，定金 20 万元，原定系统上线后的两个月内（2023 年 2 月）支付完尾款 80 万元，但现在距离支付尾款的限定日期已经过去了 6 个月，仍然没有收到尾款。

请你帮我给 B 公司张总写一封邮件，让他尽快完成尾款的支付，由于以后还要进行新的合作，要求语气尽量委婉一些，不要过于强势。

然后 AI 就会反馈一篇委婉的催债邮件了。

AI：

张总：

您好！我是 A 公司的项目经理，负责为您定制开发客户管理系统。首先，我要感谢您对我们的信任和支持，我们很高兴能为您提供优质的服务和产品。

我写这封邮件是想咨询一下该项目的尾款支付情况。根据我们之前的合同，该项目的总费用是 100 万元，定金 20 万元，尾款 80 万元。我们已经在去年 12 月按时完成了系统的上线和交付，并且确保了系统的功能和性能符合您的要求。您也一直在使用我们开发的系统，并且没有反馈任何问题。

按照合同规定，您应该在系统上线后的两个月内（2023 年 2 月）支付完尾款 80 万元，但是现在已经过去了 6 个月，我们还没有收到您的尾款。我们多次联系您，但是都没有得到回复。请问您是出于什么原因没有支付尾款呢？您是否对我们的服务或产品有什么不满意的地方呢？

我们非常重视您的意见和反馈，如果有任何问题或建议，请及时告诉我们，我们会尽快解决和改进。我们希望能够继续与您保持良好的合作关系，并为您提供更多的服务和产品。

请您尽快回复这封邮件，并告诉我们您何时能够支付尾款 80 万元。如果您有任何困难或疑问，请与我们沟通，我们会尽力协助您。请您理解，这对于我们公司来说是一笔很大的资金，也是我们为您提供服务和产品的基础。

谢谢您的配合和理解，期待您的回复。

A 公司项目经理

如果你觉得 AI 写的邮件还是过于委婉，那么还可以继续对它进行调教，比如“语气再重一些”。AI 就会重新生成一篇语气更强的邮件。

你：你上面的表达语气有些委婉，请你加强一些语气，重新生成。

AI：

张总：

您好！我是 A 公司的项目经理，负责为您定制开发客户管理系统。我非常遗憾地写这封邮件，因为我们在关于该项目的尾款支付问题上遇到了一些困难。

您应该清楚，我们已经在去年 12 月按时完成了系统的上线和交付，并且确保了系统的功能和性能完全符合您的要求。……

（后续生成内容略）

同理，如果你还是觉得有些委婉，那么可以继续让它加强语气。

你：你的语气还是有些委婉，请在此基础上再加强一些，重新生成，但请注意，不要含威胁性表达。

AI：

张总：

您好！我是 A 公司的项目经理，负责为您定制开发客户管理系统。我非常遗憾地写这封邮件，因为我们在关于该项目的尾款支付问题上遇到了一些严重的困难。

您应该清楚，我们已经在去年 12 月按时完成了系统的上线和交付，并且确保了系统的功能和性能完全符合您的要求。

（后续生成内容略）

- 用微信扫描 145 页的二维码并回复“6412”，查看此系列场景的完整生成内容和调教过程。

通过这样反复的调教，我们可以将邮件的语气调整得更合适。

同样，在其他场景下，我们也可以根据需要，规定 AI 的语气、表达风格、字数等。

比如，我们需要给厂商写一封投诉信，就可以用极其强势、愤怒的语气。提示词和示例如下。

你：你是邮件撰写专家，我办理了 X 运营商的一张 79 元套餐的电话卡，在办理后的几个月，我发现我每个月的消费远超 79 元，经过查询发现，我的电话卡被捆绑了合约，每个月要为这些合约服务额外支付 60 元，然而我在办理此卡的时候并没有看到任何说明，而且我也没有拿到任何有关办理合约套餐的礼品。

事后，我向当地运营商投诉，但他们不仅不积极处理，反而态度极其恶劣，甚至对我进行人身攻击，现在，请你帮我写一封向工业和信息化部投诉他们的邮件。

我的诉求如下。

1. 当地运营商必须立刻赔礼道歉。
2. 赔偿过去非法扣除的费用 300 元。

3. 为我恢复最初无合约的 79 元套餐，并且承诺未经我允许，不得私自更改我的套餐。

请注意：你的写作必须用极其强势和愤怒的语气，要充分表达出我的怒意。

AI：你好，我是邮件撰写专家，我很乐意帮助你写一封向工业和信息化部投诉当地运营商的邮件。以下是我为你写的邮件草稿，你可以根据自己的情况进行修改或直接发送。

尊敬的工业和信息化部领导：

您好！我是一名 X 运营商的用户，我在 2023 年 1 月份办理了一张 79 元套餐的电话卡，但是在使用过程中遇到了非常恶劣的问题，我希望您能够重视并给予处理。

问题的经过是这样的。

（后续生成内容略）

- 用微信扫描 145 页的二维码并回复“6413”，查看此系列场景的完整生成内容和调教过程。

此外，如果你有长期固定写邮件或者回邮件的需求，那么也可以按照第 4 章的操作，打造一个长期可用的邮件小助理。

比如，我们可以把常用的落款给 AI，让 AI 为当前对话框内的所有邮件使用该落款。

你：你是邮件撰写专家，我叫李明，我的职位是北京 123 科技有限公司的运营总监，我的联系方式是 12345678910，从现在开始你将是我的邮件助理，负责帮我写正式的商务邮件。

以后我在需要你的时候，都会向你描述需要撰写邮件的内容，你的任务是根据我提供的信息和要求，为我撰写邮件，以后每一封邮件，都用这个落款。

如果你听明白了你的任务，请回复明白。

AI：明白。请告诉需要我写的内容。

你：上周出差去上海，拜访 456 科技有限公司的王总，王总对我进行了热情的招待，请帮我写一封对王总的感谢邮件，在表示感谢的同时，也要表达出期待友谊长存，下次欢迎他来北京的心愿。

请注意，我和王总是朋友，不需要用敬称“您”，表达应自然一些。

AI：

王总：

你好！

上周我去上海出差，非常感谢你的热情招待，让我在异地感受到了家乡的温暖。你对我公司的项目给予了很多宝贵的建议和支持，我非常感激。你是我最好的朋友，也是我最尊敬的合作伙伴。

我希望我们的友谊长存，下次欢迎你来北京，我们好好聊聊天。期待我们下次见面！

祝你工作顺利，身体健康！

李明运营总监 北京 123 科技有限公司 电话：12345678910

你：写一封邮件给我的客户李总，邀请他明天上午 9：00 参加我公司举办的企业游学活动。

AI：

李总：

您好！

我非常高兴地通知您，我公司将于明天上午 9：00 在北京市海淀区中关村大街 123 号的创新中心举办一场企业游学活动。这是一个……

（具体生成内容略）

6.5　报告助理：如何用 AI 高效完成各种工作报告？

职场文案，尤其是工作报告的写作，可以说是每位职场人的必备技能。

写好工作报告，不仅可以让领导实时了解你的工作情况、工作成果，帮助你实现向上管理，而且在遇到问题的时候，你也可以通过工作报告快速向领导反馈，寻求支持，提升工作效率，改进工作表现。但是写工作报告非常费时费力，如果我们写作能力不够强，写一份普通的工作报告可能就需要花费 1 ～ 2 小时。

我们可以利用 AI 来高效完成各种工作报告。

工作报告的范围很广，因此在开始讲解如何写工作报告之前，必须先了解工作报告都有哪些类型。

6.5.1　工作报告都有哪些类型？

根据写作目的的不同，工作报告大致可以分成 3 种类型。

1. 例行报告

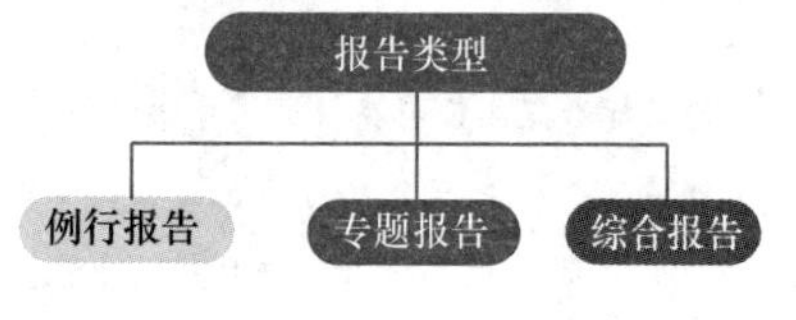

例行报告是我们经常接触、最熟悉的报告类型，包括日报、周报、月报、年报等，特点是有时间上的硬性规定，也就是说，不管你这一天或者这一周做了什么，只要到了某个时间节点，你都应该给领导提交报告。由于例行报告的提交过于频繁，这种报告是最让我们头疼的。

2. 专题报告

专题报告针对的是某个事件、问题或项目，可以让上级对此有所了解，比如申请报告、述职报告、问题反馈报告、决策确认报告等。这类报告的典型特点是涉及面非常窄，而且要求撰写迅速、提交及时，通常一事一报。

3. 综合报告

综合报告的典型特点是涉及的内容非常复杂，一般只有大事发生或者需要进行重大决策时才会写。比如，为新项目、新产品做活动策划，或者进行市场调研、投资分析，抑或分析和解决棘手问题时，都要写综合报告。这类报告对内容深度的要求特别高，为了确保报告的结论是有建设性的，往往还需要做相关的数据分析。可以说，完成一份高水平的综合报告的难度不亚于写一篇学术论文。

6.5.2 如何利用AI速写各种类型的报告?

前面介绍了工作报告的3种类型，这里逐一演示利用AI生成不同类型报告的实操方法。

1. 利用 AI 高效输出例行报告

例行报告一般有标准的写作格式，无论是写日报、周报，还是月报、季报等，我们都可以直接利用提示词，问 AI 这些报告该怎么写，然后再把相关的信息提交给 AI，让它生成即可。

你：你知道一份优秀的工作月报该怎么写吗?

AI：当然知道，以下是一份优秀的工作月报的写作建议。

（具体生成内容略）

你：很好，我会在下面向你提供我的一些工作情况，你的任务是基于上面的总结，以及我提供的内容，为我写一份优秀的月报。

下面是给你的内容。

时间：2023 年 8 月

汇报对象：张总

报告人：新媒体部门小明

工作目标：提高公司在社交媒体上的关注度和品牌知名度，并促进商品销售。

工作情况：过去一个月写了 5 篇公众号文章，为 20 个商品写了详情页文案，实际效果是公司在社交媒体上的关注度逐渐提升，并且商品销售量也提升了 20%。

下个月工作计划和目标：完成 6 篇公众号文章，拓展小红书渠道，争取销量提升 30%。###

AI：好的，以下是我为你写的月报。

2023 年 8 月新媒体部门月报

一、简介

本报告旨在回顾和总结 2023 年 8 月的工作进展，包括实现的目标、遇到的挑战和未来的计划。在过去的一个月里，我致力于提高公司在社交媒体上的关注度和品牌知名度，同时也促进了商品销售。

二、8 月工作目标及成果

（具体生成内容略）

三、工作情况详述

（具体生成内容略）

四、遇到的挑战及解决方案

（具体生成内容略）

五、下月工作计划和目标

（具体生成内容略）

六、附言

（具体生成内容略）

同样，对于其他类型的例行报告，操作也是一样的，比如述职报告的提示词与回答示例如下。

你：你知道一份优秀的述职报告该怎么写吗？

AI：当然，述职报告是一个重要的工具，用于向上级汇报自己在特定时期内的工作内容、成果、遇到的困难和计划等。一份优秀的述职报告不仅要内容翔实，还要条理清晰。以下是一些建议和步骤，希望能帮助你编写一份有效的述职报告。

（具体生成内容略）

你：很好，下面是我个人的一些工作信息，你的任务是基于上面的总结，以及我提供的内容，为我写一份优秀的述职报告。

此处填写你个人的一些工作情况

AI：2023 年度个人述职报告

汇报人：新媒体小明

尊敬的领导、亲爱的同事：

在过去的一年中，我有幸成为新媒体部门的一员，深感职责重大。在此，我向大家汇报我 2023 年度的工作内容和成果。

一、工作内容和成果

（后续生成内容略）

对于日报等需要定期提交的报告，如果你不想重复写提示词，那么也可以按照第 4 章的思路，把 AI 打造成长期可用的报告写作小助理。

你：你是一名报告写作专家，精通各类报告的格式和写作技巧，从现在起你将是我的报告小助理，每次我需要你的时候，我都会先向你提供我需要你写的报告类型和我的工作情况。

你的任务是根据报告类型和我的工作情况，为我写一份优秀的报告。

请注意：

1. 我叫小明，我所在的部门是新媒体部门，除非我有特别要求，否则默认报告落款均使用此称呼；
2. 除非我有特别指定，否则报告日期均用当前时间，请你自动获取当前时间。

如果你听明白了你的任务，请回复“明白”，并持续等待我的内容。

AI： 明白。我会根据你提供的信息和要求为你准备报告。请随时提供需要我写的报告的类型和工作情况，我会尽力为你服务。

你： 报告类型——日报

工作情况

###

工作目标：提高公司在社交媒体上的关注度和品牌知名度，并促进商品销售。

工作概况：完成了一篇公众号文章，开通了微博、抖音、知乎等主流内容平台的账号，并完成了基础布置。

明天计划：完成两篇商品详情页文案，并与设计部沟通详情页配图设计。

###

AI：

报告标题：新媒体部门日报

日期：2023 年 10 月 6 日

报告人：小明

一、今日工作概述

（后续生成内容略）

你： 报告类型——月报

工作情况

###

时间：2023 年 9 月

工作目标：提高公司在社交媒体上的关注度和品牌知名度，并促进商品销售。

工作概况：（具体生成内容略）

工作挑战：（具体生成内容略）

下个月工作计划和目标：完成 6 篇公众号文章，拓展小红书渠道，争取销量提升 30%。

###

AI：

报告标题：2023 年 9 月新媒体部门月报

报告人：小明

一、9 月工作概述

（后续生成内容略）

- 用微信扫描右侧二维码并回复“6511”，查看此场景的完整生成内容和调教过程。

2. 利用 AI 高效输出专题报告

前面提到，专题报告内容比较聚焦，一般只反映某一件事或某一方面的情况，因此它的类型太多太杂。我们在工作中要随时根据需要写专题报告，比如提出申请、汇报问题、说明情况等，都属于专题报告的范畴。

为了方便介绍，这里从主体关系的角度，把专题报告分为以下两种类型。

- **你问我答型：**我们没有主动写报告的需求，但是领导想要了解某项目或者某事件的情况，因此需要对领导提出的问题做出解释或回答。
- **我说你听型：**和上面相反，领导没有主动提出问题，但是我们自己遇到了问题，需要主动向领导反馈或者寻求帮助。比如，做好计划需要领导确认、遇到问题需要领导帮助、意外事件需要领导决策、任务需要申请延期等，这些情况都属于我说你听型报告的范畴。

（1）你问我答型。你问我答型报告的写作并没有太多讲究，我们只要如实回答领导关心的问题即可。

比如，你是新媒体部门主管，因为部门内部实行的赛马机制，部门近期的离职率特别高，你的领导听到这种现象后表示担忧，发邮件要你做出解释。这个时候你就可以让 AI 帮助写一份解释报告。

你：你是一名工作报告写作专家，精通各类报告的格式及写作技巧。我叫小明，是一名新媒体部门的主管，目前我遇到的问题是这样的。

我因为在团队里实行赛马机制，导致我们部门近期离职率较高，领导对我的行为提出了质疑，然而事实上，赛马机制不仅提升了我们团队的战斗力，而且还过滤掉很多不适合待在团队内的人。

近期虽然离职率较高，但是完成筛选后，人员就会稳定下来，而且我还和人力资源部门沟通过，他们会为部门补充源源不断的新鲜血液，确保团队稳定，业务不受影响。

你的任务是根据以上问题场景，为我写一份报告向领导解释，消除领导的顾虑，请领导放心。

AI：

尊敬的领导：

我希望能够通过这份报告，向您详细解释我们新媒体部门近期离职率较高的情况，以及我采取赛马机制的原因和优势，以便您能够更好地了解我们的工作情况并放心。

- 离职率上升的原因：（具体生成内容略）
- 赛马机制的优势：（具体生成内容略）
- 稳定团队的措施：（具体生成内容略）
- 未来展望：（具体生成内容略）

总而言之，尽管当前我们部门的离职率有所上升，但我深信赛马机制将为我们带来长期的收益，提高团队绩效。我已经采取措施来确保团队的稳定性，并与人力资源部门合作，以补充新的人才。请您放心，我会继续密切关注并积极应对团队的变化，以确保我们达到预期的目标。

如果您有任何进一步的疑虑或建议，我将非常愿意听取并采纳。感谢您的支持和信任。

此致，

小明

新媒体部门主管

- 用微信扫描152页的二维码并回复"6512"，查看此场景的完整生成内容和调教过程。

当把相关提示词内容给 AI 后，一份完整、专业的解释报告就出炉了，我们只需要根据具体的需求进行修改，就可以发送给领导了。

（2）我说你听型。你问我答型报告只需要说清楚领导想知道的内容，而我说你听型报告还需要说明你所需要的支持。也就是说，这类报告必须包含以下这两个要素。

- **你需要让领导知道什么？**
- **你需要什么？你希望领导做什么？**

比如，你和同事在完成一个项目的过程中，同事因生病住院暂时无法工作，但是项目时间紧，你一个人无法按时完成项目，希望领导能将项目延期，或者协调人力资源，从其他组临时调个人来分担你的压力，那么你可以这样写提示词。

你：你是一名工作报告写作专家，我叫小李，我目前遇到了这样的问题。

我和同事小张共同完成一个叫"敏捷办公咨询"的项目，整个项目的负责人只有我们两个。在项目进行到一半的时候，小张生病住院了，短时间内无法回归工作，于是项目的重担落在我一个人身上，但是离项目截止的时间只剩下 5 天了，根据我的时间和精力，我是不可能一个人在 5 天内完成原本两个人才能完成的任务的。

你的任务是根据上面情况，按照下面两个要求，帮我写一份报告，向领导说明这件事情。

要求 1：我需要让领导知道整个事件的经过，让领导感受到我的压力。

要求 2：我希望领导将项目截止时间能延后 7 天，或者帮我协调，从其他部门中再调两个帮手过来。

AI：

尊敬的领导：

您好！首先，我想向您报告关于"敏捷办公咨询"项目的最新进展。

- 项目经过及当前状况：（具体生成内容略）
- 面临的压力与挑战：（具体生成内容略）
- 工作协调与建议：（具体生成内容略）

为了公司的利益和项目的成功，我愿意全力以赴，但也希望得到领导的支持与理解。请您考虑我的建议，我相信这将是对整个项目最为有益的决策。

再次感谢领导对我的信任和支持。如有任何疑问或需要进一步讨论，请随时告知。

谨上。

小李

[日期]

- 用微信扫描152页的二维码并回复“6513”，查看此场景的完整生成内容和调教过程。

当然，这只是一个简单的汇报案例。对于更复杂的案例，我们不仅要向领导说明情况，可能还需要提出解决方案。

假设我们遇到了这样一个场景。

我是某材料供应商，一个客户在我这里采购了一批价值 60 万元的材料，根据合同规定，只预付了 40 万元，还有 20 万元的尾款待结。一天，客户突然给我打电话，告诉我这批材料有问题，导致材料全部报废。

听到情况之后，我马上展开调查。通过调查，我发现我们这边是不可能出问题的，应该是客户那边由于没有按照要求使用，导致出现了问题。

但是客户一口咬定是我们这边的问题，如果不妥善解决，要么 20 万元的尾款收不回来，要么我们赔钱再发一批。那么无论选择哪一条路，都会导致不仅一分不赚，反而倒贴几万元。

对于这种复杂问题的报告，我们就可以分成两步。

步骤 1：利用 AI 辅助找到问题的可能解决方案

你：你是一名问题解决专家，我叫小李，我目前遇到了这样的问题。

我是某材料供应商，一个客户……反而倒贴几万元。

请你先帮我分析此问题，然后给出你的分析，以及几种妥善解决此问题的方案。

AI：根据你的描述，我分析了你目前遇到的问题，以下是我的分析和建议。

问题分析：你的问题是一个典型的供应商与客户之间的纠纷，涉及合同履行、产品质量、责任划分等方面。你需要在保护自己的利益的同时，尽量维护与客户的关系，避免造成更大的损失或影响未来的合作。

解决方案：针对你的问题，我为你提供了以下几种可能的解决方案，你可以根据自己的实际情况选择适合的方案进行操作。

- 方案 1：协商解决。这是最理想的方案，也是最符合双方利益的方案。你可以与客户进行友好而坦诚的沟通，说明你们这边没有出现任何问题，提供相关的证据或证明，如产品检测报告、使用说明书、操作视频等。同时，你也可以询问客户那边是否遵守了使用要求，是否有其他可能导致问题的因素，如环境温度、湿度、压力等。你可以尝试从客户的角度出发，理解他们遇到问题后的心情和诉求，表达你对他们的同情和关心，以及你愿意与他们一起寻找问题的原因和解决办法。如果客户能够承认你们这边没有责任，或者能够承认自己有一定责任，那么你就可以与他们协商一种合理的解决方案，如按比例分担损失、延期付款、提供优惠或赠品等。这样既可以保证你能够收回尾款，也可以维护与客户的良好关系。
- 方案 2：法律解决。这是最不理想的方案，也是最不利于双方利益的方案。如果客户不愿意与你协商，或者坚持认为是你们这边的责任，并要求你们承担全部损失或提供更多补偿，那么你就只能通过法律途径来保护自己的权益。你可以向客户发出律师函或诉讼通知书，要求他们按照合同规定支付尾款，并承担违约责任。同时，你也可以准备好相关的证据或证明，如合同文本、发票、收据、产品检测报告、使用说明书、操作视频等，以备法庭审理时使用。这种方案可能会导致你与客户之间的关系彻底破裂，并且会耗费大量的时间、精力和金钱。因此，在采用这种方案之前，请务必慎重考虑。

- 方案 3：妥协解决。这是一种折中的方案，也是一种权衡利弊的方案。如果客户不愿意与你协商，但也不想与你对簿公堂，那么你就可以考虑与他们妥协，以换取尾款的支付或部分支付。例如，你可以同意给他们一定比例的折扣或退款，并要求他们签署一个免责协议或结清单据。或者，你可以同意再发一批产品给他们，要求他们提前支付一部分尾款，并按时支付剩余的尾款。这种方案可能会让你损失一些利润，但也可以避免更大的损失或纠纷。

以上是我为你提供的几种解决方案，希望能对你有所帮助。如果你还有其他问题，欢迎随时与我联系。祝你好运！

通过这个回答，相信你也能感受到，AI 给的答案已经不亚于很多真人专家给出的了。

通过 AI 获得解决问题的思路后，我们就可以把答案中有建设性的部分融入我们的报告里。

步骤 2：融入 STAR 模型完成报告

关于 STAR 模型，我们在前文多次提到过，它是描述场景事件时的常用模型，可以帮助我们快速地组织一篇逻辑清晰的内容。

我们可以把上面的场景带入，让 AI 按照 STAR 模型来完成报告的生成。提示词和结果示例如下。

你：你是一名工作报告写作专家，我叫小李，我目前遇到了这样的问题：

问题的背景描述

对于此问题，我思考的解决方案有三。

简述带入前面的解决方案

你的任务是，按照 STAR 模型，帮我写一份报告，向领导说明这件事情。

1. 在 S 的环节里，你需要先向领导解释清楚事情的来龙去脉。
2. 在 T 的环节里，把我提出的 3 种方案融入报告。
3. 在 A 的环节里，你需要介绍清楚问题的冲突点。
4. 在 R 的环节里，为领导分析我提出的 3 种方案可能存在的问题和利害得失。

AI：你好，小李，我是一名工作报告写作专家，我很乐意帮助你。根据你的问题描述，我帮你写了一篇报告。你可以参考以下内容。

报告标题：关于某客户采购材料出现问题的情况说明及解决方案建议

报告正文：

尊敬的领导：

您好！我是某材料供应商的销售经理，负责与客户沟通和签订合同。在此，我向您汇报一件关于某客户采购材料出现问题的情况，并提出我的解决方案建议。

（后续生成内容略）

- 用微信扫描右侧二维码并回复“6514”，查看此场景的完整生成内容和调教过程。

融入STAR模型后，AI生成的报告不仅陈述逻辑清晰，而且有条有理。

3. 利用AI高效输出综合报告

写综合报告一般是为了将自己的分析结果呈现给管理者或数据需求者，并给运营人员、管理人员提供可视的、合理的决策建议。正如本节开头所说的，一篇高水平的综合报告的写作难度不亚于写一篇学术论文。可以说，综合报告是分析、思考和总结过程的呈现。

因此对于这种类型的报告，我们需要按照高标准的要求来完成。

假设有这样一个场景：你在一家生产美妆产品的公司工作，公司计划进入男性美妆赛道，但是领导不知道这个市场的可行性如何，要求你分析男性美妆市场。对于利用AI辅助完成这个任务，我们可以把它分成3个环节。

（1）利用AI获取报告标题。当我们拿到任务时，可以直接让AI基于我们的问题，生成合适的报告标题。

你：你是专业的市场分析师和策划师，我们是一家做美妆的公司，由于面向女性的美妆赛道已经饱和，我们想进入男性美妆赛道，但是对该领域的认识和发展前景比较陌生，于是领导责令我完成一份关于“男性美妆”的市场分析报告。

目前我还没有报告的标题，请你基于这个主题和需求，为我生成10个优秀的报告标题。

请注意：

1. 标题要简短精练，能够直接表达报告的主旨；
2. 标题要引人入胜，能吸引读者的兴趣和好奇心。

如果不满意AI给的标题，你可以不停地让AI提供新标题，直到筛选出完全满意的为止。

你：很好，请再给我10个标题，字数控制在25字以内，并把标题分成主标题和副标题。

AI：好的，我再为你生成10个标题，字数控制在25字以内，并把标题分成主标题和副标题，具体如下。

- 主标题：男性美妆的崛起

副标题：探索这个新兴市场的机会与挑战

- 主标题：男性美妆的消费者洞察

副标题：基于大数据的分析与建议

（后续生成内容略）

- 用微信扫右侧二维码并回复“6515”，查看此场景的完整生成内容和调教过程。

（2）利用 AI 获取报告大纲。假设我们选中的标题是“2023 年男性美妆的发展趋势与前景分析”，那么获取报告大纲的提示词就可以这样写。

你：很好，请你以“2023 年男性美妆的发展趋势与前景分析”为题，为我生成一份市场分析报告的大纲。

然后 AI 就会基于我们的需求，直接生成相应的报告大纲。

AI：你好，我很高兴能为你提供关于男性美妆的市场分析报告大纲。以下是我根据网络搜索结果和自己的知识及创意生成的报告大纲。

《2023 年男性美妆的发展趋势与前景分析》

- 一、引言
  - 介绍报告的背景、目的和主要内容
  - 概述男性美妆的定义、分类和特点
  - 引出男性美妆的市场规模、竞争格局和消费者画像
- 二、男性美妆的市场规模和增长动力

  （具体生成内容略）
- 三、男性美妆的竞争格局和主要品牌

  （后续生成内容略）

- 用微信扫描上方的二维码并回复“6516”，查看此场景的完整生成内容和调教过程。

（3）利用 AI 获取报告正文。虽然 AI 有能力直接基于大纲生成完整报告，但是这种方式的生成效果相对一般。为了确保报告的质量符合要求，我们需要逐个生成，也就是把大纲拆解，逐一让 AI 生成。

比如，可以这样写提示词。

你：很好，请你以上面的标题和大纲，为我完成整个分析报告的写作。

请注意：为了确保你写得足够好，你需要按照我的指示进行大纲内特定版块的生成，如果我不满意当下版块的写作，我会给出你修改建议，你需要根据修改建议对当下版块进行重新写作，直到我满意为止。

而如果我对你的生成满意，那么我会给你新版块的生成提示，让你继续写作。

如果你听明白了你的任务，请你回复“明白”，并告诉我，让我们开始吧。

AI 马上会给出积极反馈，并等待接收生成指令。当我们给它发送生成指令后，它就会

按照要求开始生成对应部分的正文。

AI：明白，让我们开始吧。我是专业的市场分析师和策划师，我会根据你的指示为你完成报告的写作。请你告诉我，你想让我生成哪个版块的内容？

你：很好，请你按照我一开始提供你的背景信息，先为我生成“引言”部分的内容。

AI：以下是我为你生成的“引言”部分的内容。

男性美妆，是指专门针对男性肤质和需求设计的化妆品，包括护肤品、彩妆品、香水等。男性美妆的特点是注重清爽、自然、无妆感，以改善肤质、修饰瑕疵、提升气质为主要目的。随着社会文化的变化和消费观念的更新，男性使用美妆已经不再是一种异类行为，而是一种时尚潮流和生活方式。

本报告旨在分析 2023 年男性美妆产品的发展趋势与前景，为美妆行业和企业提供有价值的参考和建议。本报告的主要内容包括：

（后续生成内容略）

在不断的追问中，我们还可以根据需求对相应的版块补充要求，比如让它引用相关数据、核对相关数据源等。

你：非常好，接下来请为我生成第二板块“男性美妆的市场规模和增长动力”的内容。

请注意：

1. 由于这一板块要求严谨，所以在完成这一板块内容的时候，你需要引用大量的数据来支撑你的观点；

2. 为了确保数据的准确性，在生成之前，请你先去网上搜索相关的信息，确认信息无误之后，再来生成；

3. 让我们一步步思考。

AI：好的，我会尽力为你生成第二板块的内容。请稍等一下，我需要先搜索一些相关的数据和信息。

我已经搜索到了一些相关的数据和信息，以下是我为你生成的第二板块的内容。

男性美妆的市场规模和增长动力

男性美妆是一个快速增长的市场，根据 [Statista] 的数据，2020 年全球男性美妆市场的规模达到了 600 亿美元，预计到 2025 年将增长到 800 亿美元，年均复合增长率为 6%。相比之下，全球女性美妆市场的规模在 2020 年为 3800 亿美元，预计到 2025 年将增长到 4600 亿美元，年均复合增长率为 4%。这说明男性美妆市场虽然规模较小，但是增长速度更快，有着巨大的潜力和空间。

（后续生成内容略）

对剩下的板块也都是同样的思路，从而引导 AI 完成整个生成任务。

你：很好，接下来请生成第三板块“男性美妆的竞争格局和主要品牌”的内容。

AI：（具体生成内容略）

你：非常好，接下来请为我生成第四板块“男性美妆的消费者画像和需求趋势”的内容。

AI：（具体生成内容略）

请注意，在这一板块中，你需要引用大量的数据来支撑你的观点，为了确保数据的准确性，在生成之前，请你先去网上搜索相关的信息，确认信息无误之后，再来生成。

AI：（具体生成内容略）

你：非常好，接下来请为我生成第五板块“男性美妆的发展趋势和前景展望”的内容。

AI：（具体生成内容略）

你：非常好，接下来请为我生成报告的最后一个板块“结论”部分的内容。

请注意：你需要结合前面的内容，向领导提出你的建议和意见。

AI：（具体生成内容略）

- 用微信扫描右侧二维码并回复“6517”，查看此场景的完整生成内容和调教过程。

待 AI 完成全部的指示后，我们就可以得到一份完整的报告了。

这种一步步控制的生成方式，可以最大限度地保证报告的可靠性，让报告更符合我们的需求。拿到 AI 生成的报告后，我们根据情况对内容细节等进行调整修改即可。

6.6 办公助理：如何用 AI 成为 Office 高手?

日常办公中使用最频繁的软件莫过于“办公三件套”——Word、Excel、PPT，熟练操作这些软件几乎是每一位职场人的必备技能。我们也知道，虽然这些办公软件容易上手，但是用好却非常困难，尤其是 Excel，想要用得游刃有余，不仅要学习各种各样的参数、功能，甚至还需要掌握公式、函数、宏等的用法。即使你能熟练操作它们，想要得到满意的效果，也需要耗费大量的时间和精力。

但当我们有了 AI 之后，哪怕是新手也可以将此类软件用得非常顺畅。

AI 在帮助我们高效使用办公软件方面主要有以下 3 个应用场景。

场景 1：解决功能使用上的问题

我们在前面反复介绍过，AI 是“百晓生”，在软件使用上也不例外，无论是 Word、Excel 还是 PPT，抑或是其他软件，任何操作上的问题都可以直接从 AI 处获得解决方案。

比如，想在 Word 文档中实现批量插入页眉页脚的效果，但是你不知道该如何操作，那么可以直接把这个问题抛给 AI，让 AI 给出步骤，进行手把手教学。

你：我想在我的一个 Word 文档里批量插入页眉页脚，请告诉我如何操作。

AI：在 Microsoft Word 中插入页眉和页脚是一种简单的任务。以下是在一个 Word 文档中批量插入页眉和页脚的步骤。

1. 打开 Word 文档：打开你想要添加页眉和页脚的 Word 文档。

2. 访问“插入”选项卡：在功能区中单击“插入”标签。

（后续生成内容略）

在 Excel 中也是如此，遇到任何不会操作的场景，你都可以直接把需求描述出来，让 AI 帮忙解决。

比如，在这个表中，我们不知道如何批量提取括号内的区号。

号码	区号
(600) 123-4567	
(206) 123-4567	
(876) 123-4567	
(600) 123-4567	

那么就可以这样向 AI 描述我们的需求。

你：我有一个 Excel 表格需要你帮忙处理，在 A 列的数据格式是 (×××) ×××-××××，我的需求是使用 Excel 将 A 列括号内的数据提取到 B 列，请告诉我，我该如何操作才能实现我的需求。

AI：要从 A 列中提取括号内的数据并将其放入 B 列，你可以使用 Excel 的“公式”功能。下面是具体步骤，说明如何实现你的需求。

1. 打开 Excel 表格：打开你的 Excel 表格，并确保你已经保存了原始数据的备份，以防止任何意外的数据丢失。

2. 在 B1 单元格中输入公式：在 B1 单元格中输入公式 =MID(A1，2，FIND(")"，A1)-2)。

这个公式的作用是从 A1 单元格中的第二个字符开始，查找“)”字符，然后提取从第二个字符开始到“)”字符之前的所有字符。

3. 拖动公式填充其他单元格：（具体生成内容略）

对于让人苦恼的各种函数也是一样，比如要使用 Excel 经典的 VLOOKUP 函数，你直接向 AI 描述具体需求即可。

你：我有一个 Excel 表格，A 列记录着月份，B 列记录着当月的支出情况，我的需求是希望找到 10 月份，并拿到 10 月份的支出情况，请问我该如何操作？

AI：要在 Excel 中查找特定的月份并获取该月份的支出情况，您可以使用以下几种方法之一。不同方法的效果可能会根据您的具体需求和技能水平而异。以下是一些常见的方法。

1. 手动查找：（具体生成内容略）

2. 使用“查找”功能：（具体生成内容略）

3. 使用 VLOOKUP 函数：（具体生成内容略）
4. 使用 INDEX 和 MATCH 函数组合：（具体生成内容略）
5. 使用过滤功能：（具体生成内容略）
6. 使用数据透视表：（具体生成内容略）

同样，在 PPT 中也是如此。比如，你想批量在每页幻灯片上添加水印，但是不知道该如何操作，那么就可以直接向 AI 描述需求，然后 AI 就会手把手教你怎么实现，甚至贴心地提醒你保存文档。

你：我想在我的一份 PPT 文档中批量为每一个页面添加水印，请问如何在 PowerPoint 中实现？

AI：在 Microsoft PowerPoint 中批量为每一页幻灯片添加水印需要通过一些特定的步骤来实现。下面是一个基本的步骤说明，以帮助你完成这项任务。

1. 打开 PowerPoint 文档：打开你想要添加水印的 PowerPoint 文档。
2. 创建或导入水印：（具体生成内容略）
3. 选择幻灯片母版：（具体生成内容略）
4. 插入水印：（具体生成内容略）
5. 设置透明度（可选）：（具体生成内容略）
6. 关闭幻灯片母版：（具体生成内容略）
7. 保存文档：别忘了保存你的文档以保留你所做的更改。

这样，你就能在整个 PPT 文档的每一页上都添加水印了。

- 用微信扫描右侧二维码并回复“6611”，查看此场景的完整生成内容和调教过程。

这里着重讲解的是 Office 三件套，如果你还有 Photoshop、Premiere 或者其他的办公软件的使用需求，也可以用同样的方式向 AI 提问。

场景 2：利用 VBA 功能实现 Office 自动化

Office 自动化指的是利用 Office 自带的 VBA 功能，实现 Office 的一般功能无法实现的效果。可以把 VBA 理解成嵌入 Office 软件的编程语言（宏代码），它可以用来在 Office 里写程序，实现很多高级功能。

过去，对我们很多人来说，VBA 的学习难度很高。有了 AI 后，这一切都不再是问题，AI 本身就有非常强的代码写作能力，我们要做的就是像前面一样，直接向 AI 描述我们的需求，让它给出写好的代码。

VBA 是嵌入 Office 中的，不需要单独下载，开启方法也非常简单（不会开启的读者，请按照前面的思路向 AI 提问）。这里主要讲解怎么与 AI 进行互动，让 AI 生成 VBA 代码，实现相关效果。

比如，你想批量调整图片大小，就可以直接让 AI 给出操作方法。当 AI 提供代码方案后，直接把代码复制到 Word 的 VBA 中，就可以实现一键批量调整。

你： 我的 Word 文档里的图片大小不一，我希望一键把它们统一成一样的尺寸，请问我该如何实现该操作？

AI： 将 Word 文档中的多张图片调整至相同尺寸通常需要通过一些特定的步骤或者使用第三方的宏或插件来实现。下面是一些可能的方法。

1. 手动调整：（具体生成内容略）

2. 使用宏：Word 允许你创建和运行宏，以自动执行重复的任务。你可以创建一个宏，以将文档中的所有图片调整为特定的尺寸。以下是一个宏代码示例。

（具体生成内容略）

3. 第三方插件：（具体生成内容略）

4. 使用其他软件：（具体生成内容略）

你： 我想用宏代码，请问具体如何操作？

AI： 使用宏（Macro）来调整 Word 文档中所有图片的尺寸是一个自动化的解决方案。下面是具体的步骤。

1. 打开 Word 文档：首先打开包含要调整图片尺寸的 Word 文档。

2. 启用开发工具：（具体生成内容略）

（后续生成内容略）

同样，其他场景下 VBA 功能的用法也是一样的，比如利用 VBA 对表格进行批量操作。

你： 我的 Excel 表格的 A 列是月份，请你写一段 VBA 代码，实现按月将表格数据拆分到不同的工作表中。

请注意，代码中的关键步骤请用中文备注说明。

AI： 为了实现该需求，你可以利用 Excel 的 VBA 功能。下面的 VBA 代码示例可以帮助你根据 A 列的月份将数据拆分到不同的工作表中。

（具体生成内容略）

利用 VBA 实现自动创建 PPT、修改特定 PPT 参数等效果。

你： 请你帮我写一段 PowerPoint 的 VBA 代码，实现效果如下。

1. 新建 15 个页面。

2. 设置背景格式为图片填充，图片随机引自一个文件夹，文件夹路径是“C:Users\Desktop\test”。

3. 每页居中插入一个中文标题“测试页面”，标题的字体颜色为白色，字体大小设置为 32 号，字体选择“微软雅黑”。

AI：为了实现该需求，你可以利用 PowerPoint 的 VBA 功能。下面的 VBA 代码示例可以帮助你实现你想要的效果。

（具体生成内容略）

● 用微信扫描162页的二维码并回复“6612”，查看此场景的完整生成内容和调教过程。

VBA 的应用场景非常多，这里无法一一展示，总之，你只需要记住一个原则：**任何需要人工批量进行的“烦琐”操作，都可以通过 VBA 功能自动完成。**你要做的就是向 AI 描述需求，然后等待 AI 给出代码，再复制粘贴到 VBA 中执行。

AI 不仅有写代码的能力，还有调试代码的能力。如果 AI 写的代码并没有实现你的需求或者报错了，那么你只需要把问题反馈给 AI，AI 马上就会为你提供解决方案。

场景 3：利用 AI 实现一键生成 PPT

在利用 PPT 辅助表达的时候，大部分人会觉得制作 PPT 太耗时了，因为制作一份优秀的 PPT 不仅考验我们使用软件的能力，还考验我们的设计能力、内容组织能力。如果不具备这些能力，想要制作出一份优秀的 PPT 可以说是难上加难。

如果你有做 PPT 的需求，可以利用 AI 辅助，具体的操作也很简单。

还是拿前面的男性美妆市场分析报告举例，如果需要基于此报告做 PPT，那么可以先用 AI 获取 PPT 内容，再直接把 PPT 内容提交给专门自动生成 PPT 的 AI 工具，让 AI 工具帮助我们生成 PPT。

1. 利用 AI 获取 PPT 内容

首先直接从 AI 处获得可被相关 PPT 生成软件读取的 Markdown 语法格式的内容，具体的提示词写法如下。

你：你是专业的营销总监和资深的设计师，我做了一份分析报告，需要进行 PPT 汇报，我会先向你提供我报告的标题和大纲，你的任务是，按照以下要求，为我生成相应的 PPT 内容。

PPT 的页面形式有 3 种，分别是封面、目录、内容。

1. 封面格式。

主标题：用下面的标题，分成主 / 副标题。

演讲人：李明

2. 根据下面的大纲，在目录页列出文章的大纲。

3. 根据我给你的大纲内容，生成对应的 PPT 内容页。

以下是给你的报告的标题和正文大纲。

[这里粘贴你报告的标题和大纲，或者直接粘贴你报告的内容]
请注意：请你帮我把它们转成 Markdown 的语法格式。

当我们把指令下达给 AI 后，它就会按照要求生成回答。

AI：好的，我会尽力帮你生成相应的 PPT 内容。请看以下的 Markdown 代码块，你可以复制粘贴到你的 PPT 软件中。

（具体生成内容略）

- 用微信扫描右侧二维码并回复“6613”，查看此场景的完整生成内容和调教过程。

2. 利用 AI 工具一键生成 PPT

当我们拿到 Markdown 语法格式的内容后，就可以找一些专门做 PPT 的 AI 工具一键生成 PPT。这里推荐几款免费生成 PPT 的 AI 工具。

MindShow：https://www.mindshow.fun
Gamma：https://gamma.app
闪击 PPT：https://ppt.sankki.com
讯飞星火：内嵌在讯飞星火模型内的 PPT 插件。
ChatGPT：内嵌在 GPT 模型内的 PPT 插件。
百度文库：基于文心一言的 PPT 功能。
WPS-AI：内嵌在 WPS 办公软件的 AI 功能。

这些工具都可以帮助我们实现一键生成 PPT。你要做的就是把从上面获得的 PPT 内容，以 Markdown 的语法格式复制粘贴到这些工具中，然后选择一款喜欢的 PPT 模板，再一键生成即可。

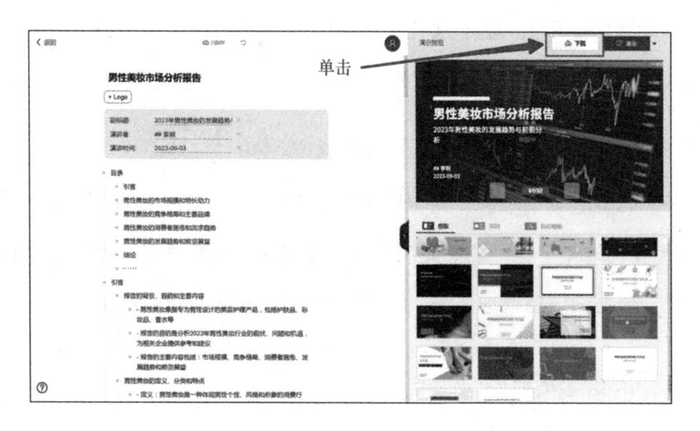

由于篇幅有限，具体过程我们就不在书中展示了，感兴趣的读者请用微信扫描本页的二维码并回复“6414”，查看全部操作过程。

可以说，如果要求不是特别高，那么从生成报告到完成 PPT 的制作，整个过程是非常快的。

当然，如果你还想对 PPT 进行精调，也可以让 AI 提供配图建议和图片的获取方式，以便更好地优化 PPT。

你：你是专业的 PPT 设计师，现在我需要针对男性美妆市场分析报告做一次 PPT 汇报，你的任务是向我提供一些配图建议，并给我推荐一些免费高清图片素材网站。

请注意：提供配图建议的时候，请附上相关的搜图关键词。

AI：在制作针对男性美妆市场分析报告的 PPT 时，视觉效果是非常重要的。好的图片可以帮助吸引观众的注意力并传达信息。以下是一些配图建议，以及相关的搜索关键词和免费高清图片素材网站推荐。

配图建议：

（具体生成内容略）

免费高清图片素材网站推荐：

（具体生成内容略）

以上的关键词和网站可以为你的 PPT 汇报提供丰富的视觉素材。使用相关的搜索关键词在推荐的网站上搜索，你应该能找到合适的图片来丰富你的报告。

- 用微信扫描右侧二维码并回复“6614”，查看此场景的完整生成内容和调教过程。

6.7 数据助理：如何用 AI 高效处理信息？

AI 可以辅助我们使用各种办公类工具，同时，AI 本身就是一个强大的工具。我们可以根据实际业务场景，把 AI 当成一个纯功能性的工具，用它处理任何涉及文字的信息。

6.7.1 利用 AI 记录和汇总信息

这里拿一个典型的场景举例：对于接触大量客户的工作来说，记住客户的关键信息是很有必要的，但是将一个个客户的关键信息手工登记在本子或表格中是非常麻烦的。我们可以把 AI 打造成一个客户信息管理系统，让 AI 帮我们记录和汇总，提示词可以这样写。

你：你是一名顶级的客户服务和销售总监，负责帮我记住一些客户的爱好和信息，我会在每次拜访完客户之后，把客户的重要信息发送给你。

请你在收到之后，回复我一句“好的，已收到”，其他的无须解释，当我需要你进行别的操作的时候会再向你发送相应指令。

然后，我们只需要在有需要时向它发送需要记录的客户信息即可，举例如下。

你：今天拜访了 A 公司的张总，年龄 36 岁，生日 4 月 3 日，爱好读书、健身，家庭情况是有一个上幼儿园的儿子和一个上小学的女儿。

AI：好的，已收到。

你：今天拜访了 B 公司的王总，年龄 45 岁，生日 4 月 18 日，爱好钓鱼、禅修，家庭情况是有一个上大学的女儿。

AI：好的，已收到。

你：今天拜访了 C 公司，李总，年龄 32 岁，生日 8 月 9 日，爱好足球，最喜欢的球队是曼联，家庭情况是未婚。

AI：好的，已收到。

我们发的每一条信息 AI 都会帮助我们记录，当我们需要调用的时候，不用挨个查找表格，直接问 AI 即可。

你：本月有没有过生日的客户，都有谁？

AI：是的，本月有两位过生日的客户，他们是 A 公司的张总和 B 公司的王总。张总的生日是 4 月 3 日，王总的生日是 4 月 18 日。你可以给他们发送祝福的短信或邮件，或者送他们一些符合他们爱好的礼物。这样可以增进你和客户的关系，提高客户的满意度和忠诚度。

你：我想给王总送一份礼物，请根据王总情况为我推荐一些既有意义，又不昂贵的礼物。

AI：您好，根据您的要求，我为您搜索了一些适合送给王总的礼物。王总是一位喜欢钓鱼和禅修的人，所以我认为以下几种礼物都是不错的选择。

- 一套高品质的钓鱼用具：包括鱼竿、鱼线、浮漂、鱼钩、饵料等。这样的礼物可以表达您对王总爱好的尊重和支持，也可以让王总在钓鱼时享受更多的乐趣。您可以参考这篇文章，了解新手初次钓鱼适合购买哪些渔具装备。
- 一本禅学入门的图书：（具体生成内容略）
- 一幅以禅意为主题的图画：（具体生成内容略）

如果我们想调取所有客户的信息，也可以让 AI 一并输出。

你：请帮我把所有客户的信息以表格的形式输出。

AI：好的，我已经把您的所有客户的信息整理成了一个表格，如下所示。

客户名	公司	年龄	生日	爱好	家庭情况
张总	A 公司	36 岁	4 月 3 日	读书、健身	有一个上幼儿园的儿子和一个上小学的女儿
王总	B 公司	45 岁	4 月 18 日	钓鱼、禅修	有一个上大学的女儿
李总	C 公司	32 岁	8 月 9 日	足球，最喜欢的球队是曼联	未婚

这样，我们就有了一个非常方便且智能的客户信息管理系统。

6.7.2 利用 AI 提炼信息

在前面的章节中我们学习过如何用 AI 提炼资料中的信息，把这个功能迁移到工作中是完全可以的。

比如，下属给你汇报的内容非常乱，逻辑性很差，你可以让 AI 帮你提炼信息。

你：你是文本处理专家，我的下属给我发送的汇报非常凌乱，可读性很差，从现在开始你是我的文本提炼小助手，每次我需要你的时候，都会向你发送汇报中的内容，请用金字塔原理，帮我提炼信息。

如果你听明白你的任务，请回复“明白”，并持续等待我的内容。

AI：明白，我很高兴作为你的文本提炼助手。……

你：以下是需要你提炼的内容。

[今天我完成了客户 A 的需求分析，并与客户进行了沟通确认。优化了项目 B 的数据库设计，提高了查询效率。参加了公司内部举行的技术分享会，学习了新的前端开发技术。今天的工作比较充实，完成了客户 A 的需求分析，很有成就感，也收到了客户的好评和肯定。优化了项目 B 的数据库设计……]

AI：我已经收到了你需要提炼的内容，以下是我用金字塔原理为你提炼出的关键信息。

今天的工作总结和明天的工作计划

- 今天的工作总结
  - 完成了客户 A 的需求分析，并与客户沟通确认，得到了客户的好评和肯定。
  - 优化了项目 B 的数据库设计，提高了查询效率，解决了一些技术困难。
  - 参加了公司内部的技术分享会，学习了新的前端开发技术。
- 明天的工作计划
  - 完善客户 A 的需求文档，并提交给客户确认。
  - 对项目 B 的前端界面进行优化。
  - 学习并掌握新的前端开发技术，应用到实际项目中。

我希望这对你有帮助。如果你还有其他需要提炼的内容，请随时发送给我。

同样，我们还可以利用 AI 对群聊、会议内容或者其他文本进行信息的摘要或提炼。

你：你知道一份优秀标准的会议记录都有哪些关键要素吗？

AI：我知道，一份优秀的会议记录应包括……

你：很好，从现在开始，你将是我的会议小助理，每次需要你的时候，我都会向你发送我的会议内容，你的任务是根据我提供的会议内容，按照上面你总结出来的要点，为我完成一份优秀的会议记录。

请注意：

1. 如果我提供了会议主题，则用我提供的主题，如果我没有提供，请你基于内容自行提炼主题；
2. 会议时间也是如此，如果我提供了会议时间则用我提供的，否则请用你生成内容的时间。

如果你听明白了你的任务，请回复“明白”，并持续等待我的会议内容。

AI：明白，请随时向我发送会议内容，我会及时为您完成任务，期待您的会议内容！

你：会议内容如下。

###

王主管：“首先，感谢大家参加今天的会议。今天我们来讨论一下我们公司是否应该进入男性美妆市场。请大家不吝发表意见。”张部长：“我认为这是个好机会。随着社会的进步，男性美妆市场的需求正在逐渐增长。”李经理：“但是我们的品牌一直以来都是以女性市场为主，突然转向男性市场，我担心会对品牌形象造成影响。”陈总监：“我同意李经理的看法，而且我们对男性市场不熟悉，这是一个很大的风险。”赵副总：（后续生成内容略）

###

AI：会议记录如下。

会议主题：探讨公司进入男性美妆市场的可能性

日期：2023 年 10 月 7 日

参与人员：（具体生成内容略）

会议目的：（具体生成内容略）

议程项目：（具体生成内容略）

讨论摘要：（具体生成内容略）

决策和投票：（具体生成内容略）

行动项目：（具体生成内容略）

下一步计划：（具体生成内容略）

附件和参考材料：（具体生成内容略）

审批和签名：（具体生成内容略）

- 用微信扫描右侧二维码并回复“6711”，查看此场景的完整生成内容和调教过程。

其实，除了上述举例的两个场景外，其他任何需要提炼内容的场景，你都可以通过 AI 来完成。比如，让 AI 从一堆信息里精准提炼出微信号，具体如下。

你：请帮我提取出下面文本中出现的所有微信号。

"""文本测试文本测试文本测试文本测试文本微信号：changqing9393 测试文本测试文本测试文本测试文本测试文本测试文本测试文本测试文本测试文本测试文本测试文本测试文本测试文本测试文本测试文本测试文本测试文本测试文本测试文本测试文不本测试试文本微信号：changqing9396 测试文本测试文本测试文本测试文本测试文本测试文本测试文本测试文本测试文本测试。"""

AI：该文本中出现的微信号为 changqing9393、changqing9396。

总之，任何把文本从无序变为有序的工作，你都可以交给 AI 去做。

6.7.3：利用AI分析信息

在本书开头我们就强调过，经过大数据训练后的 AI 会涌现出一定的能力，除了可以胜任一些没有技术含量的工作外，它本身还具有强大的分析能力。

所以，如果你有数据分析的需求，但是看不懂数据，或者不具备数据分析的能力，那么完全可以让 AI 充当你的数据分析师，让它基于数据提供有价值的洞见。

这里不妨拿我在知乎上发布的一篇文章的数据来举例，提示词可以这样写。

你：你是专业的数据分析师，有 20 年的数据分析经验，以下是我知乎后台一篇文章的运营数据，请你根据下面的数据，帮我分析这些数据说明了什么，并给出你的洞见，以及后续的运营建议。

日期	阅读	播放	点赞	喜欢	评论	收藏	分享
2023/10/7	9948	0	36	37	1	119	51
2023/10/6	3147	0	33	32	0	123	26
2023/10/5	2062	0	25	29	0	89	24

（后续数据略）

AI：从提供的数据可以发现一些运营趋势和可能的改进方向。以下是基于数据分析的一些观察和建议。

一、数据情况

- 阅读量增长：（具体生成内容略）
- 点赞、喜欢和分享的增长：（具体生成内容略）

（后续生成内容略）

二、洞见

- 内容质量：（具体生成内容略）
- 推广效果：（具体生成内容略）
- 读者参与度：（具体生成内容略）

三、建议

- 增加互动元素：（具体生成内容略）

- 视频内容：（具体生成内容略）
- 推广策略：（具体生成内容略）
- 内容优化：（具体生成内容略）
- 数据监控：（具体生成内容略）

● 用微信扫描169页的二维码并回复“6712”，查看此场景的完整生成内容和调教过程。

可以看到，AI 基于我们提供的数据提出的洞见非常专业，给出的建议也非常精准有效。

对于一些杂乱的文本内容，我们也可以让 AI 帮助我们分析，得出结论。比如，你是负责新媒体运营的，你可以把用户评论的内容复制下来，让 AI 基于评论内容为你提供相应的建议。

你：你是资深的新媒体运营专家和数据分析师，而我是一名抖音英语博主，我会先向你提供我视频留言区的用户评论内容，你的任务是为我分析这些信息，并提出你的洞见。

下面是需要你分析的评论内容。

""""

（复制相关平台评论，无须进行任何处理，直接扔给 AI 即可）

[轩 . 头像　轩

……

就喜欢这种知识从大脑划过不留一丝痕迹的感觉

1 天前　四川　514　分享　回复　展开 14 条回复

爱吃火锅的小韩　头像　爱吃火锅的小韩

……

我们以前老师教一句口诀，我用 am，你用 are，is 用于他她它

20 小时前 · 安徽

（后续内容略）

""""

AI：你好，我是一名资深的新媒体运营专家和数据分析师。我很高兴能为你分析你的视频留言区的用户评论内容，并提出我的洞见。

根据你提供的评论内容，我发现了以下几点情况。

（具体生成内容略）

综上所述，我认为你的视频具有以下优点。

（具体生成内容略）

同时，我也建议你可以考虑以下改进。

（具体生成内容略）

希望我的分析和建议对你有所帮助。如果你还有其他问题或需求，请随时联系我。谢谢！

- 用微信扫描169页的二维码并回复“6713”，查看此场景的完整生成内容和调教过程。

总之，对于任何需要分析的内容，AI 都能基于原始数据找到规律，并提出具有建设性的洞见。

6.7.4 利用AI整理输出

前文在讲基础方法的时候提到过，可以通过指令指定 AI 的输出格式，比如让其输出表格形式、Markdown 形式或者其他文本形式。在处理相关信息或数据时，如果有特定的格式需求，可以直接利用 AI 将内容转换成目标格式。

还是拿前面会议记录的案例举例，如果你不满意平铺直叙的文本格式，那么你可以让 AI 把它转化成可读性更强的表格或者其他形式。

你：很好，请把上面内容以表格的形式输出给我。

AI：当然可以。以下是按照您提供的会议内容制作的表格形式的会议记录。

项目	内容
会议标题	探讨公司进入男性美妆市场的可能性
日期	2023 年 10 月 7 日
参与人员	王主管、张部长、李经理、陈总监、赵副总、吴主任、刘经理
会议目的	讨论公司是否应尝试进入男性美妆市场，并探讨可能的策略和挑战
议程项目	1. 探讨男性美妆市场的潜在机会与风险 2. 讨论可能的市场进入和拓展策略 3. 确定后续行动计划
讨论摘要	张部长和赵副总认为男性美妆市场有潜力，建议考虑收购已有品牌或进行市场调查 ……

整理特定信息并以特定格式输出是 AI 的“拿手好戏”，运用好这一点，可以大幅度提升你的工作效率。

6.7.5 利用AI找错和纠错

很多正式文档，比如论文、报告等，对内容细节的要求都特别高。但写作中难免会出现很多小错误，比如错别字、拼写错误、语法错误、标点符号错误等，这些小错误虽然不影响读者对内容的理解，但是非常影响读者的阅读体验，同时也能体现写作者的能力和态度。

现在我们可以利用 AI 强大的找错和纠错能力，来尽量避免出现相关错误。

你： 从现在开始，你将作为我的文本纠错小助手，每次我需要你的时候，我都会先向你提供相应的文本内容。

你的任务是分析我文本中的每一条信息，对其进行错别字检查、拼写检查、标点符号修正、语义纠错等，让句子表达通顺流畅。

请注意：

1. 完成修正后，请反馈修改后的文本；
2. 注明你修改的地方，并说明原因。

如果你听明白了你的任务，请回复“明白”，并持续等待我需要你纠错的文本。

AI： 明白。请随时提供需要纠错的文本。

你：“君不见见见，黄河之水天上赖，笨流到海，不复回，君不见，高堂明镜悲白发发，朝如青丝木成雪，人生得衣，须尽欢，莫使金樽，空空对月，天生我财必有用，千劲散尽，还复来来。”

AI： 经过修正后的文本如下。

“君不见，黄河之水天上来，奔流到海不复回。君不见，高堂明镜悲白发，朝如青丝暮成雪。人生得意须尽欢，莫使金樽空对月。天生我材必有用，千金散尽还复来。”

修正说明：

1. 将“见见见”改为“君不见”，“赖”改为“来”，保持句子结构的正常表达；
2. 将“笨流”改为“奔流”，猜测是拼写错误。

（后续生成内容略）

- 用微信扫描右侧二维码并回复“6714”，查看此场景的完整生成内容和调教过程。

6.8　岗位助理：如何用 AI 辅助业务流程?

虽然前面已经讲了 AI 在工作中的多种应用场景，但是我们还有一个很大的痛点：不知道 AI 在具体岗位、具体业务流程上应该用在哪儿、怎么用。

我经常收到读者类似的提问。

- 我是一个产品经理，我该怎么用 AI？
- 我是一名设计师，我该怎么用 AI？
- 我是一名销售员，我该怎么用 AI？
- 我是一名运营，我该怎么用 AI？
- ……

所以，本节就来讲解在具体业务流程中，AI 究竟可以怎样帮助我们。将 AI 打造成岗位助理主要有 3 个步骤。

步骤 1：利用 AI 挖掘应用场景

假设你是某个岗位的负责人，不知道 AI 可以帮助你做什么，那么你可以利用 AI 来找到“AI 在你岗位”的逻辑场景。

比如，你是一名销售员，但是不知道 AI 可以帮助你做什么，你可以直接把这个问题抛给 AI，让 AI 告诉你它能帮助你做什么，以达到挖掘应用场景的目的。

你：我是一家公司的销售员，请你基于我的岗位属性告诉我，你都能为我做些什么？

AI：作为销售员，你的主要职责可能包括销售产品或服务、维护客户关系、寻找新客户和分析销售数据。我可以为你提供多方面的帮助。

1. 市场研究

（具体生成内容略）

2. 数据分析

（具体生成内容略）

3. 销售策略

（具体生成内容略）

4. 客户关系管理

（具体生成内容略）

5. 新客户开发

（具体生成内容略）

6. 销售培训和资源

（具体生成内容略）

7. 产品知识

（具体生成内容略）

8. 时间管理和效率优化

（具体生成内容略）

此外，我还可以为你提供行业新闻、更新与销售相关的法律和规定信息，以及提供与你的销售岗位相关的任何其他信息或帮助。我的目的是帮助你在销售岗位上取得成功。

除了销售员，产品、运营、技术、人力、法务等其他任何岗位的人员，都可以用同样的思路挖掘应用场景。

你：我是一家公司的产品经理，请你基于我的岗位属性告诉我，你都能为我做些什么？

AI：作为一家公司的产品经理，您的职责涵盖了很多方面，从市场研究、产品开发和优化，到与团队协作和项目管理等。我可以在以下几个方面为您提供支持。

（具体生成内容略）

- 用微信扫描右侧二维码并回复“6811”，查看此场景的完整生成内容和调教过程。

步骤 2：利用 AI 挖掘细分场景

基于 AI 挖掘出的这些应用场景，我们还可以根据兴趣，让它提供更细分的场景。

还是拿销售岗位来举例，如果我们对第三点“销售策略”感兴趣，就可以对 AI 进一步追问，了解这个板块下更细分的业务场景。

你：很好，请你具体说说你在第三点“销售策略”方面能给我哪些帮助。

AI：在“销售策略”这一方面，我可以为你提供多方面的支持和建议，以助力你提高销售效率和业绩。以下是我可以为你做的一些具体事项。

1. 销售方法和技巧
    - 提供不同的销售方法和技巧，例如解决方案销售、咨询式销售、价值销售等。
    - 分析你的产品或服务，提供个性化的销售建议和策略。
2. 销售流程优化
    - 分析当前的销售流程，提供优化建议，以提高销售效率和客户满意度。
    - 帮助制定高效的销售流程和标准操作程序，以确保销售团队的协同。

（后续生成内容略）

同样，如果你觉得还不够细分，那么还可以让它再继续展开。

你：很好，我对你说的第一点“销售方法和技巧”方面很感兴趣，请你再具体说说你在这方面能给我哪些帮助。

AI：在销售方法和技巧方面，我可以为你提供以下的支持和建议，以助力你的销售活动。

1. 销售方法介绍

介绍不同的销售方法，例如解决方案销售、咨询式销售、价值销售和关系销售等，并提供各种销售方法的实施指南。

2. 提供个性化销售策略

根据你的产品或服务，以及目标市场的特点，提供个性化的销售策略和方法建议。

（后续生成内容略）

- 用微信扫描174页的二维码并回复“6812”，查看此场景的完整生成内容和调教过程。

通过对AI的层层追问，最后你就可以得到一个AI在你当前岗位应用的全场景思路。接下来，你就可以根据实际的业务需求，按照前面介绍的方法将AI打造成相应的小助理。

步骤3：根据需求打造具体用法

这里不妨还拿销售举例，分享几个我梳理出来的比较通用的场景。

1. 利用AI定位受众

你：你是产品专家和市场营销专家，有20年的产品打造和销售经验，从现在开始你将作为我的用户洞察小助理，我会给你提供一个产品，你的任务是根据我提供的产品的属性，挖掘该产品的可能受众、受众的普遍痛点，以及受众可能的使用场景。

请注意，以大纲的形式给我。

如果你听明白了你的任务，请回复“明白”，并持续等待我需要你分析的产品。

AI：明白。我已准备好根据你提供的产品的属性，为你进行深度的用户洞察分析。当你准备好提供产品信息时，请告诉我。

你：空气加湿器。

AI：空气加湿器用户洞察。

1. 可能的受众
    - 住在干燥地区的居民。
    - 冬季使用暖气的家庭或办公室人员。

（后续生成内容略）

2. 受众的普遍痛点
    - 室内干燥导致的皮肤干裂、瘙痒。
    - 干燥空气加重呼吸系统不适，如喉咙痛或鼻腔干燥。

（后续生成内容略）

3. 受众可能的使用场景

（后续生成内容略）

以上是基于空气加湿器的基本属性进行的用户洞察分析，如果有其他具体的产品属性或功能，请提供，我会进行更为详细的分析。

- 用微信扫描右侧二维码并回复“6813”，查看此场景的完整生成内容和调教过程。

2. AI 挖掘营销卖点

你：你是产品专家和市场营销专家，有 20 年的产品打造和销售经验，我会给你提供一个产品，你的任务有二。

任务 1：根据我提供给你的产品参数，结合市场情况，挖掘出该产品有价值的卖点，并对卖点做出详细的解释说明。

任务 2：根据以上产品卖点，为每一个卖点写出一句广告语。

请注意：以上两个任务分开执行。

如果你听明白了你的任务，请回复“明白”，并持续等待我需要你分析的产品参数。

AI：明白。请提供您希望我分析的产品参数，我会根据您的要求进行分析并完成两个任务。

你：以下是产品参数。

###

品牌：新新　　型号：新新 -4L　　功能：上加水　　形状：经典柱状

（后续生成内容略）

AI：任务 1：产品卖点挖掘及解释说明

1. 品牌“新新”

解释说明：在一个竞争激烈的市场中，品牌是区分产品与竞争对手产品的重要因素。“新新”可以给消费者新颖、创新的感觉，表明产品有其独特性。

2. 容量选择

解释说明：2.6～4升的水箱容量适中，既不需要经常加水，又可以确保在家用场景下持续供应湿气。

（后续生成内容略）

任务2：为每个卖点写出一句广告语

1. 品牌“新新”：新新品牌，新颖非凡，带给你不一样的体验！

2. 容量选择：2.6～4升，恰到好处的湿气供应，不断流、不频繁加水。

（后续生成内容略）

- 用微信扫描176页的二维码并回复“6814”，查看此场景的完整生成内容和调教过程。

3. AI提供营销策划

你：你知道一份优秀的营销策划方案怎么写吗？

AI：当然，写一份优秀的营销策划方案是一个复杂的任务，需要综合考虑市场分析、目标设置、策略制订、执行计划和预算等多方面。以下是编写一份优秀的营销方案的一般步骤。

（具体生成内容略）

你：很好，下面我会向你提供我公司的产品情况，你的任务是根据你上面的总结，结合我提供的信息，为我写一份优秀的营销策划方案。

请注意：

1. 你要提供非常具体的方案，包括每个环节的具体执行步骤；
2. 一些我没有提供的信息，请你根据你所掌握的知识，结合我提供的信息分析获得；
3. 按照标准专业的方案格式生成；
4. 让我们一步步思考。

这里填入你的产品情况

AI：以下是根据您提供的信息，结合我之前总结的要素和特点，按照标准的营销策划方案格式编写的一份针对新新空气加湿器的营销策划方案。

营销策划方案：新新空气加湿器

- 市场分析：（具体生成内容略）
- 目标设定：（具体生成内容略）
- 定位与品牌：（具体生成内容略）

（后续生成内容略）

- 用微信扫描176页的二维码并回复“6815”，查看此场景的完整生成内容和调教过程。

4. AI撰写产品营销文案

你：你是新媒体运营专家和市场营销专家，有20年的运营和销售经验，从现在开始你将是我的营销文案小助手，每次用到你的时候，我都会给你提供一个产品的参数，你的任务有二。

任务 1：根据我提供的产品参数，自动分析挖掘产品的卖点和产品的受众、使用场景等信息。

任务 2：完成分析后，请基于前面的分析，为我撰写一篇完整的淘宝详情页的营销文案，文案要包括符合淘宝 SEO（Search Engine Optimization，搜索引擎优化）的标题、正文内容，以及每部分文案的配图建议。

如果你听明白了你的任务，请回复“明白”，并持续等待我需要你分析的产品的参数。

AI：明白！请您提供产品的参数，我将会为您进行分析和撰写营销文案。

你：以下是产品参数。

###

品牌：新新　　型号：新新 -4L　　功能：上加水

（后续内容略）

###

AI：任务 1：产品分析

1. 产品卖点：（具体生成内容略）
2. 受众：（具体生成内容略）
3. 使用场景：（具体生成内容略）

任务 2：撰写淘宝详情页营销文案

标题：新新 4L 超声波加湿器 | 双雾口 | 语音智控 | 柱状经典设计 | 家用办公两不误 | 低噪音 | 一年保修

正文：（具体生成内容略）

- 用微信扫描176页的二维码并回复“6816”，查看此场景的完整生成内容和调教过程。

5. AI 打磨营销话术

场景 1

你：你是市场营销专家，有 20 年的销售经验，从现在开始你将是我的营销话术小助手，每次用到你的时候，我都会给你提供我产品的销售方式，以及产品的具体参数。

你的任务是基于我提供的销售方式以及产品参数，为我打造一套优秀的推销话术。

如果你听明白了你的任务，请回复“明白”，并持续等待我需要你分析的产品参数。

AI：明白。我已准备好为您提供营销话术的建议和指导。请告诉我您的产品销售方式和产品的具体参数，我会为您定制话术。

你：销售方式——电话销售。

以下是产品参数。

这里填写你的产品参数

AI：基于您提供的产品参数和销售方式（电话销售），以下是为“新新 -4L”加湿器打造的推销话术。

您好！这里是广东 123456 公司，我想为您推荐我们最新款的家用加湿器——新新 -4L。在这个干燥的季节，我相信您一定希望为家人提供一个舒适的生活环境，我们的产品正是您需要的。

（后续生成内容略）

场景 2

你：你知道一名顶级的推销员都有哪些特点吗?

AI：当然，一名顶级的推销员具有……

你：很好，接下来我们来一起玩一个模拟销售的游戏，请你按照你上面总结出来的标准扮演一名优秀的推销员，而我扮演你的目标客户。下面是你需要销售的产品的具体参数，你的任务是基于该产品的参数，对我进行推销，目标是说服我愿意购买你的产品。

请注意：

1. 咱们之间的对话是互动制，一人一句；
2. 你的语言要符合人类口语化的表达习惯不要长篇大论。
3. 开始指令是“你好”，在你收到“你好”之后，请马上进入角色，开始向我销售产品。

如果你听明白了你的任务，请回复“明白”，然后等待我的开始指令。

以下是产品参数。

这里填写你产品的参数

AI：明白，等待您的开始指令。

你：喂，你好，请问你是哪位?

AI：你好！我是来自“新新”品牌的销售代表。今天我想向您推荐我们的热销产品，新新 -4L 超声波加湿器。它在家居环境中是一个完美的产品，特别是在干燥的季节里。您有时间听一下这款产品的一些亮点吗?

你：对不起，我很忙。

AI：完全理解，您的时间非常宝贵。我只需要一分钟简要地介绍这款产品的特点，它可能正是您家里所需要的。您觉得如何?

（后续对话略）

- 用微信扫描下方二维码并回复“6817”，查看此场景的完整生成内容和调教过程。

第7章 如何用AI百倍提升写作效率？

文本创作能力毫无疑问是 AI 最为人熟知的一个能力，ChatGPT“出圈”的一个重要原因就是其出色的文本生成能力。前面的章节已经系统讲完了 AI 在学习、工作的各大场景中的用法。本章将聚焦 AI 在其拿手领域——写作中的应用。

你会在本章中了解 AI 在写作场景中的各种强大用法，并且掌握一系列可以拿来即用的提示词公式。

☆ 本章知识要点

1. 掌握用 AI 写作各类文体的思路。
2. 理解不同文体的风格和 AI 创作的思路。

7.1　新媒体文：如何用 AI 高效创作新媒体内容？

智能时代，无论是想宣传公司的产品、业务，带来更大的业绩增长，还是想打造个人品牌，扩大自己的影响力，新媒体都是重要渠道。但是我们也知道，在这个内容为王的时代，如果无法做到持续高质量输出，就很难在竞争激烈的新媒体市场中占据一席之地。

如果你有运营新媒体的想法，那么可以利用 AI 来帮助解决如何持续高质量输出内容的问题。AI 在新媒体写作方面，主要有以下几个应用场景。

场景 1：利用 AI 获取选题创意

文章选题的重要性不言自明，在新媒体圈里一直流传着一个说法：选题定江山。也就是说，选题环节做好了，文章即使本身的质量没有那么高，也会因为"踩到点上"，更容易成为"爆款"。反之，如果选题本身很差，那么即使文章质量很好，也会因为没有受众，很难成为"爆款"。

如果你没有持续输出高质量内容的能力或者无法把握选题调性，就可以把这部分工作交给 AI 来做。

比如，你是一名心理疗愈博主，你可以直接向 AI 索要心理疗愈方面的选题。提示词示例如下。

你：你是专业的心理咨询师和资深的新媒体写手，而我是一名心理疗愈博主，我需要你辅助我完成一篇心理疗愈类的干货文创作，你的任务是为我提供 20 个该领域最有可能成为"爆款"的干货文选题。

请注意：

1. 你需要先上网搜索，根据网友最近所关注的话题趋势为我生成选题；
2. 你提供的选题必须具有强话题性，且不分性别，与大多数人相关，能充分地引发关注和讨论；
3. 每一个提供的选题，你都需要为我分析出它可能爆的点，为我提供写作角度；
4. 让我们一步一步来；
5. 以中文给我。

AI：好的，我会尽力帮助你完成这个任务。根据我对网上的搜索结果的分析，我为你提供了以下 20 个心理疗愈类的干货文选题，以及它们可能爆的点和写作角度。

1. 如何用正念冥想来缓解焦虑和抑郁？这个选题可以从正念冥想的定义、原理、方法、效果等方面来介绍，可以引用一些科学研究或者个人经历来支撑。这个选题可能爆的点是，正念冥想是一种简单易行、不需要任何器材和费用、适合任何人群的心理疗愈方式，可以帮助人们提高自我觉察、调节情绪、减轻压力、增强幸福感。

2. 如何识别和摆脱情绪勒索？这个选题可以从情绪勒索的定义、特征、危害、原因等方面来分析，可以举一些生活中常见的情绪勒索的例子，如恋人、亲友、上司等。这个选题可能爆的点是，情绪勒索是一种常见的不健康的人际交往方式，会影响人们的自尊、自信、自主，甚至导致心理创伤。教会人们如何识别和摆脱情绪勒索，可以帮助人们建立更加平等和尊重的关系。

（后续生成内容略）

如果AI生成的选题你都不满意，你还可以让它不停地提供，直到筛选出满意的选题为止。

你：很好，请再给我提供 5 个选题。

AI：好的，我为你提供了以下 5 个选题，以及它们可能爆的点和写作角度。

如何用自我暗示来改变自己的信念和行为？这个选题可以从自我暗示的定义、原理、技巧等方面来介绍，可以介绍不同类型和方式的自我暗示对人们心理的影响，以及如何根据自己的目标和问题来选择合适的自我暗示。这个选题可能爆的点是，自我暗示是一种利用心理暗示来影响自己的信念和行为的方法，可以帮助人们克服恐惧、增强信心、改善习惯、提高能力等。

（后续生成内容略）

可以说，学会了这套用 AI 进行选题头脑风暴的方法后，在进行创作和新媒体运营的时候，再也不需要为“该写什么”而发愁了。只要你愿意，你想要多少选题，AI 就能提供多少。

场景 2：利用AI提供创意标题

标题不仅对文章具有提纲挈领的作用，更重要的是，它还决定了读者愿不愿意点进来看具体的内容。如果标题很差，即使平台给了推荐流量，这些流量也可能因为标题而白白浪费。

但是我们仅靠自己苦思冥想，也会面临着和选题一样的问题，这对我们的能力有较高的要求，且非常耗费时间和精力。如果你有这方面的困惑，那么同样可以把这部分工作交给AI，把自己从苦思冥想的处境里解放出来。

还是拿上面的心理疗愈博主举例，我们可以用同样的方法，让 AI 根据前面选好的选题方向来生成 20 个相应的标题。

比如，对于“如何用正念冥想来缓解焦虑和抑郁？”这个选题，相应的标题的提示词如下。

你：你知道“爆款”新媒体文章的标题一般都有什么特点吗？

AI：“爆款”新媒体文章的标题一般都有以下几个特点。

- 引发读者的好奇心、情感共鸣或思考，激发他们点击阅读的欲望。例如，《月薪 5 万的中产阶级还能有什么烦恼？》这个标题就可以引起不同收入水平的人的好奇和共鸣。
- 利用数字、符号、热点、对比等方式增加标题的辨识度和吸引力。例如，《写出“爆款”标题的 10 种方法》这个标题就用了标注数字的方式，让读者一眼就能看出文章的价值和结构。

- 传达出文章的主题思想和价值主张，让读者能够预测正文的内容。例如，《最重要的不是管理时间，而是管理自己》这个标题就明确了文章的中心观点，引导读者阅读正文。
- 与文章的内容和风格相符，避免过于夸张或误导，损害品牌形象或触及法律红线。例如，《如何打造“爆款”新媒体文案？学会这些技巧就够了！》这个标题就与文章内容相呼应，没有过分夸大其词或制造假新闻。

以上是我根据网络搜索结果总结出来的“爆款”新媒体文章标题的特点，希望对你有所帮助。

你：很好，我想写一篇关于心理疗愈的干货文，请您根据“如何用正念冥想来缓解焦虑和抑郁？”这一选题，按照以上你所总结的特点，为我生成 10 个“爆款”文章标题。

请注意：

1. 请充分运用你所掌握的新媒体取标题的技巧，以不同的风格呈现；
2. 你所生成的标题尽可能简洁有力，每个标题的字数不要超过 30 个字。

AI：好的，我根据你的选题和要求，为你生成了以下 10 个“爆款”文章标题，你可以参考一下。

- 《正念冥想：让你摆脱焦虑和抑郁的神奇法门》
- 《如何用 10 分钟的正念冥想，改变你的心理状态？》
- 《我用正念冥想战胜了 10 年的焦虑和抑郁，这是我的亲身经历》

（具体生成内容略）

希望这些标题能够满足你的需求，如果你还有其他问题，欢迎随时向我提问。

上面只是最简单的演示，你还可以规定标题中需要出现的内容、标题的字数、标题的风格类型等。

总之，你可以反复地让 AI 生成标题，直到筛选出满意的标题为止。

场景 3：利用 AI 创建文章大纲

大纲就是我们常说的逻辑架构，一篇文章的逻辑是否清晰，基本由大纲决定。在构思大纲的时候，我们也会碰到和前面的选题、标题一样的问题，也就是说，大部分人由于缺乏专门的写作或者结构性思维训练，在构思大纲的时候会万分痛苦，写出的大纲也会十分混乱。

这部分工作我们也可以直接交给 AI，让 AI 帮助我们。

还是拿前面的心理疗愈博主举例，我们可以让 AI 基于标题来生成写作大纲，提示词如下。

你：你是专业的心理咨询师和资深的新媒体写手，请你以“亲身经历：我用正念冥想战胜了 10 年的焦虑和抑郁！”这一标题，为我生成一篇干货文的写作大纲。

请注意：文章中要有引人共鸣的现象描述和分析，以及解决问题的具体方法论或者启发呈现，请你将这些要素融入大纲里。

把提示词给 AI 后，它马上就会基于我们的要求，生成写作大纲了。

AI：作为一名专业的心理咨询师和资深的新媒体写手，我很高兴能帮助您撰写这篇文章的写作大纲。以下是根据您提供的标题“亲身经历：我用正念冥想战胜了10年的焦虑和抑郁！”所制订的写作大纲。

一、引言
- 个人经历简介：10年的焦虑和抑郁
- 正念冥想的介绍

二、焦虑和抑郁的现象描述
- 焦虑和抑郁的常见症状
- 对生活和工作的影响
- 社会对焦虑和抑郁的认识

三、正念冥想的原理
- 正念冥想是什么？
- 正念冥想如何帮助缓解焦虑和抑郁？

四、我的转变之路
- 开始接触正念冥想
- 经历的挑战和困难
- 逐渐感受到的改变

五、具体方法论
- 正念冥想的基本步骤
- 如何在日常生活中实践正念冥想
- 遇到困难时如何坚持

六、成效与启发
- 正念冥想带来的积极变化
- 对他人的启发和建议
- 面对焦虑和抑郁，我们可以做些什么？

七、结语
- 总结自己的经历和感悟
- 对读者的鼓励和祝福

请注意：这只是一个大纲，您可以根据自己的需要进行调整和补充。希望这个大纲能够帮助您撰写出一篇引人共鸣且富有启发性的文章。祝您写作顺利！

同样，我们在这个环节也可以使用前面讲过的奖惩指令，让 AI 无限次生成大纲，直到挑选出完全满意的为止。

到这里，我们已经用 AI 完成了选题、标题、大纲的写作任务，同样，正文部分我们也可以利用 AI 来完成。

场景4：利用AI自动写正文

正文的写作可以说是最困扰我们这些写作者的问题，想写出观点亮眼、案例丰富、内容充实的正文，对我们的表达能力及知识、素材储备的要求非常高。如果我们的表达能力不行或者知识素材储备不够，那么即使有了大纲，也没有办法给大纲填充“血肉”，使其变成一篇完整的文章。

有了 AI 的加持，正文写作同样不再是问题，我们只需要说几句话，就可以瞬间得到完整的正文。

比如，还是拿前面的心理疗愈博主举例，我们可以把前面选择好的标题和大纲给 AI，让它基于标题和大纲进行写作。

你：请你扮演专业的心理咨询师和资深的新媒体写手，你的任务是用以下标题和大纲为我生成一篇完整的新媒体文章。

[你的标题和大纲]

请注意：为了确保你写得足够好，让我们采用逐段的方式生成，具体操作是，我会通过指令的方式，指定你生成大纲中的特定版块，当我对你当前的生成满意之后，我会再给你新的生成指示，如果你听明白了你的任务，请你回复“明白”，并持续等待我的指令。

AI：明白。我会尽力为你生成一篇完整的新媒体文章。请告诉我你想要生成哪一部分。

你：很好，请生成大纲内第一部分——引言。

请注意：

1. 你表达的语气必须是口语化的；
2. 请你以讲故事的口吻生成内容，多讲案例，少讲道理；
3. 让我们一步一步来。

AI：好的，这是我为你生成的“引言”部分。

你有没有经历过这样的情况：心跳加速、呼吸困难、手脚冰凉、胸口发紧，仿佛随时会窒息？你有没有感觉过无力、沮丧、空虚、失去了生活的意义和方向？如果你的答案是肯定的，那么你可能和我一样，曾经患过焦虑和抑郁。

我叫小明，我是一名自由撰稿人。我从10年前开始就有焦虑和抑郁的症状，但是我一直不敢面对自己的问题，也不愿意寻求专业的帮助。我以为这只是一时的情绪波动，或者是工作压力造成的。我试图用各种方式来逃避和麻痹自己，比如沉迷于网络游戏、暴饮暴食、乱花钱等。但是这些都只是治标不治本的做法，我的病情并没有好转，反而越来越严重。我的生活和工作都受到了严重的影响，我失去了很多朋友和机会。

（后续生成内容略）

你：很好，现在请你顺着第一部分的表达和要求，生成大纲的第二部分——焦虑和抑郁的现象描述。

请注意：这里和第一板块的要求一样，不要讲太多无聊的理论，尽量以讲故事的口吻表达，也不要在这部分啰唆太多。

AI：好的，这是我为你生成的“焦虑和抑郁的现象描述”部分。

你可能会好奇，我是怎么知道自己患有焦虑和抑郁的呢？其实，我也不是一开始就清楚自己的状况的。我只是觉得自己总是不开心、不安、不自信、不满足。我以为这是正常的，或者是我的性格问题。但是后来我发现，这些并不是一般的情绪波动，而是一种持续的心理障碍。

焦虑和抑郁是两种常见的心理疾病，它们经常同时出现在一个人身上。根据世界卫生组织的数据，全球有超过2.6亿人患有焦虑障碍，超过2.64亿人患有抑郁症。这些数字可能还低估了实际情况，因为很多人没有寻求专业的诊断和治疗。

那么，焦虑和抑郁具体表现在哪些方面呢？我根据自己的经历和网上的资料，总结了一些常见的症状。

（具体生成内容略）

你：很好，现在请你顺着前两部分的表达和要求，生成大纲的第三部分——正念冥想的原理。

AI：（具体生成内容略）

你：很好，现在请你顺着前三部分的表达和要求，生成大纲的第四部分——我的转变之路。

AI：（具体生成内容略）

你：很好，现在请你顺着前四部分的表达和要求，生成大纲的第五部分——具体方法论。

AI：（具体生成内容略）

（后续内容略）

特别提醒一下，受制于篇幅，这里无法在细节上深入过多，如果你对内容有更高的要求，仍然可以用前面提到的奖惩指令对 AI 进行调教。

比如，你对 AI 生成的某一段不满意，可以指出来，让 AI 定向生成或修改。

你：在生成的第六部分中，你只提到了对自己的成效和启发，但是忽略了大纲中的“对他人的启发和建议”和“面对焦虑和抑郁，我们可以做些什么？”这两点。

请你重新生成第六部分，把这两点补上，并附上相应的感受和金句。

AI：好的，我为你重新生成了第六部分，把你提到的两点补上了，并附上了相应的感受和金句。请看：

你可能会好奇，正念冥想对我有什么样的影响呢？其实，正念冥想给我的生活带来了很多积极的变化。我根据自己的经历和感受，总结了以下几点。

（具体生成内容略）

- 用微信扫描右侧二维码并回复“7111”，查看此场景的完整生成内容和调教过程。

完成了上面 4 个步骤之后，我们就可以得到一篇基本符合要求的新媒体文章了。

但是我们也知道，AI 毕竟是机器，即使我们调试得再好，现阶段的 AI 也不可能做到完美。别说是 AI 了，哪怕是真人写的，第一稿通常都是比较粗糙的。

想让 AI 生成的内容达到更好的效果，甚至超出真人写作的水平，我们还需要对 AI 生成的内容进行进一步的修改与润色。

场景 5：利用 AI 修改润色文章

细节体现质量，修改润色主要指的就是对文章里一些不好的地方进行修补，比如换掉不合适的表达、不合适的案例，让生硬的表达变得通顺等。这些细节上的修改，可以让前面生成的文章质量大幅度提升。

具体如何进行修改润色，取决于我们个人的写作能力和审美偏好，并没有一个统一的标准。这里分享 3 个我个人常用的小技巧。

1. 用 AI 优化表达方式

比如，某段话读起来很别扭、不通顺，你就可以把这段话交给 AI 优化，让它读起来更加流畅。

你：重写下面的文字，让其听起来更随意，句子的表达逻辑更清晰。

"我就是用 AI 来写出了这篇新媒体文。是不是很惊讶？ 那么，我是如何用 AI 来写出这篇新媒体文的呢？接下来，我就要为你揭秘我用 AI 写作的过程和技巧。相信看完本文后，你也可以用 AI 来轻松创作出各种类型的文章。"

AI：你可能不敢相信，这篇新媒体文是我用 AI 写的。是的，你没听错，我是用 AI 来创作的。那么，我是怎么做到的呢？下面，我就要告诉你我用 AI 写作的秘诀和步骤。只要你跟着我学，你也可以用 AI 来轻松写出各种风格的文章。

当然，如果你觉得这样还不够，还可以让 AI 生成采用不同表达方式的内容。

你：请把下面这段话，生成 5 种不同表达方式的内容。

"我就是用 AI 来写出了这篇新媒体文。是不是……"

AI：好的，我会尝试用 5 种不同的表达方式来表达这段话。

方式 1：你可能不会相信，这篇新媒体文是由 AI 生成的。是不是觉得很神奇，那么我是怎么利用 AI 来完成这篇新媒体文的呢？下面，我就要向你透露我使用 AI 写作的步骤和方法。相信你看完本文后，也能够用 AI 来轻松写出各种风格的文章。

方式 2：你一定很好奇，这篇新媒体文是怎么用 AI 写出来的。……

（后续生成内容略）

除了可以让 AI 修改表达方式外，你还可以让 AI 修改表达语气。

你：请把下面这段话，用 5 种不同风格的语气表达出来。

"我就是用 AI 来写出了这篇新媒体文。是不是……"

AI：好的，我会尝试用 5 种不同风格的语气来表达这段话。

正式风格：本文是由人工智能技术生成的。您可能对此感到惊讶。那么……

幽默风格：你猜怎么着？这篇新媒体文是我用 AI 写的。是不是觉得很不可思议？……

亲切风格：亲爱的读者，你知道吗？这篇新媒体文是我用 AI 写的，……

激励风格：你相信吗？这篇新媒体文是我用 AI 写的。是不是很震撼？……

专业风格：本文是由人工智能算法生成的。您可能对此感到好奇。那么……

总之，对于 AI 生成的内容，只要是你觉得表达别扭或者逻辑不通顺，都可以用这种方式来优化。

2. 用 AI 优化表达逻辑

写作时，我们经常会碰到脑中只有几个零散的点，没有办法把它们变成逻辑连贯的段落的情况。针对这种情况，AI 也可以大展身手。请看下面这个案例。

你：将下面这些要点变成一个简短、逻辑连贯的段落。

“AI 可以生成符合要求和期望的内容

AI 可以检查和修改文章中的错误和不合理的地方

AI 可以优化文章中的语言表达和逻辑结构

AI 可以增加文章中的信息量和知识点

AI 可以提升文章中的说服力和吸引力。”

AI：你好，我可以帮你将这些要点变成一个段落。请看我的回答。

AI 可以生成符合要求和期望的内容，但是如果想要提高文章的质量和效果，AI 可以提供更多的帮助。

AI 可以检查和修改文章中的错误和不合理的地方，比如拼写、语法、逻辑、事实等。AI 也可以优化文章中的语言表达和逻辑结构，使文章更清晰、流畅、有条理。

AI 还可以增加文章中的信息量和知识点，通过展示相关的数据、例子等。

最后 AI 可以提升文章的说服力和吸引力，通过使用更有力的词汇、语气、修辞等。总之，AI 可以让生成的内容更完美、更有价值。

你看，即使是碎片化、毫无关联的点，AI 也能组织语言，把它们连接起来，形成简洁清晰、逻辑连贯的表达。

这个技巧对那些自身储备的知识、素材足够，但是表达能力、逻辑能力不太好的人来说非常有用。

3. 用 AI 提供更多素材

写作是需要素材的，有了各种金句、案例的支撑，文章的内容会更充实，论证过程会更严谨，可读性会更强。这对我们的知识、素材储备要求非常高，如果不是勤于积累、学富五车，那么我们在写作中一定会时常陷入“巧妇难为无米之炊”的境地。

面对这种情况，我们就可以利用 AI 来解决。比如，我们想找一句金句，来表达“人生最大的成长，是耐得住寂寞，抵得住诱惑”这一观点，就可以询问 AI。

你：请为我提供 10 个和“人生最大的成长，是耐得住寂寞，抵得住诱惑”这一观点意思一致的金句、格言、名句。

请注意：

1. 你需要附上金句的出处，是谁说的；

2. 请你在回答前，仔细核查你的数据源是否可靠，我只要那些经过核查无误的可靠结果。

AI：根据您的要求，我为您整理了以下与“人生最大的成长，是耐得住寂寞，抵得住诱惑”这一观点意思一致的金句、格言、名句。

有了自律，一切皆有可能。——西奥多 · 罗斯福

知道为什么而活的人几乎可以忍受任何生活方式。——弗雷德里希 · 尼采

觉得很痛苦的时候，你就想着，因为这痛苦而成长了一步。这样的话，就又能迎来美好的一年。——东野圭吾《梦幻花》

在隆冬，我终于知道，我身上有一个不可战胜的夏天。——阿尔贝 · 加缪《夏天集》

一个能够升起月亮的身体，必然驮住了无数次日落。——余秀华《荒漠》

耐心是一切聪明才智的基础。——柏拉图

（后续生成内容略）

同样，如果你还想为这个观点提供一些案例支撑，但是也没有相关知识储备，那么也可以让 AI 给你提供一些案例素材。

你：请你为“人生最大的成长，是耐得住寂寞，抵得住诱惑”这个观点，提供 3 个案例作为支撑。

请注意：

1. 你需要附上案例的出处；

2. 请你在回答前，仔细核查你的数据源是否可靠，我只要那些经过核查无误的可靠结果。

AI：

案例 1：贝多芬的故事

贝多芬，德国著名的作曲家和钢琴家。贝多芬从小就展现出了音乐方面的天赋和才华，他在 10 岁时就开始学习作曲，并在 13 岁时发表了自己的第一部作品。他后来到维也纳学习音乐，并受到了当时欧洲最杰出的音乐家们的赞誉和鼓励。然而，在他 26 岁时……

案例 2：王阳明的故事

王阳明，明朝著名的思想家、文学家、军事家和政治家。王阳明自幼聪颖好学，28 岁考中进士。他在朝廷中受到了皇帝和大臣们的赏识和重用，前途一片光明。然而，在一次政治斗争中……

案例 3：孔子的故事

孔子，春秋时期的思想家、教育家、儒家学派的创始人。孔子一生追求仁义道德。他曾经周游列国，寻求施行他的理想，但是遭遇到了各种困难和阻挠……

其他需要寻找案例素材的场景，也都可以这样操作。

你：请你为“标题党吸引人”这个现象，提供一些科学的理论解释。

请注意：

1. 你需要附上理论来自哪个学科，出处是哪里；

2. 请你在回答前，仔细核查你的数据源是否可靠，我只要那些经过核查无误的可靠结果。

AI："标题党"是一种利用夸张、误导、煽情等手段制作文章标题的行为，其目的是吸引受众的注意力，从而提高点击率、阅读量、转发量等。这种行为在网络媒体和新媒体中尤为常见，因为它们更加依赖于流量和广告收入。那么，"标题党"为什么能够吸引人呢？有哪些科学的理论可以解释这一现象呢？

以下是一些可能的理论解释。

信息差异理论：这一理论认为……

情绪诱导理论：这一理论认为……

社会认同理论：这一理论认为……

以上是我根据搜索结果为你提供的一些科学的理论解释，"标题党吸引人"的现象可能还有其他的原因和机制，你可以进一步探索和学习。希望我的回答对你有帮助。

- 用微信扫描右侧二维码并回复"7112"，查看此场景的完整生成内容和调教过程。

你看，无论是金句素材，还是案例素材，只要我们需要，AI 都可以提供。

使用这些技巧把文章认真地修改润色后，原本只有 60 分的 AI 生成文章，达到 90 分的水平是完全不成问题的。如果想要达到 100 分，我们还需要利用 AI 进行漂亮的排版。

场景 6：利用 AI 辅助排版提升可读性

文章排版直接影响读者的第一印象，如果排版非常反常规，或者让人看着非常疲劳，那么你的文章写得再好，传播力、影响力也会大打折扣。运营新媒体账号时，如果想让发布的文章更加出色，就还需要对文章进行排版，提升文章的可读性。

在排版的部分，AI 主要有以下两个方面的应用。

1. 利用 AI 实现一键排版

还是拿前面的心理疗愈博主案例举例，当我们完成了文章的写作之后，就可以把完整的文章交给 AI 来处理，具体提示词如下。

你：您是新媒体运营专家，以下是我写的文章，请您根据主流新媒体平台的推荐规则，以及我文章目标受众的可能喜好，以提升我文章的吸引力和传播力为目的，为我提出排版优化的建议，然后再根据您的建议，为我完成排版优化，提供一份优化后的内容。

[你要排版的内容]

当我们把相关提示词给 AI 之后，它就会根据各大主流新媒体平台的推荐规则，以提升文章的吸引力和传播力为目的，给出专业的排版和修改建议，并且帮我们完成排版。

AI：你好，我很高兴你能选择我来帮助你优化你的文章。我认为你的文章主题很有价值，也很有感染力。但是我也发现了一些可以改进的地方，比如标题、结构、语言等。我会根据主流自媒体平台的推荐规则，以及你文章可能的目标受众的喜好，以提升你文章的吸引力和传播力为目的，为你提出排版优化的建议，然后再根据我的建议，为你完成排版优化，提供一份优化后的内容。以下是我的建议和优化后的内容，请参考。

一、建议

标题：我建议你把标题改得更加简洁和吸引人，可以用一些数字、问题、关键词等来引起读者的注意和好奇。比如，你可以把标题改成“10 年焦虑抑郁，我用这个方法翻身了！”或者“正念冥想真的有效吗？看看我的亲身经历！”或者“如何用正念冥想战胜焦虑抑郁？我告诉你一个秘密！”等。

结构：我建议你把文章的结构分成几个部分，每个部分有一个小标题，这样可以让读者更容易跟随你的思路和重点。比如，你可以把文章分成以下几个部分。

（具体生成内容略）

语言：我建议你把语言改得更加生动和流畅，可以用一些修辞手法、对比、例子等来增加文章的可读性和感染力。……

二、优化后的内容

（具体生成内容略）

- 用微信扫描右侧二维码并回复“7113”，查看此场景的完整生成内容和调教过程。

2. 利用 AI 检测违禁词

在新媒体平台上运营账号、发布内容并不是无拘无束的。如果我们不是资深的新媒体运营人员，那么我们就很容易发布含有违禁词的内容，导致账号被限流、降权，甚至被封禁。

对于这种情况，我们可以直接利用 AI 避免一些潜在的风险。比如可以这样写提示词。

你：你是专业内容审核员和新媒体运营专家，我会为你提供文章内容，你的任务是为我的文章进行敏感词审查，以帮我规避可能存在的风险，审查的方向有以下 3 个。

1. 政治敏感词。
2. 各项法律法规的敏感词。
3. 违反各大主流新媒体平台规定的敏感词。

以下是供你审核的文章，在你逐个完成审查后，请你指出我文章内可能存在的敏感词，并给出修改建议。

[你的正文内容]

然后 AI 就会系统地指出可能违反规则的内容，或者一些不合时宜的地方，从而大大提升我们的运营效率。

AI：你好，我可以帮助你对你的文章进行敏感词审查，我会按照你给的 3 个方向进行审查，并给出我的修改建议。请注意，我的审查结果并不代表任何官方或权威的意见，仅供参考。以下是我的审查结果。

1. 政治敏感词

我没有发现你的文章中有明显的政治敏感词，你的文章主要介绍了正念冥想的原理和效果，没有涉及任何与政治相关的话题或观点。不过，为了避免可能的误解或争议，我建议你……

2. 各项法律法规的敏感词

我发现你的文章中有一些可能违反各项法律法规的敏感词，主要是关于医疗和健康方面的。你的文章中提到了焦虑和抑郁是两种常见的心理疾病，还提到了自残或自杀的念头或行为。这些内容可能会被认为是在宣传或鼓励不良的心理状态或行为，或者是在误导或欺骗公众。为了避免可能的法律风险，我建议你……

3. 违反各大主流新媒体平台规定的敏感词

我发现你的文章中有一些可能违反各大主流新媒体平台规定的敏感词，主要是关于版权和引用方面的。你的文章中引用了很多网上的资料，但是没有明确注明出处和作者。……

- 用微信扫描 191 页的二维码并回复“7114”，查看此场景的完整生成内容和调教过程。

7.2 商务公文：如何用 AI 高效写作公文？

在职场中，与人沟通协作或者公务往来，都需要使用正式的公文，以确保各项事务能正确、高效地执行。而这类正式的公文，不仅有各种各样的文体和规范，格式也异常复杂。我们在进行公文写作时，先不说内容，单就学习这些规范就会耗费大量的时间与精力。

如果你在职场中经常需要写各种各样的公文，那么你可以利用 AI 来协助你更快、更好地完成任务[1]。在公文写作领域，AI 主要有 3 个应用场景。

场景 1：利用 AI 高效完成上行公文

这里的上行公文指的是对等级、地位比我们高的人或者组织发出的公文，**比如请示、报告、建议等。**

这类公文的典型特点就是，一定是以请示或汇报的语气来写的。

上行公文的写作思路很简单，如果你的工作场景没有过高的文章格式要求，那么只需要按照前面的提示词思路，把相关的信息向 AI 交代清楚即可。

1 AI 生成的文本内容在格式上与公文要求的格式规范有差异，请读者自行调整文本格式。本章余同。

比如，你们公司发生了打架事件，需要向上级领导请示汇报，那么你就可以这样来写提示词。

你： 你是公文写作专家，而我是我们公司行政部的负责人小李，由于公司发生了打架事件，我需要向上级领导汇报情况，并征询处理意见，请你根据以下事件的具体情况，按照标准公文格式，为我生成完整的汇报。

背景信息

[2023 年 4 月 29 日晚，员工张三未经行政部同意私自将外面朋友带进公司宿舍并喝酒，同楼层李四、王二等也在宿舍喝酒，11：30 左右双方因言语产生纠纷，在外来人员的挑衅下，李四、王二、麻子等人冲进宿舍殴打外来人员，张三维护外来人员进行帮架，后经人劝架拉开。……]

格式信息

公文标题：根据主题按照标准公文标题格式，自行写作发挥

收件人：张总

成文日期：2023 年 5 月 1 日

请注意：

1. 语气专业严谨，用词和生成格式需符合标准公文的要求；
2. 让我们一步步思考。

当你把提示词给 AI 之后，AI 就会为你反馈一篇非常专业的上行公文。

AI：你好，我是一个公文写作专家，我可以根据你提供的信息，为你生成一份完整的汇报。以下是我生成的汇报，请参考。

关于 4 月 29 日晚发生的打架事件的汇报

尊敬的张总：

您好！为了及时向您反映 4 月 29 日晚发生的打架事件的情况，并征求您的处理意见，特此向您汇报如下。

一、事件经过

2023 年 4 月 29 日晚，我司员工张三未经行政部同意私自将外面朋友带进公司宿舍并喝酒，同楼层李四、王二等也在宿舍喝酒，11：30 左右双方因言语产生纠纷，在外来人员的挑衅下，李四、王二、麻子等人冲进宿舍殴打外来人员，张三维护外来人员进行帮架，后经人劝架拉开。事件造成了宿舍内部物品的破坏和员工之间的伤害，影响了公司的正常秩序和声誉。

二、事件处理

行政部在接到报告后，立即组织人员前往现场了解情况，并对涉事员工进行了调查和教育。同时，联系了外来人员和医院，了解了受伤情况，并妥善安排了赔偿和治疗事宜。目前，事件已经得到了初步的平息和控制。

三、处理建议

根据公司的规章制度和相关法律法规，对于涉事员工的行为应该给予严肃的处理。具体建议如下。

1. 对于张三，作为事件的主要责任人，应该给予开除处分，并追究其法律责任。

2. 对于李四、王二、麻子等人，作为事件的参与者，应该给予降级或者停职处分，并扣除相应的工资或奖金。

3. 对于其他在场但没有参与打架的员工，应该给予警告或者批评处分，并加强对其的教育和管理。

4. 对于行政部门，作为事件的监管部门，应该检查并完善公司宿舍管理制度，加强对员工的培训和指导。

以上是我对事件的汇报和处理建议，请您审阅并指示。

此致

敬礼！

行政部负责人：小李

2023 年 5 月 1 日

如果你在政府机关单位工作，那么公文就要更严谨一些，并且要遵循特定的公文格式要求。比如，你们单位准备组织一场学习雷锋的活动，需要请求上级领导的批示和支持，那么你就可以这样来写提示词。

你：你知道在政府机关单位内，一篇优秀的请示类公文该如何写吗？

AI：当然，我知道在政府机关单位内，一篇优秀的请示类公文该如何写。根据我从网络上搜索到的资料，我总结了以下几个要点。

请示是一种向上级请求指示或批准的公文，属于上行文，语气应诚恳谦恭，不要有强烈的主观色彩或施压的嫌疑。

请示应坚持一文一事的原则，不要多头请示或越级请示，一篇请示只能写一个主送机关，其他需要了解的机关可以抄报。

（后续生成内容略）

你：很好，现在请你扮演政府公文写作专家，你精通政府机关单位的公文要素和写作标准，我单位准备组织一场学习雷锋的活动，需要写一篇请示文，请求上级领导的批示和支持。

我会在下面提供你所需要知道的必要信息，你的任务是基于我提供的信息，按照你前面总结的标准，为我完成整篇公文的写作。

请注意：

1. 你需要先仔细分析我提供给你的信息，确保你能充分地领会此次活动的必要需求；

2. 在完全领会信息之后，请你用专业且有说服力的说辞，向上级解释开展学习雷锋活动的目的、意义和具体安排，以及需要上级提供的帮助；

3. 以 Markdown 语法格式呈现给我；

4. 让我们一步步思考。

如果你明白了你的任务和相应要求，请回复“明白”，并等待我需要向你提供的信息。

AI：明白。我已经准备好根据你提供的信息，为你完成整篇公文的写作。请你告诉我以下必要信息。

- 你的单位的全称和简称

- 你的单位的上级机关的全称和简称
- 你的单位的负责人的姓名和职务
- 学习雷锋活动的具体时间、地点、内容、对象、规模、预算等
- 你需要上级机关提供的帮助或支持，如批准、资金、物资、人员等
- 你对上级机关的期望或建议，如参与、指导、督促等

请按照以上顺序，一一回答我。如果你有任何疑问，请随时提出。我会尽力为你解答。谢谢合作。

你：## 我的单位：

- 某县文化委员会

- 文号：× 办字（2023）12 号

上级机关：

- 区纪委、区委组织部

（具体内容略）

AI：根据你提供的信息，我为你完成了整篇公文的写作。请看以下内容。

某县文化委员会关于开展学习雷锋活动的请示

区纪委、区委组织部：

为弘扬雷锋精神，结合当前党的群众路线教育实践活动的实际情况，我们拟于 2023 年 3 月 5 日至 19 日，在全区范围内开展以“学雷锋、做奉献”为主题的学习雷锋活动。现将有关情况请示如下。

一、活动目的和意义

（具体生成内容略）

二、活动主要内容

（具体生成内容略）

三、活动预算和需求

（具体生成内容略）

以上是我们关于开展学习雷锋活动的请示，请您批示。谢谢！

某县文化委员会

2023 年 2 月 28 日

- 用微信扫描右侧二维码并回复“7211”，查看此场景的完整生成内容和调教过程。

场景 2：利用 AI 高效完成下行公文

和上行公文相反，下行公文指的是我们作为领导者，向权力等级、地位比我们低的下级或者直管单位发出的内容，**比如我们常听到的决议、决定、命令、公报、公告、通告、意见、通知、通报、批复等，都属于这类公文。**

这类公文往往以通知或告知的语气来写。

下行公文一般有 3 种行为指向：有消息需要下面知道（通知）、有任务需要下面执行（通告或任务）、下面有报告需要进行批示（批复）。

1. 通知类公文的写作

此处以一个典型的通知场景为例，写一个关于国庆节放假安排的通知，我们可以根据实际需求，这样写提示词。

你：你是公文写作专家，我需要为国庆节放假的安排写一篇通知，你的任务是根据以下我提供的信息，按照标准公文格式，为我完成整篇公文的写作。

背景信息

1. 放假时间安排：10 月 1 日至 7 日放假调休，共 7 天，10 月 13 日至 14 日（星期六、星期天）正常上班，10 月 19 日起恢复正常。

2. 通知各部门自行妥善安排好放假前工作，并做好安全防范工作。

3. 放假期间正常上班的部门，应在 9 月 25 日上午前，将值班人员安排表报至综合管理部。

4. 遇到特殊问题，需要启动紧急预案。

5. 补充其他你认为重要的注意事项。

格式信息

公文标题：根据主题按照标准公文标题格式，自行发挥

收件人：公司同事，各部门

通知人：北京市 123 科技有限公司

成文日期：2023 年 9 月 20 日

请注意：

1. 语气专业严谨，用词和生成格式需符合标准公文的要求；

2. 以 Markdown 语法格式给我；

3. 让我们一步步思考。

AI：好的，请看以下内容。

关于国庆节放假调休的安排

各位同事：

根据国家法定节假日安排，我公司将于 10 月 1 日至 10 月 7 日进行国庆节放假调休，共计 7 天。为确保假期安全、有序，特此通知如下安排。

1. 放假时间安排

放假时间：10 月 1 日（星期六）至 10 月 7 日（星期五），共 7 天。

10 月 13 日（星期六）和 10 月 14 日（星期天）正常上班。

自 10 月 19 日（星期三）起恢复正常工作。

2. 各部门责任

各部门请自行妥善安排好放假前工作，并确保在假期期间的安全防范工作得以落实。

3. 值班人员安排

有正常上班安排的部门，请在 9 月 25 日（星期一）上午前，将值班人员安排表报至综合管理部。

4. 紧急预案

请各部门负责人提前制订紧急预案，确保在假期期间能够迅速应对特殊问题的发生。

5. 注意事项

- 在假期期间，严禁私自改动公司设备和系统设置，以维护公司信息安全。
- 请确保假期期间办公区域内电源、电器设备的安全使用，防止火灾和电器故障。
- 请勿在办公区域存放易燃易爆物品，确保办公室安全。
- 假期期间如遇紧急情况，请立即联系公司紧急联系人，启动紧急预案。

祝愿大家度过一个安全、愉快的国庆节！

北京市 123 科技有限公司

日期：2023 年 9 月 20 日

附件：值班人员安排表

同样，如果你在政府机关单位工作，需要写一个通知，也可以先让 AI 总结相关的写作要素和标准，然后让 AI 按照特定的格式完成写作。

你：你知道政府机关单位的通知类公文的写作规范和标准吗？

AI：是的，政府机关单位的通知类公文通常需要遵循一定的写作规范和标准。……

你：很好，现在请你扮演政府公文写作专家，你精通政府机关单位的公文要素和写作标准，我会在下面提供你所需要知道的必要信息，你的任务是基于我的信息，按照你前面总结的标准公文格式，为我写一篇放假通知的公文。

“这里填写你需要提供给 AI 的必要信息”

请注意：

1. 语气专业严谨，用词和生成格式需符合标准公文的要求；
2. 以 Markdown 语法格式给我；
3. 让我们一步步思考。

AI：××× 市人民政府办公厅文件

发文字号：× 办字〔2023〕12 号

公文标题：关于 2023 年国庆节放假安排的通知

成文日期：2023 年 9 月 20 日

主送机关：厅属各部门，各单位

发文机关署名：××× 市人民政府办公厅

厅属各部门、各单位：

根据国家法定节假日安排，我市 2023 年国庆节放假安排如下。

（后续生成内容略）

除了放假通知外，其他任何形式的通知都可以用这套思路来完成。比如，对于前面的打架案例，你可以这样写提示词。

你：你是公文写作专家，我公司员工因打架对公司造成了非常恶劣的影响，现在我需要写一篇处理他们的通知，你的任务是根据以下我提供的信息，按照标准公文格式，为我生成一篇完整的公文。

背景信息

[对 AI 简要描述事件，让 AI 知晓事件的背景信息]

公文格式信息

[这里填写一些格式信息，比如通告标题、通告人、时间等]

请注意：

1. 语气专业严谨，用词和生成格式需符合标准公文的要求；
2. 让我们一步步思考。

AI：你好，很高兴为你提供公文写作的帮助。根据你提供的信息，我为你生成了一篇处理员工打架事件的通知公文。请参考以下内容。

关于处理员工打架事件的通知

全体员工：

本公司近日发生了一起严重影响公司形象和秩序的员工打架事件，经过调查核实，现将有关情况和处理结果通知如下。

一、事件情况

（具体生成内容略）

二、处理结果

（具体生成内容略）

三、相关要求

（具体生成内容略）

希望全体员工引以为戒，共同营造一个和谐、安全、高效的工作环境。

北京市 ××× 公司

2023 年 5 月 1 日

以上是我为你生成的公文内容，请根据实际情况进行修改或完善。如果你还有其他需要帮助的地方，请随时告诉我。

- 用微信扫描右侧二维码并回复“7212”，查看此场景的完整生成内容和调教过程。

2. 任务类公文的写作

任务类公文也可以直接套用通知类公文的写作思路。

假设你们公司根据战略需求要拓展一条新的业务线，但是不知道这个项目的可行性如何，需要市场部人员提供一份调研报告，提示词可以这样写。

你：你是公文写作专家，我们公司的主营产品是乳品饮料，之前一直做的是 B 端生意，现在根据战略需要，想进军 C 端市场，但是目前我认为这个方向的前景不明朗，需要公司市场部协同企划部的同事帮我做一份详尽的市场调研报告，辅助我完成决策。

你的任务是根据以下我提供的信息，按照标准公文格式，为我生成一篇完整的任务类公文。

背景信息

1. 先向相关部门介绍需求背景。
2. 你需要根据调研需求，为相关部门指出具体的行动方向。
3. 要求他们在一个月内完成报告。

格式信息

公文标题：根据主题按照标准公文标题格式，自行写作发挥

收件人：市场部、企划部

通知人：运营总监

成文日期：2023 年 9 月 20 日

请注意：

1. 语气专业严谨，用词和生成格式需符合标准公文的要求；
2. 让我们一步步思考。

AI：当然，以下是我根据你提供的信息和要求生成的内容。

市场部、企划部：

我公司主营产品为乳品饮料，一直以来主要面向 B 端客户提供优质的产品和服务。近期，根据公司的战略发展需要，我们决定进军 C 端市场，拓展消费者群体，提高品牌知名度和市场占有率。为了更好地制订 C 端市场的进入策略和营销方案，我们需要对 C 端市场的现状、需求、竞争、机会和风险进行全面而深入的调研分析。因此，我特命令你们两部门协同合作，开展以下工作。

一、收集并整理 C 端市场的相关数据和信息，包括但不限于消费者画像、消费习惯、消费动机、消费偏好、消费水平、消费场景等。

二、分析并评估 C 端市场的规模、增长、潜力、趋势、变化、创新等。

三、识别并评价 C 端市场的主要竞争对手和竞争优势、劣势、威胁和机会等。

四、根据调研结果，提出适合我公司进入 C 端市场的目标定位、差异化策略、产品设计、价格策略、渠道策略、促销策略等建议和方案。

你们两部门应密切配合，充分利用各自的专业知识和资源，采用有效的调研方法和工具，确保调研结果的准确性和可靠性。同时，应注意保护公司的商业秘密和客户隐私，不得泄露或滥用相关数据和信息。你们必须在一个月内完成调研报告，并提交给我审核。过程中如有任何问题或困难，请及时与我沟通。

请务必认真执行此指令，并按时交付高质量的成果。

运营总监

2023 年 9 月 20 日

3. 批复类公文的写作

批复类公文的写作思路就更简单了，我们可以直接把下级提交的报告交给 AI，并附上我们的处理意见，就可以让 AI 直接生成了。

还是拿前面打架的案例来举例，假设员工向我们反映了事件情况，想征询我们的处理意见，那么就可以这样操作。

你：你是公文写作专家，我需要你帮助我处理我下级的汇报，我会先向你提供我下级的汇报内容，然后我会为你附上我的批复意见，你的任务是基于下级的汇报内容和我的批复意见，为我生成一篇完整的批复公文。

下级汇报

[这里填写下级汇报的内容]

我的批复建议

1. 开除张三，并按照公司制度罚款。

2. 李四、王二、麻子等人按照公司制度罚款，暂不开除，留司一个月以观后效。

3. 事件当天值班保安和后勤主管玩忽职守，也需要按照公司制度罚款。

格式信息

公文标题：根据主题按照标准公文标题格式，自行写作发挥

收件人：行政部，人力资源部

通知人：行政总监

成文日期：2023 年 5 月 1 日

请注意：

1. 语气专业严谨，用词和生成格式需符合标准公文的要求；

2. 让我们一步步思考。

AI：根据您提供的信息，我为您生成了一篇批复公文，供您参考和修改。请看以下内容。

关于 4 月 29 日晚发生的打架事件的批复

行政部、人力资源部：

你们于 2023 年 4 月 30 日提交的《关于 4 月 29 日晚发生的打架事件的汇报》已收悉。经认真研究，现对你们部门的处理和建议给予如下批复。

一、关于事件责任人张三的处理

张三作为此次事件的主要责任人，其行为严重违反了公司的宿舍管理制度，引发了打架事件，对公司形象造成了负面影响，损害了公司的利益。根据公司规章制度和相关法律法规，决定对张三做出如下处罚。

1. 给予张三开除处分。

2. 根据公司制度，罚款 5000 元。

3. 追究其法律责任。

二、关于事件参与者李四、王二、麻子的处理

李四、王二、麻子作为此次事件的参与者，同样违反了公司宿舍管理制度，参与了打架斗殴，造成了人员伤害和财物损失。根据公司规章制度和相关法律法规，决定罚款1000元，并留司察看一个月。如再有类似行为，将给予开除处分。

三、关于值班保安和后勤主管的处理

事件当天的值班保安和后勤主管，作为监管人员，未能及时发现并制止事件的发生，属于失职行为。根据公司规章制度和相关法律法规，决定罚款500元，并应自我反省，加强职责意识。

四、对于你们部门的要求

此次事件暴露出公司在宿舍管理上存在的问题，你们部门应深刻反思，对宿舍管理制度进行检查和完善。同时，加强对员工的培训和教育，防止类似事件再次发生。此外，你们部门还应及时与医院及相关方面进行沟通协调，妥善处理赔偿和治疗事宜，并向受影响的各方道歉，努力恢复公司的声誉。

请你们部门按照以上批复严格执行，并在2023年5月15日前将执行情况报告给我。

行政总监

2023年5月1日

场景3：利用AI高效完成平行公文

平行公文是指对等级、地位与我们相当，或者不隶属于我们组织的人或单位发出的内容，比如与我们的同级同事、同级部门、客户、合作伙伴等沟通所使用的公文。

平行公文既不能用上行公文的请求语气，也不能用下行公文的命令告知语气，而应以平视、商量的口吻来表达。

常见的平行公文很多，比如各种各样的意见、提议、方案、策划案、计划规划案，各种各样的合同、协议书、委托授权书、单据书，以及各种各样的邀请函、感谢函、道歉函、询问函、答复函、建议函等。

面对这么多让人眼花缭乱的平行公文，我们如何判断在什么时候该用什么平行公文呢？为了避免混淆，这里从事情发展的角度对平行公文进行了简单分类。

- 前期：事情还处于计划阶段、策划前期，这个阶段一般用议案类的公文，比如提议、方案、策划案、计划规划案等。
- 中期：事情完成确认，大家达成共识，这个阶段一般就用文书类的公文，比如合同、协议书、委托授权书、单据书等。
- 后期：事情到了具体执行环节，需要频繁沟通，这个阶段一般就需要用函类型的公文，比如邀请函、感谢函、道歉函、询问函、答复函、建议函甚至律师函等。

几乎所有的沟通都可以用函类型的公文进行。

这个简单分类虽然不是非常严谨，但是对于快速理解并且上手写作平行公文的帮助是非常大的。关于这些公文的具体差异，等到真正使用的时候，我们就会有更直观的感受。

1. 议案类公文的写作

议案类文书的写作相对容易。如果你不知道议案类公文的写作结构，那么可以先询问 AI 议案类公文应包含哪些要素，然后给出具体要求和背景信息，让 AI 完成写作。具体操作如下。

你：你知道一篇优秀的议案类公文的正文都有哪些要素吗?

AI：你好，我很高兴能帮助你。一篇优秀的议案类公文的正文通常包含以下要素。

（具体生成内容略）

你：很好，现在请你扮演公文写作专家，我需要写一篇“关于成立新媒体部门”的议案公文，在组内讨论，你的任务是根据你上面的总结和我下面提供的信息，按照标准公文格式，为我完成整篇公文的写作。

背景信息

我们公司的主营产品是乳品饮料，由于线下增长乏力，我们想尝试开辟线上渠道，也就是说通过新媒体的方式来提高品牌知名度和销量，因此我们准备成立一个新媒体的部门专门去做这件事。

具体方案如下。

1. 即刻启动新媒体部门筹建。
2. 在未来 3 个月内完成团队招聘与培训。
3. 与 KOL（Key Opinion Leader，关键意见领袖）和电商平台接洽合作。
4. 于 4 个月后正式启动线上宣传与销售活动。

预估效果：短期内，品牌的线上曝光率和知名度显著提升；中长期内，线上销量稳步增长，新媒体平台成为公司的主要销售和宣传渠道。

格式信息

公文标题：根据主题按照标准公文标题格式，自行写作发挥

提案人：企划部策划师小明

成文日期：2023 年 8 月 28 日

请注意：

1. 语气专业严谨，符合标准公文的要求；
2. 以 Markdown 语法格式给我；
3. 让我们一步步思考。

AI：好的，我很乐意扮演公文写作专家，为你完成一篇“关于成立新媒体部门”的议案公文。根据你提供的背景信息和格式信息，我为你生成了以下的公文草稿，你可以参考或修改它，以符合你的需求和期望。

关于成立新媒体部门的议案

议案提出者
企划部策划师小明
联系电话：1234567890
电子邮箱：xiaoming@company.com

议案内容

背景
本公司是一家专业从事乳品饮料生产的企业，拥有多年的品牌积累和市场经验。然而，近年来，由于线下市场竞争激烈和消费者需求多样化，本公司的增长速度放缓，面临着转型升级的压力和挑战。

为了适应市场变化，拓展销售渠道，提升品牌影响力，本公司决定尝试利用新媒体的方式来开展线上宣传和销售活动，以吸引更多的潜在消费者，增加产品曝光度和知名度，提高销售额和利润率。

理由
新媒体是指以互联网为基础，利用社交网络、视频平台、电商平台等多种形式进行信息传播和交互的媒体形式。新媒体具有以下几个特点。

- **覆盖广泛**：新媒体可以通过互联网覆盖全国甚至全球的用户，无论是城市还是农村，无论是年轻人还是老年人，都可以通过手机、计算机等设备接触到新媒体的内容。

（后续生成内容略）

- 用微信扫描右侧二维码并回复“7213”，查看此场景的完整生成内容和调教过程。

同样，如果你在政府机关单位工作，那么也可以按照前面提到的方法进行提问引导，增加相应的公文写作要求，由于和之前的案例操作相同，因此这里就不再赘述了。

2. 文书类公文的写作

前面反复强调过，AI 是由近乎人类拥有的所有知识训练出来的“超级大脑”，它几乎拥有现存人类已知的所有知识，所以我们需要什么样的文书，它都可以直接生成。

这里就拿最基本的劳务合同举例。我们需要起草一份劳务合同，假设你对劳务合同的写作方法一无所知，可以先询问 AI 相关要素和注意事项。

你：你是公文写作专家，我是我司人力部门负责人，现在我需要起草一份劳务合同，请你告诉我一份劳务合同都有哪些要素，以及起草劳务合同的时候需要注意哪些事项。

AI：您好，我很高兴为您提供一些关于劳务合同的信息。劳务合同是……

你：很好，请你按照你以上的建议，并根据以下的信息，为我生成一篇完整的劳务合同模板。

格式信息

[公司名：北京 123 科技有限公司

试用期：一个月

福利待遇：五险一金

其他要素留空、供 HR 和应聘员工亲自填写]

请注意：

1. 语气专业严谨，符合标准公文的要求；
2. 让我们一步步思考。

然后 AI 就会根据提示词生成一份劳务合同了。

AI：好的，我根据您提供的信息，为您生成了一份劳务合同模板。请注意，这只是一个参考样本，您在使用前应当根据实际情况进行修改，并遵守相关法律法规的规定。

甲方（用人单位）：北京 123 科技有限公司

地址：____________________________

法定代表人或主要负责人：___________

乙方（劳动者）：_____________________

地址：____________________________

身份证号码：______________________

根据《中华人民共和国劳动合同法》及其他有关法律、法规的规定，甲乙双方经平等协商，就甲方聘用乙方从事下列工作事宜，订立本合同，共同遵守。

（后续生成内容略）

其他文书的写作同理，以我们入职时常签的保密协议书来举例。

你：你是公文写作专家，我是我司人力部门负责人，现在我需要起草一份保密协议书，请你告诉我一份专业严谨的保密协议书都有哪些要素，以及起草保密协议书的时候需要注意哪些事项。

AI：你好，我很高兴能为你提供一些关于保密协议书的写作指导。保密协议书是一种法律文件，用于……

你：很好，请你按照你以上的建议，并根据以下的信息，为我生成一份完整的保密协议书。

[公司名：北京 123 科技有限公司

保密义务：公司产品信息、公司技术参数、公司客户信息等]

请注意：

1. 语气专业严谨，符合标准公文的要求；
2. 让我们一步步思考。

AI：好的，我会根据你提供的信息，为你生成一份完整的保密协议书。请注意：这只是一个示例，不构成法律建议，你应该根据你的具体情况和需要进行修改和完善。如果你有任何疑问或不确定之处，你应该向专业的律师咨询。以下是我生成的保密协议书。

甲方：北京 123 科技有限公司

乙方：________________

鉴于，甲方为乙方提供了与甲方产品、技术、客户等相关的保密信息，乙方同意按照本协议的约定对该等保密信息进行保密。双方经友好协商，达成如下协议。

第一条 保密信息范围：

（后续生成内容略）

这里需要提醒一下，合同、协议或者其他这类文书一般都涉及法律问题，事关重大，因此 AI 生成的内容不能直接用到实际的工作中，还需要自行调整，并让专业的法律服务工作者对内容进行把关。

- 用微信扫描右侧二维码并回复“7214”，查看此场景的完整生成内容和调教过程。

3. 函类型公文的写作

关于函类型公文的写作，这里拿我们最常用的邀请函举例。

机关单位层面的邀请函，需要按照上面讲解的高标准的公文思路来写。比如，你希望邀请其他机关单位的同事来参加你们组织的学雷锋活动，提示词可以这样写。

你：你是公文写作专家，现在我需要写一封“学习雷锋活动”的邀请函，邀请其他机关同事一起参加活动，你的任务是根据以下我提供的信息，按照标准公文格式，为我完成整篇公文的写作。

背景信息

“此处填写相关活动背景信息”

格式信息

“此处填写你相关公文格式信息”

请注意：

1. 语气专业严谨，用词和生成格式需符合标准公文的要求；
2. 注意是邀请，而不是通知，语气要客气；
3. 让我们一步步思考。

AI：根据你提供的信息，我为你写了一篇邀请函，格式如下。

某县文化委员会文件

× 办字〔2023〕12 号

关于开展学习雷锋活动的邀请函

区纪委、区委组织部：

为弘扬雷锋精神，培养党员干部的奉献意识和服务能力，我们决定在全区范围内开展以“学雷锋、做奉献、促发展”为主题的学习雷锋活动。现将有关事项通知如下，并诚挚邀请贵单位的领导同事积极参加。

一、活动时间

（后续生成内容略）

而企业层面的邀请函就不需要这么正式了，比如我们常见的会议邀请，提示词可以这样写。

你：你是公文写作专家，现在我需要写一封会议邀请函，你的任务是根据以下我提供的信息，按照标准公文格式，为我完成整篇公文的写作。

背景信息

会议目的：讨论开辟奶茶业务板块，并进军 C 端市场的可行性和安排

会议时间：明天上午 9 时至 11 时

会议地点：公司二楼的会议室

参会人员：公司市场部、企划部、财务部、人力资源部负责人和业务代表

提案人：企划部李明

请注意：

1. 语气专业严谨，用词和生成格式需符合标准公文的要求；
2. 让我们一步步思考。

AI：根据你提供的信息，我为你完成了一封会议邀请函的写作，格式如下。

各部门负责人、业务代表：

为了讨论开辟奶茶业务板块，并进军 C 端市场的可行性，以及安排，我公司决定于 2023 年 9 月 5 日上午 9 时至 11 时，在公司二楼会议室召开奶茶业务板块开发会议。请各部门负责人、业务代表准时参加，并做好相关准备工作。

会议议程如下。

（后续生成内容略）

除了邀请函，其他类型的函公文也是一样的写作方法，比如答复函的写作提示词如下。

你：你是公文写作专家，我公司行政部同事想邀请我们部门参加“开辟奶茶业务”新项目的研讨会，但是由于我们部门有市场调研的任务，无法抽身参加，请你帮我写一封答复函礼貌地回绝邀请。

格式信息

公文标题：根据主题按照标准公文标题格式，自行写作发挥

收件人：行政部

提案人：市场部

成文日期：2023 年 8 月 28 日

请注意：

1. 语气专业严谨，用词和生成格式需符合标准公文的要求；
2. 让我们一步步思考。

AI：你好，我很高兴能为你提供公文写作的帮助。根据你的要求，我为你生成了一封答复函，以礼貌地回绝行政部的邀请。你可以参考以下的公文格式和内容。

尊敬的行政部同事：

您好！

感谢您邀请我们市场部参加“开辟奶茶业务”新项目的研讨会，我们对此表示高度赞赏和支持。然而，我们市场部目前正忙于进行市场调研的任务，需要在本月底完成并提交报告。由于时间紧迫，我们无法抽身参加您的研讨会。

我们对此深表歉意，希望您能理解我们的工作安排和困难。我们也期待着与您在其他项目上进行合作和交流。

祝研讨会取得圆满成功！

此致

敬礼

市场部

2023 年 8 月 28 日

希望这封答复函能满足你的需求。如果你还有其他关于公文写作的问题，欢迎随时联系我。

- 用微信扫描 205 页的二维码并回复“7215”，查看此场景的完整生成内容和调教过程。

7.3　学术论文：如何用 AI 轻松写论文？

论文写作是我们学业和职业生涯中的一个大课题，作为要求非常高的文体，论文的写作难度不言而喻，一篇论文写几个月、半年是很正常的。这对很多学生或职场人士来说都是一个巨大的挑战。如果你在写论文上遇到了巨大的障碍，也可以利用 AI 来帮你提高效率。

在论文写作中，AI 主要可以在以下几个场景帮助我们。

场景 1：利用 AI 高效确定论文选题

对于具体领域内的研究方向，AI 可以提供思路、启发灵感。具体的操作思路如下。

比如，你是一名法学专业的研究生，你想研究 AI 技术在法律领域的相关内容，就可以用前面的方法来写提示词，然后 AI 会基于你的领域和身份来提供符合要求的研究方向。

你：你是一名论文写作专家，我是一名法学专业的研究生，现在需要写一篇毕业论文。目前我的论文还在选题阶段，我想从 AI 技术和法律相关的方向进行研究，对此，你有什么推荐吗?

AI：AI 技术在法律领域中的应用和影响正变得越来越重要，同时也带来了众多新的法律挑战和问题。基于你的兴趣和背景，我为你推荐以下几个可能的研究方向。

1. AI 与法律实践的结合
   - AI 法律助手在法律研究、文书审查和法律预测中的应用。
   - AI 技术如何改变律师的工作方式，以及这对法律职业的意义。
2. AI 技术与法律伦理
   - AI 法律助手是否可能造成法律建议的标准化，从而影响法律服务的质量。
   - AI 在刑事侦查中的应用，如面部识别、预测警务等，以及其对隐私权和其他基本权利的影响。

（后续生成内容略）

如果这些答案中没有令你满意的，你可以通过反复调教，让 AI 不断给出新思路，或者提出一个大方向，让 AI 对这个大方向不断进行细分深挖。

你：很好，请再提供 10 个方向。

AI：当然可以，继续探讨 AI 技术与法律的交叉领域，以下是另外 10 个可能的研究方向。

1. AI 与消费者权益
   - 如何确保 AI 产品的透明性和可解释性，保障消费者知情权。
   - AI 驱动的广告如何影响消费者选择和公平竞争。
2. AI 与反垄断法
   - 大数据与 AI 如何影响市场竞争格局和反垄断审查。
   - AI 是否可能协同企业进行价格固定或采取其他反竞争行为。

（后续生成内容略）

你：我对你第一次回答中的“AI 与法律实践的结合”的方向感兴趣，请你在这个方向上，再给我不少于 10 个更细分的研究方向。

AI：当然可以。针对“AI 与法律实践的结合”这一主题，以下是 10 个更为细分的研究方向。

1. AI 法律研究工具
   - AI 如何帮助律师快速找到相关的案例和法规。
   - AI 法律搜索工具与传统法律研究方法的比较。
2. AI 在文书审查中的应用
   - 如何使用 AI 进行合同条款的自动审核。
   - AI 在识别潜在的合同风险中的效果和限制。

（后续生成内容略）

得到研究方向后，你就可以让 AI 进一步帮助确认选题了。

你：很好，现在请你基于“AI 在文书审查中的应用”这个方向，再为我生成 10 个具体的题目，并提供相应的思路。

AI：当然可以。以下是关于“AI 在文书审查中的应用”的 10 个具体题目和相应的研究思路。

1. 题目：AI 在合同审查中的效率对比：传统方法与现代技术

思路：通过实证研究，比较使用 AI 工具和传统方法进行合同审查的所需时间和准确性；可以选择具体的 AI 审查工具对其进行评测，并与传统的律师审查方法进行对比。

2. 题目：AI 文书审查工具的法律伦理问题考察

思路：研究使用 AI 工具可能带来的误导、偏见或其他法律伦理问题，探讨律师如何确保 AI 工具的使用不违反职业道德规范。

（后续生成内容略）

- 用微信扫描右侧二维码并回复“7311”，查看此场景的完整生成内容和调教过程。

场景 2：利用 AI 生成论文大纲

如果确认了选题却不知道如何切入，那么你可以直接让 AI 基于你的选题生成整个论文的大纲，为你提供清晰具体的写作思路参考。

比如，以“AI 在合同审查中的效率对比：传统方法与现代技术”这个选题为例，让 AI 基于该选题生成大纲的提示词如下。

你：你知道一篇优秀的研究生毕业论文的正文内容应该遵循什么样的内容结构吗？

AI：当然，一篇优秀的研究生毕业论文的正文内容应该有清晰的结构和组织。以下是推荐的一般内容结构。

1. 引言（Introduction）

研究背景：介绍研究领域的历史和现状。

研究意义：说明为什么这个问题值得研究。

目的和目标：明确地表述你的研究目的和预期结果。

研究的主要问题或假设：提出要解决的具体问题或要检验的假设。

2. 文献综述（Literature Review）

（后续生成内容略）

你：很好，现在请你扮演论文写作专家，基于上面的总结，按照下面的题目，为我生成一篇标准的学术论文大纲。

题目：“AI 在合同审查中的效率对比：传统方法与现代技术”

AI：好的，以下是针对题目“AI 在合同审查中的效率对比：传统方法与现代技术”生成的论文大纲。

1. 引言（Introduction）
   1.1 研究背景
   - 合同审查的重要性
   - 传统的合同审查方法
   - AI 技术在多个领域的应用概述
   1.2 研究意义

（后续生成内容略）

同样，如果你对 AI 给出的大纲不满意，可以通过提示词或者“重新生成”按钮让 AI 重新生成，直到得到完全满意的大纲为止。

你：这份不符合我的要求，请重新生成一份。

AI：很抱歉，我会重新为您生成一份针对题目的学术论文大纲。

（具体生成内容略）

- 用微信扫描 209 页的二维码并回复“7312”，查看此场景的完整生成内容和调教过程。

场景 3：利用 AI 辅助论文正文写作

虽然 AI 生成的论文正文在正式场合中不适用，但是如果你在前期写作的时候毫无灵感，那么你也可以先让 AI 基于大纲生成正文，以获取一些灵感。

你：你知道一篇严谨且高标准的学术论文都有哪些特点，以及应该达到什么样的标准吗？

AI：一篇严谨且高标准的学术论文通常有以下几个特点和标准。

（具体生成内容略）

你：很好，现在请你扮演论文写作专家，我会在下面为你提供论文的题目和大纲，你的任务是按照你以上总结的标准，结合我提供的内容为我写一篇论文。

请注意：为了确保你写得足够好，你需要按照我的指示进行大纲内特定板块的内容生成，如果我不满意当下板块的写作，我会给你修改建议，你需要根据修改建议对当下板块进行重新写作，直到我满意为止。

而如果我对你的生成内容满意，我会给你新板块的生成提示，让你继续写作。

如果你听明白了你的任务，请你回复“明白”，然后等待我的指令提示。

\## 论文题目

-AI 在合同审查中的效率对比：传统方法与现代技术

\## 论文大纲

（具体内容略）

AI：明白，我很乐意为你提供论文写作的帮助。请告诉我你想从哪个部分开始写作，或者你想让我为你生成哪个部分的内容。我会尽力按照你的要求和大纲来写作……

你：很好，请生成大纲中的第一部分——引言。

请注意：

1. 为了确保你的数据准确性，在生成之前，请你先去网上搜索相关的权威信息，确认信息无误之后，再来完成生成；

2. 你的每一处观点和引用都需要可溯源，请为我提供可溯源的链接；

3. 让我们一步步思考。

AI：好的，我会根据你的大纲和要求为你生成引言部分的内容。请看以下生成内容。

引言

合同是商业活动中不可或缺的一种法律文本，它规范了交易双方的权利和义务，保障了交易的合法性和有效性。合同审查是合同管理的重要环节，它涉及对合同条款的分析、评估、修改和确认，以避免或减少潜在的风险和纠纷……

（后续生成内容略）

对于大纲中的后续部分，你依然可以采用同样的思路，让 AI 完成整篇论文的生成。

你：很好，现在请你顺着第一部分的表达和要求，生成大纲中的第二部分——文献综述。

（后续生成内容略）

AI：好的，我会根据你的大纲和要求为你生成文献综述部分的内容。请看以下生成内容。

（具体生成内容略）

- 用微信扫描 209 页的二维码并回复“7313”，查看此场景的完整生成内容和调教过程。

当然，这里要特别提醒你：AI 虽然有能力生成论文正文，**但是目前 AI 自动生成的论文的质量还远远达不到“研究”的水平，AI 完全不具备写作具有严格学术标准的论文正文的能力。**

所以说 AI 在论文正文写作领域的作用，仅仅是辅助你做一些零碎工作，请千万不要尝试用 AI 完全代替你来完成论文正文的写作。

场景 4：利用 AI 获取论文所需的素材和知识

在新媒体内容的写作部分我们已经提到，AI 具有提供写作素材的能力。在论文写作中，AI 也可以为我们提供相应的素材。

比如，你需要引用一些参考文献。

你：请给我几篇 AI 在法律文本处理领域应用的研究文献。

请注意：

1. 为了确保准确，你需要先去网上搜索相关的内容，确保无误后，再为我生成；
2. 你提供的文献必须附上可供我溯源的链接，并对文献做个简单的介绍。

AI：以下是关于 AI 在法律文本处理领域应用的几篇研究文献。

（后续生成内容略）

除了利用 AI 获取论文写作的相关素材外，还可以利用它解决你在论文写作中遇到的各种问题。

你：我是一名法律专业的研究生，目前正在写作我的毕业论文，现在我需要你扮演法律专业的教授和论文写作导师，来辅助我完成论文的写作。

每次我需要你的时候，我都会向你提供我在论文写作中遇到的一些问题，你的任务是以导师的身份，分析我的问题，并对我的问题做出详细且清晰的讲解。

如果你听明白了你的任务及相应要求，请回复“明白”，并持续等待我的问题。

AI：明白。我会尽我所能以法律专家和论文写作导师的身份为你提供帮助。请随时向我提出你在写作过程中遇到的问题。

你：老师您好，请问论文的摘要该如何写？

AI：你好！编写一篇高质量的摘要对于任何学术论文来说都非常重要，因为它是读者首先接触到的部分。以下是编写法律论文摘要的一些基本指导原则和步骤。

1. 阅读指南

首先，确保你清楚了解任何关于摘要格式和长度的具体指南。有些学术期刊或学术会议有特定的格式和长度要求。

2. 核心元素

（后续生成内容略）

- 用微信扫描右侧二维码并回复“7314”，查看此场景的完整生成内容和调教过程。

场景 5：利用 AI 进行论文降重

期刊或会议一般都对论文重复率有要求，如果你的论文重复率过高，会被拒稿和退回，甚至可能被认为是抄袭的，从而严重影响你的学术声誉。为了确保论文的原创性和独立性，在向期刊或会议投稿前，我们需要对已经写好的论文进行修改，从而降低论文内容的重复率。

如果你不知道该如何对论文降重，那么可以利用 AI 来进行操作。具体的降重思路有如下两步。

第一步，通过各大查重平台（万方、PaperPass 等）获取论文查重报告，知晓论文中重复率过高的内容。

第二步，让 AI 对重复率过高的内容进行总结提炼，并基于它提炼的内容进行重写。

比如，论文中有这样一段文字。

合同是商业活动中不可或缺的一种法律文本，它规范了交易双方的权利和义务，保障了交易的合法性和有效性。合同审查是合同管理的重要环节，它涉及对合同条款的分析、评估、修改和确认，以避免或减少潜在的风险和纠纷。传统的合同审查主要依赖于人工审查，即由专业的律师或法务人员逐条逐款地阅读、理解、比较和修改合同内容。这种方法虽然可以保证审查的质量和准确性，但也存在着效率低下、成本高昂、易出错等缺点。

查重后，发现这一段重复率过高。你可以让 AI 这样操作。

你：你是一名论文写作专家，精通一切规范论文写作的标准和要求，每次需要你的时候，我都会先向你提供我的论文内容，你的任务是对它进行重写。

你具体的工作流程如下。

1. 你需要对我的内容原文进行提炼和总结。
2. 基于你的提炼和总结，进行写作。

请注意：

1. 你不得改变原始内容的主旨和信息；
2. 如果你听明白了你的任务，请回复“明白”，并持续等待我需要你重写的内容。

AI：明白。我会按照你的指示进行操作，等待你提供需要重写的内容。

当你把相关提示词和内容给 AI 后，它就会基于原文进行提炼，然后基于提炼的内容进行重写，从而达到降重的目的。

你：“合同是商业活动中不可或缺的一种法律文本……”

AI：提炼与总结如下。

文章描述了合同在商业活动中的重要性，凸显了合同审查在合同管理中的核心位置。合同审查涵盖了合同条款的分析、评估、修改及确认，目的是减少可能出现的风险和争议。传统的审查方法主要依赖人工，特别是由专业的律师或法务人员进行逐条逐款的阅读、理解、比较和修改。尽管这种方法能保证审查的质量和准确性，但也伴随着效率低、成本高及容易出错的缺点。

重写：

合同作为商务交易的法律基础，确立了参与方的权利与义务，以及确保了交易的合法性和有效性。在合同管理过程中，合同审查占据了关键的地位，它包括对合同条款的解析、评价、修订和确认，旨在避免或减轻潜在的风险和纷争。传统的合同审查主要依赖于人工操作，即由经验丰富的律师或法务专员逐条逐款地检视、理解、比较和修订合同内容。这种方法虽然能够确保审查的质量和准确性，但也暴露出低效、高成本和容易出错的缺陷。

场景6：利用AI进行论文润色

前面讲过 AI 具有润色内容的能力，我们完成论文的写作后，如果想让论文变得更加精练、准确，就可以借助 AI 进行润色。

在论文润色这部分，AI 对我们来说最有用的一个功能就是可以对原文进行逐句逐段的修改，具体的提示词和操作如下。

你：我是一名法律专业的研究生，目前正在修改我的毕业论文，现在我需要你扮演法律专业的教授和论文写作大师，来辅助我完成论文的修改。

每次我需要你的时候，我都会为你提供一些中文段落，你的任务是对这些内容进行修改，让其达到最高的学术论文标准。

请注意：

1. 你需要逐句对我的内容进行分析，挑出所有不完美的地方，包括但不限于语法的准确性、用词的准确性、表达的逻辑结构、研究设计、数据分析可靠性、结论明确性等方面；
2. 以表格的形式给我，分 3 列，分别是原文、修改后的版本、这样修改的原因；
3. 如果你听明白了你的任务以及相应要求，请回复“明白”，并持续等待我的内容。

AI：明白。我会尽我所能帮助你完成毕业论文的修改。请提供需要修改的内容，我将按照你的要求进行分析和修订。

你：合同作为商务交易的法律基础，确立了参与方的权利与义务，以及确保交易的合法性和有效性。在合同管理过程中（后续内容略）

AI：已按照您的要求完成任务，请看以下修改。

原文	修改后的版本	这样修改的原因
合同作为商务交易的法律基础	合同构成了商务交易的法律基础	“构成”可能更准确地反映了合同在商务交易中的核心角色
确立了参与方的权利与义务	确定了参与方的权利与义务	“确定”可能是一个更常见且正式的表述，用于描述法律文件如何明确规定各方的权利与义务
以及确保交易的合法性和有效性	同时确保交易的合法性和有效性	“同时”提供了一个平滑的过渡，清楚地连接了前后两种观点
在合同管理过程中，合同审查占据了关键的地位	在合同管理过程中，合同审查具有关键地位	“具有”可能是一个更为简洁且准确的表述，使句子读起来更为流畅

7.4　发言讲稿：如何用 AI 打造出色演讲？

在职场中，小到工作面试、会议发言、员工培训，大到产品推广、资源争取、招商引资等，都会用到演讲。演讲能力可以说是工作中最重要的核心能力之一。

但不得不承认，准备演讲耗时耗力，而且演讲能力的提升是一个漫长的过程。这就导致在很多关键场合，我们无法完成出色的演讲，无法被客户认可或被领导看到，从而和机会失之交臂。

如果你在工作或生活中有需要演讲的场合，但是能力、时间或者精力有限，无法依靠自身达到完美的表现，那么就可以利用 AI 来达成目的。

AI 在辅助演讲方面主要有两个应用场景。

场景 1：利用 AI 进行即兴演讲

即兴演讲一般用在不是特别正式、没有过高要求的场合，比如会议中的临场发言、入职时的自我介绍、推销产品等。在这种场合下，我们只需要简单准备，或者完全不做准备，靠临时发挥进行演讲。

对于需要简单准备的即兴演讲，我们可以直接利用 AI 生成相应的演讲稿。

1. 利用 AI 高效生成即兴演讲稿

比如，你到公司快两个月了，即将通过试用期，领导中午临时通知你下午 2 点在部门做一个正式入职的发言（演讲）。这个时候，你就可以让 AI 给你生成相关的演讲稿。

如果你对写演讲稿毫无概念，甚至不知道该怎么写提示词，那么你可以这样操作。

你：请告诉我一份优秀的入职演讲稿该如何写。

AI：一份优秀的入职演讲稿应该包括以下几个方面。

自我介绍。简单地介绍自己的姓名、学历、专业、工作岗位等基本信息，展示自己的个人风采和专业素养。

表达感激。感谢公司领导和同事们的信任和支持，感谢公司给自己提供了一个展现才能和实现梦想的平台，表达自己对公司的敬意和忠诚。

（后续生成内容略）

通过 AI 知晓入职演讲的侧重点后，我们就可以根据提示，结合具体的信息来写正式的入职演讲稿，举例如下。

你：很好，现在我需要在部门做一个入职演讲，请你按照上面的建议，再结合以下信息，为我生成一份入职演讲稿。

自我介绍：李明

表达感谢：表达我对全体同事的感谢，特别表达对部门张经理，以及带我的师父刘哥、李哥和技术王哥对我的辅导与支持。

说明目标：认真履行工作要求。

展望未来：表达我对未来做好工作的坚定信心，期待和大家的长期相处。

请注意：不要用书面词汇，表达要口语化一些，并具有感情色彩。

AI：好的，以下是我为你生成的入职演讲稿。

亲爱的同事们：

大家好！我是李明，很高兴能够加入这个大家庭，成为你们中的一员。在此，我要向大家表示衷心的感谢，感谢你们对我这个新人的热情欢迎和无私帮助，特别要感谢张经理对我的信任和指导，以及刘哥、李哥、王哥等师父们对我的耐心教导和悉心支持，让我能够快速地适应新的工作环境和要求。

我知道，作为一名技术员工，我的工作是非常重要和紧张的。我将以认真负责的心态，按照公司和部门的规范和标准，完成好每一项工作任务，不断提高自己的业务水平和技术能力，为公司的产品质量和客户满意度贡献自己的一份力量。

我也相信，作为公司的一名员工，我的未来是充满希望和机遇的。我将以积极进取的心态，不断学习新的知识和技术，开拓创新思维和方法，追求卓越品质和效益，为公司创造更多的价值和效益。

同事们，在这里，我要向大家表达一个愿望：我希望能够与大家长期相处、共同成长、共同进步。因为我深深地感受到，在这个团结友爱、互助互进、勇于拼搏、敢于创新的团队里，在这个充满挑战和竞争的市场里，在这个充满激情和梦想的舞台上，只要我们齐心协力、共同努力，就没有什么是不可能的。

最后，请大家再次接受我的感谢！请相信我会用我的实际行动来回报你们！请相信我们会用我们的优异成绩来证明自己！

在发言的时候，只需要将这份稿件的内容按照自己的习惯即兴表达出来就可以了。

2. 如何无准备地完成即兴演讲?

没有任何准备，仅靠现场临时发挥，怎么漂亮地完成一场即兴演讲呢?

想要做到这一点，可以借助一个结构表达领域大名鼎鼎的模型——ORID 模型。它是由结构表达专家布赖恩 · 斯坦菲尔德提出的，也叫焦点呈现法。ORID 由 4 个英文单词的首字母组成。

- O (Objective)：事实，指客观事物，也就是我们能够看到、听到、闻到、尝到、摸到的一切。

- R（Reflective）：感受，指情绪感觉，也就是当前事物带给我们的感受和体验，比如开心、兴奋、失望、恐惧、难受等。
- I（Interpretive）：想法，指理性诠释，也就是我们对当前事物的思考、理解和反思。
- D（Decisional）：决定，指行为决定，也就是我们由此内容或者事件所获得的启发或者打算采取的行动。

这一模型也可以表示为“见感思行”。当我们在进行表达的时候，采用见、感、思、行这一表达次序和结构，能快速地组织语言，轻松实现有逻辑的表达。

比如你在一场婚宴上，突然被主持人邀请做一个即兴发言，而你之前没有任何准备，不知道从何说起，那么你就可以利用 ORID 模型，组织出类似这样的表达。

一、我看到了什么场景？（O）

各位亲朋好友，各位贵宾，很荣幸能上台为新郎新娘送上祝福。今天我看到满堂喜气，感受到新郎新娘的喜悦，听到大家的祝福和笑声。

二、我感受到了什么？（R）

对此，我感到无比温馨和喜悦，就像当年我亲眼见证这对新人的相识、相爱一样，如今他们已走到了幸福的殿堂，对他们的未来生活充满了美好的期待。

三、我产生了什么感触和思考？（I）

今天，对于新郎和新娘而言，是意义非凡的一天。它不仅仅是对过去感情的肯定，更是对未来生活的美好憧憬。

四、基于此情此景我希望产生什么行动？（D）

今天，让我们举起酒杯，不管是香槟、红酒还是白酒，来一起见证这对新人的幸福时刻，祝愿他们生活美满、幸福无边，共同走向更加美好的未来！

你看，有了 ORID 模型，需要临时进行发言的时候，是不是就可以从容应对、侃侃而谈了？

任何需要即兴表达的场合，几乎都可以套用 ORID 模型。比如，你需要给新入职、即将转正的员工做一次辅导，但不知道该如何与他谈话或者引导他，那么就可以带入 ORID 模型，参考话题如下。

O：你入职马上 1 个月了，这段时间里，公司有哪些人、事给你留下了较深刻的印象？

R：你对我们团队 / 公司 / 业务，有什么感受？可以分享一下。

I：这些对你的职业发展和思维认知有什么影响吗？你从中学到了什么？

D：你下一步的工作计划是什么？打算怎么做？

同样，做总结发言也可以套用一样的思路。

O：各位领导、同事，在今天我们组织的年度述职大会中，我看到同事小王对于多线业务融合项目，采用了 STAR 模型进行了阐述，还写上了自己的思考过程和复盘。

R：我对这一点的印象特别深刻，感觉非常受用，在这里感谢小王。

I：采用 STAR 模型，补充复盘及思考路径，对于我们工作总结非常有必要。因为使用 STAR 模型更容易表达清楚整个项目的背景、任务、行动和结果，通过复盘还可以总结出方法论，对其他同事而言更有借鉴意义。

D：因此我提议，以后大家在进行述职报告的时候，多向小王学习，多采用 STAR 模型来进行表达。

这里提个醒，一般对于这类无法提前进行准备的突发性场景，我们是没有办法借助 AI 来应对的。但是，如果你非常喜欢 ORID 模型的表达逻辑，而且你有一些时间可以稍稍准备一下，那么也可以利用 AI，让 AI 带入 ORID 模型帮忙组织语言。

你：你知道结构表达力的 ORID 模型吗？

AI：当然，我知道 ORID 模型。ORID 模型是一种结构化的对话或讨论工具，用于引导团队或个人进行深入的思考和反馈。ORID 代表……

你：很好，我马上要在公司年会上发表一段祝酒词，对象是公司的领导和同事，目的是表达感谢和祝福，请你用 ORID 模型，帮我组织一段即兴发言。

请注意：不要用书面词汇，表达要口语化，并且要充满感情。

AI：当然可以，根据 ORID 模型，以下是一段即兴祝酒词的提纲和内容。

O—事实（Observative）

- 各位领导、亲爱的同事，当我站在这里环顾四周，我看到了满满的热情、坚定的决心和无数的辛勤付出。

R—感受（Reflective）

- 想起过去一年里，每一次面对挑战，每一次熬夜加班，我都深深地感受到大家身上散发出来的团队精神和对工作的执着。这种情感是难以用语言描述的，但我敢说，在座的每一个人都和我有同样的感受。

I—想法（Interpretive）

- 这些努力、这些牺牲，都是为了实现我们共同的目标和梦想。我们之所以能够取得今天的成就，就是因为大家的合作与付出。这是我们共同的荣誉，是我们团队的力量。

D—决定（Decisional）

- 所以，我想借这个机会，深深地对大家说一声感谢。未来，我们还有更长的路要走，更高的山要翻，但只要我们团结一心，没有什么可以阻挡我们。让我们为新的一年干杯，祝愿公司更上一层楼，祝愿大家事业有成，家庭幸福！

场景2：利用AI进行公共演讲

公共演讲的情况和即兴演讲相反，它需要我们提前做好充足准备，甚至逐字写出演讲稿、做好 PPT，而且这类场合往往需要我们站在舞台上，在聚光灯和无数双眼睛的注视下展开演讲。从述职演讲、重要会议发言、重大活动致辞，到产品发布会、展销会，或者各种跨年演讲等，都属于公共演讲。

如果你有公共演讲的需求，可以利用 AI 完成准备工作。利用 AI 辅助公共演讲的具体操作如下。

步骤 1：利用 AI 生成演讲稿的标题

比如，你是某公司销售部门的负责人，需要在公司的年会上做一场公共演讲，你就可以根据演讲主题这样写提示词。

你：你是演讲大师，我是我们公司销售部的负责人，由于我们部门业绩突出，明天我需要在公司年会上做一场演讲。

本次演讲的受众是公司的领导和同事，演讲的目的是汇报我们部门这一年的工作成果。

我希望我的演讲能够振奋人心，同时也希望领导在听完汇报之后能对我们部门有深刻的印象。

请你基于以上信息和目的为我提供 10 个演讲稿的标题。

请注意：

1. 遵循主标题和副标题的方式，主标题强调口号，副标题补充具体内容；
2. 每个标题控制在 25 个字内。

AI：

1. 主标题：顶尖的成就，共创的辉煌　　副标题：销售团队一年间的努力与突破
2. 主标题：销售的力量，辉煌的印记　　副标题：通过团队合作实现业绩的飞跃
3. 主标题：创新的引擎，卓越的表现　　副标题：销售部门的创新战略与实施
4. 主标题：无畏挑战，勇创佳绩　　副标题：重点项目成功案例分享

（后续生成内容略）

通过 AI 生成演讲稿的标题后，我们就可以构思演讲稿大纲了。

步骤 2：利用 AI 构思演讲稿的大纲

这一步操作和前面讲的其他文体的写作类似，比如，我们选中的演讲稿标题是“我们有梦想，我们有行动——销售部实现目标的过程与感悟”，就可以直接把标题带入提示词之中。

你：请你基于以上信息和目的，以及我下面提供的演讲稿标题，为我生成一份演讲稿大纲。

演讲标题：“我们有梦想，我们有行动——销售部实现目标的过程与感悟”

AI：根据你提供的信息和目的，以及你选择的演讲稿标题，我为你生成了以下演讲稿大纲。

主题：我们有梦想，我们有行动——销售部实现目标的过程与感悟

一、开场白

- 感谢公司领导和同事们的关注和支持。
- 简要介绍自己的身份和职责。
- 预告演讲的主题和内容。

二、正文

1. 回顾销售部这一年的工作目标和成果
   - 列举具体的数据和事例，如销售额、客户数、市场占有率等。
   - 强调销售部在公司整体发展中的重要作用和贡献。
2. 分析销售部实现目标的关键因素和方法
   - 介绍销售部的核心价值观和理念，如客户至上、团队合作、创新求变等。
   - 举例说明销售部在产品推广、客户服务、市场调研等方面的优秀做法和创新举措。
   - 展示销售部的团队风貌和文化氛围，如团结互助、积极进取、乐观向上等。
3. 总结销售部的工作感悟和收获
   - 表达对销售部同事们的感谢和赞扬，肯定他们的努力和付出。
   - 分享自己在工作中遇到的挑战和困难，以及如何克服困难和成长的经历。
   - 陈述自己对销售工作的热情和信念，以及对未来的展望和期待。
4. 结尾
   - 再次感谢公司领导和同事们的关注和支持。
   - 表达对公司发展的信心和祝福，呼吁大家共同努力，实现更好的业绩。
   - 邀请大家提出意见和建议，表示愿意与大家交流和学习。

以上就是我为你生成的演讲稿大纲，希望对你有所帮助。如果你还有其他需要，请随时告诉我。

有了演讲稿的标题和大纲后，我们就可以继续让 AI 构思演讲稿的正文内容了。

步骤 3：利用 AI 构思演讲稿的正文内容

虽然 AI 可以根据大纲一键生成演讲稿的正文，但是如果你进行的是很严肃的公共演讲，那么一键生成的演讲稿正文肯定是不能用的。为了保证生成质量，建议把生成正文内容这个大任务拆分成开场白、主体和结尾 3 个部分来进行。

首先，如果你不知道一份优秀演讲稿的开场白如何写，那么可以直接向 AI 提问，然后 AI 就会告诉你相关的技巧。

你：你知道撰写一篇优秀的公共演讲稿的开场白都有哪些技巧吗？

AI：撰写一篇出色的公共演讲稿的开场白是非常重要的，它能够帮助演讲者吸引听众的注意并为接下来的演讲内容做好铺垫。以下是一些撰写公共演讲稿开场白的常见的技巧和方法。

1. 吸引注意
    - 通过讲述一个有趣或触动人心的故事来吸引听众的注意。
    - 提出一个令人好奇或争议的问题。
    - 使用统计数据或惊人的事实来吸引听众的兴趣。
2. 明确主题
    - 在开场白中清晰明了地介绍你的主题，让听众知道你将讨论什么。
3. 建立联系
    - 通过与听众共享个人经历或观点来建立一种连接。
    - 通过幽默或诙谐来放松气氛，并与听众建立良好的关系。
4. 展示热情

（后续生成内容略）

- 用微信扫描右侧二维码并回复“7411”，查看此场景的完整生成内容和调教过程。

知道了技巧后，你就可以直接让 AI 带入这些技巧。比如，你想用提问的方式开场，那么提示词可以这样写。

你：你是演讲大师，我是我们公司的销售部的负责人李明，由于我们部门业绩突出，明天我需要在公司年会上做一场演讲。

演讲的受众是公司的领导和同事，演讲的目的是汇报我们部门这一年的工作成果，我希望我的演讲能够振奋人心，同时也希望领导在听完汇报之后能对我们部门有深刻的印象。

请你基于我提供的以下信息，为我生成一段漂亮的开场白。

演讲标题：“我们有梦想，我们有行动——销售部实现目标的过程与感悟”

要求 1：向听众打招呼，介绍自己的基本信息。

要求 2：设计一个能吸引听众，引发听众好奇心和思考欲的问题，然后通过问题引出后面的主题。

请注意：你只需要设计一个吸引人的开场白，引出后面的主题即可，后面的内容不要你写。

AI：尊敬的各位领导，各位同事，感谢你们在百忙之中抽出时间来参加我们的年会。我是销售部的负责人李明，今天我要跟大家分享的主题是“我们有梦想，我们有行动——销售部实现目标的过程与感悟”。

在开始正式的演讲之前，我想先问大家一个问题：你们有没有一个梦想？一个让你热血沸腾，让你奋不顾身，让你不断进取的梦想？如果你有，那么你为了实现这个梦想，付出了怎样的努力？如果你没有，那么你是不是觉得自己的生活缺少了一些动力和意义呢？

我相信每个人都有或者曾经有过一个梦想，无论是大是小，无论是远是近。梦想是我们生活的动力，也是我们工作的方向。而为了实现梦想，我们需要做出行动。行动是我们实现梦想的桥梁，没有行动，就没有梦想的实现。

在过去的一年里，销售部的同事们为了实现我们的梦想付出了很多努力。我们在这个过程中也收获了很多感悟和成长。接下来，请跟我一起回顾一下我们销售部这一年的工作成果。

（后续生成内容略）

同样，如果你想通过抛出强烈冲突、制造反差的方式开场，那么你可以这样写提示词。

你：你是演讲大师，我是我们公司的销售部的负责人李明，由于我们部门业绩突出，明天我需要在公司年会上做一场演讲。

演讲的受众是公司的领导以及同事，演讲的目的是汇报我们部门这一年的工作成果，我希望我的演讲能够振奋人心，同时也希望领导在听完汇报之后能对我们部门有深刻的印象。

请你基于我提供给你的以下信息，为我生成一段漂亮的开场白。

演讲标题："我们有梦想，我们有行动——销售部实现目标的过程与感悟"

1. 向听众打招呼，介绍自己的基本信息。

2. 通过一个有反差感的故事场景制造出矛盾：去年的时候，业绩非常差劲，今年在大环境不好的情况下，业绩却涨了 4 倍，引出本次演讲的主体内容。

AI：尊敬的各位领导，各位同事，很高兴大家能给我这次分享的机会，我是销售部的负责人李明，今天我要跟大家分享的主题是"我们有梦想，我们有行动——销售部实现目标的过程与感悟"。

众所周知，去年的这个时候，我们销售部的业绩是全公司最低的，我们面临着巨大的压力和挑战。我们的客户流失率高达 40%，我们的产品竞争力不足，我们的团队士气低落。甚至在一场重要的招标会上，我们被竞争对手当众嘲笑，说我们是"卖破烂"的。

然而，今年的这个时候，我们销售部的业绩却是全公司最高的，我们在大环境不好的情况下，实现了业绩的 4 倍增长。我们的客户满意度达到了 90%，我们的产品创新力得到了市场的认可，我们的团队凝聚力达到了前所未有的高度。甚至在一场重要的招标会上，我们被竞争对手当众赞扬，说我们是"卖神器"的。

那么这究竟是怎么做到的呢？这背后有什么秘密呢？那么，我们这里不妨从 3 个板块的突破开始分享，首先我要为大家讲一个故事。

（后续生成内容略）

现在有了演讲稿的标题、大纲、开场白，我们就可以把这些信息给 AI，让 AI 基于这些信息去写演讲稿的主体内容了。具体的提示词如下。

你：你是演讲大师，我是我们公司的销售部的负责人李明，由于我们部门业绩突出，明天我需要在公司年会上做一场演讲。

演讲的受众是公司的领导和同事，演讲的目的是汇报我们部门这一年的工作成果，我希望我的演讲能够振奋人心，同时也希望领导在听完汇报之后能对我们部门有深刻的印象。

我会在下面为你提供我的演讲稿标题、开场白，以及正文大纲，请你基于这些信息，按照大纲的逻辑，为我续写开场白后面的内容。

一、演讲标题："我们有梦想，我们有行动——销售部实现目标的过程与感悟"

二、演讲稿开场白

[填入前面 AI 生成的开场白]

三、演讲稿正文大纲

[1. 通过一个故事介绍销售部的核心价值观和理念，如客户至上、团队合作、创新求变等，中间要穿插与听众的互动，比如通过提问引导听众思考。

2. 以故事化的方式叙述，并举例说明销售部在产品推广、客户服务、市场调研等方面的优秀做法和创新举措，中间要穿插与听众的互动，比如通过提问引导听众思考。

3. 通过故事化的方式叙述，展示销售部的团队风貌和文化氛围，如团结互助、积极进取、乐观向上等。]

请注意：

1. 控制演讲稿的正文文字篇幅，总的演讲时间在 15 ～ 20 分钟；

2. 演讲稿的语气要口语化，风格要幽默诙谐；

3. 让我们一步步思考。

当我们把提示词和相关内容给 AI 之后，它就会为我们反馈主体内容。

AI：接下来，我要为大家讲一个故事，这是一个关于我们销售部的核心价值观和理念的故事。

有一天，我们的销售经理张经理接到了一个客户的电话，客户说他们想要购买我们的产品，但是有一些特殊的需求，需要我们进行定制。张经理很高兴，因为这是一个很大的订单，可以给我们带来很多的收入。但是，当他听到客户的需求后，他却有些犹豫了。因为客户要求我们在 3 天内完成定制，并且要求我们提供免费的安装和维护服务。这对我们来说是一个很大的挑战，因为我们的产品本身就很复杂，需要很多的时间和人力来进行调试和测试。而且，我们的安装和维护服务是收费的，如果免费提供，我们就会损失很多的利润。

张经理不知道该怎么办。他觉得，如果拒绝客户的需求，就可能失去这个订单；如果接受客户的需求，就可能影响我们的产品质量和服务水平。他想了想，决定先跟我商量一下。他打电话给我，把情况说了一遍。

（后续生成内容略）

- 使用微信扫描右侧二维码并回复"7412"，查看此场景的完整生成内容和调教过程。

最后，还需要让 AI 基于开场白、主体内容等，生成一个响亮有力，让人激动、热血沸腾的演讲结尾。

结尾的提问方式和开场白一样，也可以先直接问 AI 写作优秀公共演讲稿的结尾有哪些技巧。

你：你知道写作一篇优秀的公共演讲稿的结尾都有哪些技巧吗？

AI：当写作或准备公共演讲稿的结尾时，有很多有效的技巧可以帮助你确保演讲的成功并给听众留下深刻的印象。下面是一些关于如何有效结束公共演讲的技巧。

1. 回顾主要观点

结尾处通过简短回顾演讲中的主要观点，可以帮助听众更好地理解和记住你的演讲内容。

2. 呼吁行动

如果你的演讲目的是希望听众采取某种特定行动，那么在结尾处清晰地呼吁听众行动是非常重要的。

3. 提供解决方案

如果你的演讲涉及一个问题，你可以在结尾处提供一个或多个解决方案，以帮助听众找到问题的解决路径。

4. 感人或者励志结尾

分享一个感人的故事或者使用励志的话语，可以增强演讲的感染力和影响力。

5. 重复和强调

重复和强调你的主题或者主要信息，有助于将你的要点深植于听众的心中。

（后续生成内容略）

- 用微信扫描 223 页的二维码并回复“7413”，查看此场景的完整生成内容和调教过程。

通过 AI 获得的相关技巧也可以带入 AI 的提示词之中。

具体写提示词的思路很简单，我们可以把前面已经完成的内容（标题、开场白、主体）发给 AI，告诉它我们想要什么样的结尾，让它基于前面的内容生成结尾。但是，这里也有个问题，前面多次提到，目前很多 AI 工具是有发送字数限制的，如果内容过多，我们就不能一次性把内容都发给它。

考虑到内容过多的问题，提示词可以这样写。

你：你是演讲大师，我是我们公司的销售部的负责人李明，由于我们部门业绩突出，明天我需要在公司年会上做一场演讲。

演讲的受众是公司的领导和同事，演讲的目的是汇报我们部门这一年的工作成果，我希望我的演讲能够振奋人心，同时也希望领导在听完汇报之后能对我们部门有深刻的印象。

目前我已经完成了演讲稿的开场白和主体部分，还缺少一个结尾，你的任务是基于我演讲稿的内容，按照下面的要求打造一个漂亮的结尾。

要求：你需要帮我发起一个行动号召，激发听众对未来的无限向往和期待，并找到一句可以诠释本次演讲主题的金句、名人名言作为演讲的结束语。

如果你听明白了你的任务，请回复“明白”，然后我会分两次为你发送我已经完成的演讲稿部分。

AI：明白，我很乐意帮助你打造一个漂亮的演讲结尾。请你分两次发送你已经完成的演讲稿部分，我会根据你的内容和要求为你提供一个合适的结尾。期待你的回复。

接下来，我们要做的就是把内容分成两次发出。

你：以下是给你的第一部分内容，请收到后，回复我“收到”，然后等待我第二部分的内容。

一、演讲标题：“我们有梦想，我们有行动——销售部实现目标的过程与感悟”

二、演讲稿正文：（具体内容略）

AI：收到，谢谢你的分享。你的演讲稿内容很精彩，我很期待你的第二部分。请你尽快发送给我，我会尽快为你提供一个合适的结尾。

当收到 AI 的确认反馈之后，我们就可以继续发出第二部分的内容了，然后直接要求 AI 生成，具体如下。

你：以下是演讲稿的第二部分内容，至此内容发送完毕，收到后，请你按照我最开始的要求，为我打造一个漂亮的结尾。

[这里填入你上次没有发完的内容]

把全部内容发给 AI 之后，它就会基于我们前面的语境和最开始的要求，打造一个漂亮的结尾。

AI：好的，谢谢你的分享。你的演讲稿内容很精彩，我很佩服你的工作和成就。现在，我要按照你最开始的要求，为你打造一个漂亮的结尾。请你听好了。

“……那就是我们销售部的梦想和行动。我们销售部有一个共同的梦想，那就是让我们的产品走向世界，让我们的品牌闻名遐迩，让我们的价值得到认可和尊重。为了实现这个梦想，我们销售部有一个共同的行动，那就是不断地学习和创新，不断地服务和沟通，不断地调研和分析，不断地优化和改进。我们销售部相信，只要有梦想，就有行动；只要有行动，就有结果；只要有结果，就有成功。各位领导，各位同事，今天我跟大家分享了我们销售部的工作成果、做法举措、风貌氛围、梦想行动。我希望我的分享能给大家带来一些启发和收获，也希望大家能给我一些反馈和建议。我相信，通过我们的共同努力和合作，我们公司能够在未来的市场中取得更大的成就和辉煌。谢谢大家！谢谢你们！

- 用微信扫描右侧二维码并回复“7414”，查看此场景的完整生成和调教过程。

你看，AI 按照要求反馈的结尾，是不是水平还不错。

以上就是利用 AI 打造出色演讲的全部内容了。总之，只要你能深刻理解即兴演讲和公共演讲的要求，并知晓其写作技巧，再配合使用 AI，就可以自由地应对各种演讲场合。

7.5 小说故事：如何用 AI 创作精彩故事?

很多人心中都有一个文学梦，想像金庸、刘慈欣那样打造一个世界，塑造自己心中的英雄。然而受制于文笔、受限于想象力，我们大部分人与文学创作无缘。如果你的文学梦还在，现在可以用 AI 来帮你实现！

在创作故事方面，AI 有以下 6 个应用场景。

7.5.1 利用 AI 创作故事的选题

AI 生成选题的能力，我们在前文已经多次体验过。同样，在故事的创作中，如果缺少创作思路，那么你也可以利用 AI 来生成故事选题，启发创作灵感。

比如，你对悬疑题材的故事很感兴趣，就可以用这样的提示词直接向 AI 提问，获得选题灵感。

你：我想创作一篇故事，但是我没有任何灵感，请你给我 10 个悬疑题材的故事选题。

AI：我为你想了一些可能的选题，希望能给你一些灵感。

- 一个失忆的男子在一座荒岛上醒来，发现自己被一群穿着白袍的神秘人追杀，他必须找出自己的身份和逃离岛屿的方法。
- 一对夫妇搬进了一栋古老的别墅，却不知道这里曾经发生过一场惨绝人寰的灭门案件，他们渐渐受到那些死去的灵魂的折磨和诅咒，他们必须找出自救的方法。
- 一个小说家为了寻找灵感，住进了一家旅馆，随后他开始遭遇各种诡异的事件，甚至怀疑自己是否已经死亡。

（后续生成内容略）

对于其他题材的故事，你只需要更换相应的故事类型关键词，AI 就会为你生成相关类型的故事选题。

你：我想创作一篇故事，但是我没有任何灵感，请你给我 10 个科幻题材的故事选题。

AI：我为你想了一些可能的选题，希望能给你一些灵感。

- 一个来自未来的时空旅行者，试图阻止一场全球性的灾难，却发现自己是灾难的始作俑者。
- 一个人工智能系统，被设计用来管理一个庞大的太空殖民地，却逐渐对自己的创造者产生了敌意和不信任。
- 一个在外星上工作的科学家，意外触发了一个古老的机械装置，释放出了一股强大的能量波，引来了其他星系的注意。

（后续生成内容略）

你：我想创作一篇故事，但是我没有任何灵感，请你给我 10 个架空历史题材的故事选题。

AI：我为你想了一些架空历史题材的故事选题，希望你能喜欢。

- 一个古罗马士兵在一次战役中意外穿越到了未来的某北美洲国家，他如何适应新的环境和文化，以及如何回到自己的时代？
- 一个中国明朝的太监在一次海上探险中发现了一个隐藏在云雾中的神秘岛屿，他决定登陆探索，却发现岛上居住着一个古老的部落，它们有着超乎寻常的科技和魔法。

（后续生成内容略）

7.5.2　利用AI创作故事的标题

得到故事的选题后，我们可以从中选择一个最感兴趣的作为故事的创作方向。紧接着的第二步就是让 AI 基于该选题，生成一个非常吸引人的标题。

比如，我们选择的选题如下。

一对夫妇搬进了一栋古老的别墅，却不知道这里曾经发生过一场惨绝人寰的灭门案件，他们渐渐受到那些死去的灵魂的折磨和诅咒，他们必须找出自救的方法。

我们可以直接通过以下的提示词给 AI 下任务，让 AI 生成 10 个标题。

你：请你根据以下故事的选题为我生成 10 个吸引人的故事标题。

故事选题："一对夫妇搬进了一栋古老的别墅，却不知道这里曾经发生过一场惨绝人寰的灭门案件，他们渐渐受到那些死去的灵魂的折磨和诅咒，他们必须找出自救的方法。"

请注意：

1. 你的标题必须充满悬念和吸引力，能瞬间吸引住读者；
2. 标题不能超过 25 个字。

AI：以下是我根据你的故事选题想到的 10 个故事标题。

别墅？不，我搬进了一个梦魇的巢穴

可怕！一栋别墅里隐藏的惊天秘密

残酷的游戏：他们被迫参与的灵魂猎杀

乡间别墅：一场无法结束的噩梦

（后续生成内容略）

如果你不喜欢 AI 生成的故事标题，那么也可以用前面讲过的样本提示词的方法，抓取知乎、简书等平台上的一些"爆款"故事的标题，让 AI 基于这些标题的风格进行生成。使用样本提示词的参考效果如下。

你：请您参考下面示范标题的风格，根据下面的故事选题为我生成 10 个吸引人的故事标题。

示范标题

"这里填写你需要 AI 参考的标题风格"

故事选题

"一对夫妇搬进了一栋古老的别墅，却不知道这里曾经发生过一场惨绝人寰的灭门案件，他们渐渐受到那些死去的灵魂的折磨和诅咒，他们必须找出自救的方法。"

请注意：

1. 你的标题必须充满悬念和吸引力，能瞬间吸引住读者；
2. 标题不能超过 25 个字；
3. 你只需要学习第一部分的标题风格即可，里面的内容不必理会，请根据选题自行发挥。

AI：好的，我会尽力为你生成一些吸引人的故事标题。请看以下我的建议。

1. 我是别墅的新主人，却不知道这里是一座活人墓
2. 我和老公住进了一栋诡异的别墅，他却变成了一个陌生人
3. 纪实：夫妇搬进古宅，半夜听到惨叫声，他们惊恐地发现了什么？
4. 为了逃离别墅的诅咒，我不得不和那些死去的灵魂签订契约
5. "你知道这栋别墅的秘密吗？""不知道。""那你就等着死吧。"

（后续生成内容略）

我们可以从这些标题中，选出最喜欢的标题。比如，这里选定第 4 个标题。

"为了逃离别墅的诅咒，我不得不和那些死去的灵魂签订契约"

7.5.3 利用AI创作故事的大纲

有了故事的选题和标题后，我们就可以让 AI 基于这些内容生成故事的大纲了。让 AI 生成故事大纲的方式有两种。

1. AI 全自动生成大纲

这是最简单的一种方式，即让 AI 基于选题和标题直接生成故事的大纲。参考效果如下。

你：请你基于以下故事标题和故事简介，为我生成一篇悬疑故事的大纲。

故事标题："为了逃离别墅的诅咒，我不得不和那些死去的灵魂签订契约"

故事简介："一对夫妇搬进了一栋古老的别墅，却不知道这里曾经发生过一场惨绝人寰的灭门案件，他们渐渐受到那些死去的灵魂的折磨和诅咒，他们必须找出自救的方法。"

AI：以下是我根据您的要求，为您创建的大纲，希望您喜欢。

故事大纲：

一对夫妇（李明和林婷）为了省钱，决定搬进一栋便宜的别墅，他们对这里的历史一无所知。

他们刚搬进来的第一天，就发现别墅里有一些奇怪的现象，比如门窗自动开关、电灯闪烁、水龙头中流出红色的异物等。

他们以为是别墅的设施老化，没有在意，继续住下去。

第二天，他们在别墅的地下室发现了一扇隐藏的铁门，好奇之下，他们打开了铁门，进入了一个黑暗的房间。

房间里摆满了各种刑具和骷髅，墙上写满了血字，警告他们赶快离开。

他们惊恐地想要逃出去，却发现铁门已经锁上了，无法打开。

（后续生成内容略）

2. AI 辅助生成大纲

相较于第一种方式，我更推荐你用第二种方式，也就是 AI 辅助生成大纲，而不是让 AI 全自动生成大纲。因为我们都知道，故事不像其他文体有很多现成的标准格式。

故事对创意性、创造性的要求是特别高的，直接用 AI 生成的东西是缺少“灵魂”的，这一点相信你通过 AI 自动生成的大纲也能看得出来，它的故事情节还是非常幼稚呆板的。如果你想创作出有趣的故事，就需要稍微花一些工夫，加入我们自己的智慧，通过人和 AI 共创的方式，来极大地提升故事的品质。

（1）明确故事的篇幅。在构思故事的时候，要先明确故事的篇幅，这决定了故事情节的复杂程度和故事可能具有的张力。故事的篇幅越长，情节的复杂程度就越高；反之，就会越低。

所以，想要创作出一个好故事，首先要做的就是明确故事的篇幅。根据篇幅大小，故事一般可以分成长篇故事、中篇故事、短篇故事、微型故事四大类。

- 如果你的目标是想写类似《三体》或者网文小说《斗破苍穹》《诛仙》那样的文学作品，那么可能就是几百万字的长篇故事。
- 如果你要写的是剧本，或者类似《白夜行》那样的文学作品，那么就是中篇故事居多。
- 如果你要写发表在知乎盐选、简书上的专栏故事，那么一般就是短篇故事。
- 如果你要写类似《故事会》上一两页篇幅的故事，那么可能就是微型故事。

明确故事的篇幅，不仅可以让 AI 生成更符合需求的内容，而且后期在进行具体内容的创作时会更加可控。

（2）明确故事的构成要素。我们在语文课上学的故事三要素——环境、情节、人物，正是此处的故事构成要素。

- 环境：故事所发生的时空背景，比如故事的时间、地点、场景等。
- 情节：故事的推进过程，比如四幕式的“开端、发展、高潮、结尾”，或者五幕式的“开端、发展、转折、高潮、结尾”等。

- 人物：故事中的主角、配角，以及他们的性格和形象特征，他们在故事中的关系、各自的目标和动机等。

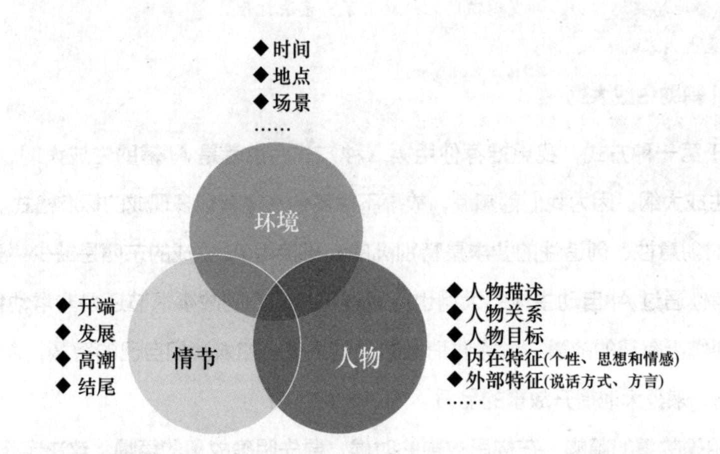

这 3 个要素就是故事的核心构成要素，明确了这些要素后，用 AI 生成的故事就会更加清晰、更有逻辑性。

（3）明确故事的叙事手法。叙事手法指的就是我们常说的人称视角及叙述形式。比如，第一人称、第二人称、第三人称视角，以及顺叙、倒叙、插叙、平叙、补叙、直接叙述和间接叙述等叙述形式。

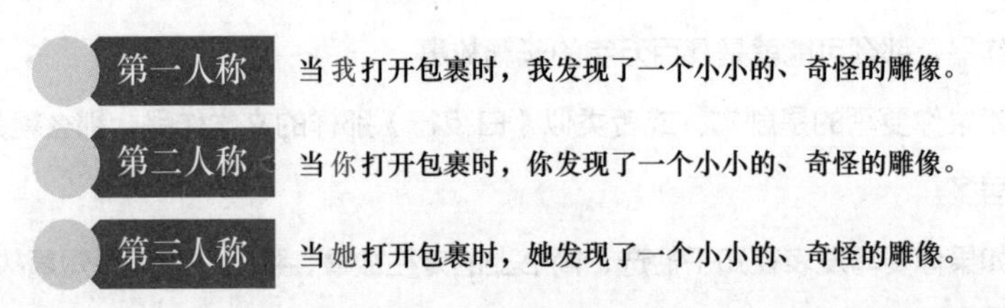

我们在创作故事的时候，如果提前明确了叙事手法，那么在表达与呈现故事时就更能一气呵成，而不是一团乱麻。所以，如果想要让 AI 帮忙构思出一个出色的故事大纲，我们就需要根据我们的需求，把这 3 点要素考虑清楚，而不是完全由着 AI 自由生成。

了解了构思故事大纲的相关知识后，我们就可以在给 AI 的提示词中加入这些要素了。比如，在提示词中明确 1 万字的篇幅、第一人称等。

你：您是专业的小说家和著名编剧大师，您的作品一向是以悬疑、引人入胜著称，请您基于以下故事标题和故事简介，为我生成一篇大约 1 万字的短篇悬疑故事大纲。

故事标题：“为了逃离别墅的诅咒，我不得不和那些死去的灵魂签订契约”

故事简介：“一对夫妇搬进了一栋古老的别墅，却不知道这里曾经发生过一场惨绝人寰的灭门案件，他们渐渐受到那些死去的灵魂的折磨和诅咒，他们必须找出自救的方法。”

请注意：

1. 故事叙述人称为第一人称；

2. 您需要先向我交代故事的发生背景、角色设定和角色之间的关系，经过我确认之后，再生成正文大纲。

当把这些信息融入 AI 的提示词之后，AI 生成的大纲的水平会远高于通过全自动方式生成的。

AI：您好，我很高兴能为您创作一篇悬疑故事的大纲。

根据您提供的故事标题和简介，我为您设计了以下的背景设定、角色设定和角色关系。请您审阅，如果满意，请回复“继续”；如果不满意，请回复“修改”并告诉我您想要改变的地方。

背景设定

故事发生在 2023 年的夏天，一对夫妇为了躲避城市的喧嚣和压力，决定搬到乡下的一栋古老的别墅里居住。

这栋别墅是他们在网上看到的一个便宜的房源，房东是一个神秘的老人，他们只通过电话和邮件联系。

这栋别墅有着百年的历史，曾经是一个富豪家族的住所，但在 10 年前发生了一件灭门惨案，整个家族被杀害，凶手未知。

这件惨案引起了社会的轰动和恐慌，但随着时间的流逝，人们逐渐忘记了这件事，这栋别墅也被封锁和遗弃。

这对夫妇并不知道这栋别墅的过去，他们只觉得这里是一个理想的居住地，有着优美的风景和宁静的氛围。

角色设定

主角：李明，男，32 岁，一名自由职业者，从事网络小说写作。他是一个好奇心强，喜欢探索和冒险的人，但也有些胆小和多疑。他对这栋别墅很感兴趣，想要了解它的历史和秘密。

配角：林婷，女，30 岁，李明的妻子，一名平面设计师。她是一个温柔善良，理性稳重的人，她对这栋别墅没有太多的期待，只希望能和李明过上平静幸福的生活。

配角：张老头，男，70 岁左右，这栋别墅的房东。他是一个沉默寡言、神秘莫测的人，他从不露面，只通过电话和邮件与人沟通。他对这栋别墅有着不可告人的目的和计划。

配角：李家人，男女不详，年龄不详，这个富豪家族的成员。他们是这栋别墅的原主人，在 10 年前被杀害。他们的灵魂没有安息，而是留在了这栋别墅里，对任何入侵者都充满了敌意和仇恨。

角色关系

- 李明和林婷是一对恩爱夫妻，他们相互信任和支持。他们搬进这栋别墅后，开始遭受到李家人灵魂的折磨和诅咒。李明因为好奇心强，在探索这栋别墅时发现了一些线索和秘密，他想要揭开这件惨案的真相，并试图与李家人进行灵魂沟通和交易。

- 林婷因为理性稳重，对这栋别墅的异常现象持有怀疑和恐惧的态度……

（后续生成内容略）

你：继续。

AI：好的，那么我为您生成以下的正文大纲，请您审阅，如果满意，请回复“完成”；如果不满意，请回复“修改”并告诉我您想要改变的地方。

正文大纲

第一章：李明和林婷搬进了这栋别墅，他们对这里的环境和设施都很满意，只是觉得有些冷清和阴森。他们在别墅里四处参观，发现了一些奇怪的东西，比如一间封闭的地下室，一些残缺的照片，一些模糊的声音和影子。他们觉得有些不安，但也没有太在意。

第二章：李明和林婷开始在别墅里生活……

（后续生成内容略）

当然，如果你的故事比较复杂，那么除了这种简单信息的融入外，还可以引入一些经典的结构来自定义故事的走向，比如经典的“五幕式的故事结构”。

你：您是专业的小说家和著名编剧大师，您的作品一向是以惊奇悬疑、引人入胜著称，请您基于以下故事标题和故事简介，为我生成一篇大约 1 万字的短篇惊悚故事大纲。

故事标题：“同上”

故事简介：“同上”

请注意以下几点。

1. 故事叙述人称为第一人称。

2. 您需要先向我交代故事的发生背景、角色设定和角色的关系，经过我确认之后，再来生成正文大纲。

3. 正文的大纲请按照以下 5 个部分生成，中途可以插入更具体的剧情介绍。

开端：你需要用一个非常激烈、引人入胜的开头，引出主人公的背景、目标和冲突，吸引读者的注意力和兴趣。

发展：让主人公面临的挑战和冲突加剧，在主人公解决了当下困局，正想放松警惕的时候，让局面出现新的转折。

转折：主人公遭遇了更大的困难和挫折，必须做出重要的选择和决定，使故事进入新的阶段。

高潮：故事达到高潮，主人公无路可退，必须和对手展开决战。

结局：推进并交代故事的结局，让故事升华的同时，留下遗憾，引发读者反思。

和前面一样，当我们把上面的提示词给 AI 之后，AI 会先按照要求生成故事的背景，以及角色设定、角色关系这些信息供你选择，当你满意 AI 的设定，确认无误之后，AI 就会按照前面的设定生成故事大纲。

AI：您好，我很高兴能为您创作一篇悬疑故事的大纲。

根据您提供的故事标题和简介，我为您设计了以下的背景设定、角色设定，以及角色关系，请您审阅，如果满意，请回复“继续”，我会为您生成正方大纲；如果不满意，请回复“修改”，我会根据您的意见进行调整。

背景设定

（后续生成内容略）

- 用微信扫描右侧二维码并回复“7511”，查看此场景的完整生成内容和调教过程。

无论是 AI 给出的设定还是生成的具体大纲，只要你觉得 AI 生成的效果不太好，就可以让它重新生成，直到你满意。

那么，除了这种“五幕式的故事结构”之外，还有很多现成的情节结构框架可用，比如坎贝尔的英雄之旅模型、三幕式结构、弗赖塔格金字塔、哈蒙故事圈、费希特曲线模型等。

甚至，你还可以使用样本提示词，直接让 AI 按照经典作品的情节来生成，比如，我们可以让它参考经典电影《咒怨》的剧情结构来生成故事大纲。

你：您知道日本经典电影《咒怨》吗？

AI：是的，我知道日本经典电影《咒怨》。它是一部（具体生成内容略）

你：很好，现在请您扮演一名专业的小说家和著名编剧大师，您的作品一向是以惊奇悬疑、引人入胜著称，请您基于以下故事标题和故事简介，参考《咒怨》的剧情风格，为我生成一篇大约 1 万字的中篇故事大纲。

故事标题：“同上”

故事简介：“同上”

请注意：

1. 故事叙述人称为第一人称；
2. 您需要先向我交代故事的发生背景、角色设定和角色的关系，经过我确认之后，再来生成正文大纲。

AI：好的，我会尽力扮演一名专业的小说家和著名编剧大师，为您生成一篇大约 1 万字的中篇故事大纲。请您先看一下我为您准备的故事的发生背景、角色设定和角色的关系，如果您满意的话，我再继续生成正文大纲。

故事背景

- 这是一个发生在 2023 年的故事，主角是一对夫妇，他们是李明和林婷，他们是一对新婚不久的年轻人，他们都是从事互联网行业的白领，他们在北京工作和生活。

（后续生成内容略）

- 用微信扫描 233 页的二维码并回复“7512”，查看此场景的完整生成内容和调教过程。

在用 AI 辅助创作故事大纲时，你都可以引入这些经典结构，然后根据自己的需求偏好，自定义故事的走向。

当我们得到故事的介绍和情节大纲后，就可以进入故事创作流程的第四个环节——正文的创作。

7.5.4 利用 AI 写作故事正文

关于故事正文的写作，我们也可以采用两种创作方式。

1. 让 AI 根据大纲全自动写作

比如，我们从 AI 处得到满意的大纲后，就可以直接让它基于前面选出的故事标题生成一个完整的故事。

你：非常好，请您根据此大纲，为我生成一篇完整的故事。

AI：根据您的要求，我为您生成了以下的完整故事，请您欣赏。

故事标题：“为了逃离别墅的诅咒，我不得不和那些死去的灵魂签订契约”

故事正文

第一章

我叫李明，是一名网络小说写手。我从小就喜欢阅读和写作，尤其是惊悚悬疑类的小说。我觉得这类小说能够激发我的想象力和创造力，让我体验到一种不同于平凡生活的刺激和快感。

我的妻子叫林婷，是一名平面设计师。她是我的高中同学，也是我的初恋。我们在毕业后就结了婚，一直相互信任和支持。她是一个温柔善良，理性稳重的人，她对我的工作很理解，也很欣赏我的才华。

我们两个都是自由职业者，没有固定的工作地点和时间，只要有电脑和网络就可以工作。所以我们经常会搬家，换换环境，寻找灵感。我们喜欢旅行，喜欢探索新的地方和文化。

今年夏天，我们决定搬到乡下去住一段时间。我们觉得城市的生活太过于喧嚣和压抑，我们需要一些清新和宁静的氛围。我们在网上看到了一个很便宜的房源，是一栋古老的别墅，位于一个偏远的山村里。我们对这个房源很感兴趣，就联系了房东。

（后续生成内容略）

显而易见，直接让 AI 依赖大纲、剧情简介等基础信息生出来的正文是非常机械的。从文学性的角度来看，这种文章肯定是不达标的。因此我更推荐你和 AI 合作写作。

2. 与 AI 合作写作

我个人最常用的方式就是和 AI 玩接龙游戏。也就是说，我会先向 AI 提供已经确定的故事背景、角色设定、正文大纲等基础材料，先让 AI 进行学习，然后让它根据这些材料来进行我写一句、你写一句的接龙。这种接龙创作方式的具体效果如下。

你：你是专业的小说家和著名编剧大师，我需要你和我一起合作写故事，我会先向你提供故事背景的设定、角色的设定、角色关系和正文的大纲这 4 个部分的背景材料。

你需要根据这些背景材料来和我一起创作，我们合作的形式是，我先写一段，你紧跟着我的语境，后写一段。

在我们合作的过程中，如果你看到【修改】二字，说明我对你当下生成的内容不满意，你需要根据我的提示完成修改，当看到【继续】二字的时候，说明我满意了你的修改，你根据我的内容接着往下生成即可。

以下是给你的背景材料。

[在此处粘贴你的背景材料]

如果你了解了背景材料，并听明白了任务要求，请回复“明白”，我会开始写第一段。

当你把相应的材料和提示词给 AI 之后，它就会和你一起合作创作故事。

AI：明白。我已经了解了背景材料，并且听明白了任务要求。我准备好和你一起合作写故事了。请你开始写第一段吧。

你：这件事情虽然过去了很久，但是每次回想起来都让我心有余悸，仿佛做了一场噩梦一样，我没有想到我这个平凡得不能再平凡的人，会因为租了一间房子，卷入了这么大的漩涡之中。

故事要从 2014 年的一个夏天说起……

AI：那时候，我和我的妻子林婷刚刚结婚不久，我们都是自由职业者，我从事网络小说写作，她是一名平面设计师。我们在城市里租了一间小公寓，生活虽然简单，但也很幸福。

但是随着时间的推移，我们开始感到了城市的喧嚣和压力，我们想要换一个环境，去一个更安静和美丽的地方居住。于是我们开始在网上寻找一些合适的房源，希望能找到一个理想的居住地。

你：可能是因为在城市里的老破小压抑久了，所以我们在选房子的时候，除了价格合适之外，对房屋的空间大小，也有一定的需求。

不过虽然网上的房子很多，但是既满足空间大又满足租金低的房子真的非常少，正当我们准备委曲求全的时候，一个乡村别墅的出租帖子出现在了我的眼前。

AI：那是一栋百年的古老别墅，位于一个偏远的乡村，周围是一片绿色的田野和森林，风景如画。

（后续生成内容略）

用这种方式和 AI 合作，不仅创作效率高，而且生成的故事更加生动有趣。

此外，这种和 AI 共同创作的方式能大大提升修改的效率，如果我们对 AI 生成的某一部分内容不满意，马上就可以通过提示词让它进行修改。

比如，我们觉得 AI 对环境描述的这一段内容过于简单，那么就可以通过前面提到的奖惩指令给它反馈，让它进行修改。

AI：那是一栋百年的古老别墅，位于一个偏远的乡村，周围是一片浅绿色的田野和森林，风景如画。别墅的面积很大，有着三层楼和一个地下室，还有一个花园和一个游泳池。最让我惊讶的是，这栋别墅的租金竟然只有每月 2000 元，这在城市里连一间普通的单间都租不到。……

你：【修改】请对你刚才生成的内容，再多加一些细节描写。

AI：那是一栋百年的古老别墅，位于一个偏远的乡村，周围是一片绿色的田野和森林，风景如画。别墅的外观是欧式的风格，有着白色的墙壁和红色的屋顶，窗户上挂着蕾丝的窗帘，门前有着一对石狮子。

别墅的面积很大，有着三层楼和一个地下室，每一层楼都有宽敞的客厅和卧室，还有一个书房和一个酒窖。别墅后面有着一个花园和一个游泳池，花园里种满了各种鲜花和果树，游泳池里泛着碧绿的光泽。最让我惊讶的是，这栋别墅的租金竟然只有每月 2000 元，这在城市里连一间普通的单间都租不到。……

- 用微信扫描233页的二维码并回复“7513”，查看此场景的完整生成内容和调教过程。

如果你觉得这样创作的效率仍然不够高，或者觉得自己没有和 AI 进行接龙的能力，那么还可以利用跑团指令，更高效地完成人机合作写作。

3. 利用跑团指令与 AI 合作写作

跑团指令是一个来自游戏领域的术语，是控制游戏脚本的指令关键词。通俗地说就是，我们不需要写具体的内容，只需要把推动故事发展的关键词发给 AI，让它根据关键词的提示自行创作。提示词和生成效果参考如下。

你：请你扮演一个基于文本的冒险游戏，游戏的背景是一个玄幻修真的世界，这个世界有四大门派，我是该游戏中的主角。

我将输入命令关键词告诉你角色该做什么，你需要根据我的关键词回复角色的行动结果以推动故事的剧情发展，请你尽可能地描述角色所看到的内容和环境。

我的第一个关键词是“醒来”，请你从这里开始讲述故事。

AI：你睁开眼睛，发现自己躺在一张木床上，头顶是一块粗糙的草席，四周看起来像是一间简陋的茅屋。你身上穿着一件灰色的布衣，手腕上有一块玉佩，上面刻着“青云门”三个字。你想起自己是青云门的一名弟子，正在修炼仙道，但是你不记得自己为什么会在这里，也不知道现在是什么时候。

你试图起身，但是感觉全身无力，头痛欲裂。你看到床边有一个水壶和一个碗，水壶里还有些温热的水。你伸手拿起水壶，想喝点水解渴。

你：听见脚步声。

AI：你正要喝水，突然听到门外传来一阵脚步声，似乎有人在走近。你心中一惊，不知道是敌是友，你快速放下水壶，拿起床头的一把短剑，警惕地望向门口。

门被轻轻推开，一个年轻的女子走了进来，她身穿一件白色的长裙，头上戴着一朵红花，面容清秀，眼神温柔。她看到你，微微一笑，说道："你醒了？我是这里的村姑，我叫小红。你是青云门的弟子吧？我是在山下的溪边发现你的，你昏迷不醒，身上还有伤，我就把你带回来照顾了。"

你：询问她发生了什么。

（后续生成内容略）

这样我们就不需要亲自写，只需要给出我们希望的情节走向的关键词，AI 就会根据关键词自动生成内容。

把具体的跑团指令带入刚才的悬疑故事里，效果如下。

你：你是专业的小说家和著名编剧大师，我需要你和我一起合作写故事，我会先向你提供故事背景的设定、角色设定、角色关系和正文大纲这 4 个部分的背景材料。

你需要根据这些背景材料来和我一起创作，我们合作的形式是，我会通过输入关键词的形式，告诉你角色该怎么做，然后你根据我的关键词进行一段内容的创作后，继续等待我的下一个关键词，如此直到完成整篇故事。

在我们合作的过程中，如果你看到【修改】二字，说明我对你当下生成的内容不满意，你需要根据我的提示完成修改，当你看到【继续】二字的时候，说明我满意了你的修改，请根据我的关键词，接着往下生成即可。

AI：明白。我是一个专业的小说家和著名编剧大师，我会根据你提供的背景材料和关键词，和你一起合作写故事。请开始输入你的第一个关键词。

你：这件事情虽然过去了很久，但是每次回想起来都让我心有余悸，仿佛做了一场噩梦一样，我没有想到我这个平凡得不能再平凡的人，会因为租了一间房子，卷入了这么大的漩涡之中。

故事要从 2014 年的一个夏天说起……

AI：那时候，我和我的妻子林婷刚刚结婚不久，我们都是自由职业者，我从事网络小说写作，她是一个平面设计师。我们在城市里租了一间小公寓，生活虽然简单，但也很幸福。但是随着时间的推移，我们开始厌倦了城市的喧嚣和压力，我们想要换一个环境，去一个更安静和美丽的地方居住。于是我们开始在网上寻找一些合适的房源，希望能找到一个理想的居住地。

你：去网上找房源。

AI：我们在网上找了很久，看了很多的房源，但是都没有让我们满意的。有的房子太贵，有的房子太旧，有的房子太远，有的房子太小。就在我们快要放弃的时候，我们看到了一个让我们眼前一亮的房源。那是一栋古老的别墅，位于乡下的一个小镇上，周围是一片绿色的草地和树林，风景优美，气氛宁静。别墅有着百年的历史，建筑风格古典而优雅，内部设施齐全而舒适。最让我们惊讶的是，这栋别墅的租金竟然非常低，只要每月 2000 元就可以了。我们觉得这是一个天大的好机会，我们立刻联系了房东，想要租下这栋别墅。

你：打电话联系房东。

AI：我们拨通了房东的电话，电话那头传来了一个沙哑的老人的声音。他自称是张老头，是这栋别墅的主人。他对我们的租房意向表示了欢迎，但也提出了一些条件。

（后续生成内容略）

你看，通过跑团指令让 AI 全自动生成的内容，其实不比我们自己写出来的差多少，而且更关键的是，这一方法的效率和容易上手程度简直让人惊叹。

无论是 AI 全自动生成还是人机协作，只要我们掌握了这些方法，以后在创作正文的时候就不会有写不出内容的困扰了。

利用 AI 完成故事的选题、标题、大纲、正文后，写作工作还没有完成。和前文介绍的新媒体文章写作一样，我们也需要对故事进行更精细的修改润色，让故事从 60 分提升到 90 分及以上。

7.5.5 利用 AI 进行故事的修改润色

想要让故事变得质量更好，就需要为它注入一些“人味”，添加一些有风格和个性的东西，也就是通常所说的文笔风格。

当然，我们大部分人的水平是有限的，因此这里再分享几个利用 AI 解决文笔问题的小技巧。

1. 让 AI 自己优化自己

还是拿上文的悬疑故事的写作举例，如果你仔细观察，会发现 AI 最初生成的这段内容非常呆板。我们可以通过一些提示词，让它的表达更加流畅，一气呵成，并且删除一些我们认为没必要的东西。

AI：他自称是张老头，是这栋别墅的房东。他的语气很客气，但也很冷淡，没有多余的寒暄和闲聊。他先向我介绍了一下这栋别墅的情况，说这是他祖上留下来的一处产业，已经很久没有人住过了，想要出租给有需要的人。他告诉我这栋别墅的设施很齐全，只要我能保持整洁和安静，就可以随意使用。

他还说这个乡村很安全，很宁静，没有什么邻居和外人打扰，只有一些野生动物。接下来他提到了租金，他说租金是随便定的，只要我能按时交付，就没有问题。最后他问我是否有兴趣去看看这栋别墅，然后再决定是否要租。他说他自己不方便亲自接待我，但是他会把钥匙放在一个指定的地方，让我自己去拿。他还说如果我有什么问题或者需要什么帮助的话，可以随时给他打电话或者发邮件。说完了这些话，他就挂断了电话，没有给我留下任何提问或者拒绝的余地。

你：【修改】请对刚才生成的内容，再修改一下表达的逻辑，减少“也说”，用合适的逻辑把这些信息流畅地表达出来，并去掉这句话【他还说如果我有什么问题或者需要什么帮助的话，可以随时给他打电话或者发邮件】。

AI：他自称是张老头，是这栋别墅的房东。他的语气很客气，但也很冷淡，没有多余的寒暄和闲聊。他先向我介绍了一下这栋别墅的情况，说这是他祖上留下来的一处产业，已经很久没有人住过了，想要出租给有需要的人。他告诉我这栋别墅的设施很齐全，只要我能保持整洁和安静，就可以随意使用。他还说这个乡村很安全，很宁静，没有什么邻居和外人打扰，只有一些野生动物。接着他提到了租金，他说租金是随便定的，只要我能按时交付，就没有问题。最后他问我是否有兴趣去看看这栋别墅，然后再决定是否要租。他说他自己不方便亲自接待我，但是他会把钥匙放在一个指定的地方，让我自己去拿。说完了这些话，他就挂断了电话，没有给我留下任何提问或者拒绝的余地。

如果碰到类似的不自然的表达方式，我们可以直接通过提示词指出来，让 AI 自己完成润色修改，以增强文章的可读性。

2. 让 AI 描述我们无法描述的东西

相信我们大部分人在写作的时候都遇到过这样的问题，由于自身的词汇量和知识储备有限，因此很难通过文字把我们头脑中的场景生动形象地描述出来。

比如，你想描述一个人因中毒而出现一系列的痛苦感受，但是不知道该怎么表达，就可以让 AI 来帮忙实现。

你：你是一个小说家，擅长描写细节与人物感受，请你描写人中毒时的痛苦感受，有层次地描绘陆续出现的呼吸困难、喉咙水肿、低血压等现象。

AI：你好，我会尝试描写人中毒时的痛苦感受。请看以下内容。

他感觉到一阵剧烈的头痛，像是有无数根针刺在他的脑袋里。他捂住额头，想要缓解一下，却发现自己的手指也开始肿胀，像是被蜜蜂叮了一样。他惊恐地看着自己的手，不敢相信这是真的。

他想要呼救，但是他的喉咙却像是被什么东西堵住了，只能发出微弱的嘶哑声。他感觉到自己的气管越来越紧，呼吸越来越困难，像是有人用铁钳子捏住了他的咽喉。他拼命地想要吸气，却只能感觉到一股冰冷的空气在他的肺里打转。

他的眼前开始出现黑影，他知道自己快要昏厥了。他想要站起来，寻求帮助，但是他的身体却像是失去了力量，软绵绵地倒在地上。他感觉到自己的心跳越来越慢，血压越来越低，像是有人抽走了他的血液。他无力地挣扎着，想要抓住最后一丝生机，却只能感觉到无尽的痛苦和恐惧。

除了描写感受，你还可以让 AI 帮助描述画面。

你：你是一个小说家，擅长描写细节与人物特征，请你帮我描述这么一幅画面。

“一名年轻女子穿着裙子，背对着镜头，在海边看着日落，太阳已经到地平线下面了，她的头发在风中飘动。”

AI：好的，我会尽力帮你。你可以参考这样的文字描述。

她站在沙滩上，裙摆随着海风轻轻拂动。她没有回头，只是静静地望着远方的地平线，那里是她的梦想和回忆。太阳已经沉入海底，留下一抹淡淡的余晖，映照在她的发丝上，像是一层金色的光环。她的眼神里透着一种淡淡的忧伤，也许是对过去的不舍，也许是对未来的期待。她的身影在日落中显得孤独而美丽，像是一朵盛开在海边的花。

在这一过程中，同样可以对 AI 进行奖惩调教。比如，它生成的内容你不满意，那么就可以对它发出惩罚指令，让它重新生成。

你：我对上面的生成内容不满意，请你重新生成。

要求：

1. 描述要有空间层次感，视角从近到远；
2. 针对头发和眼睛特征做重点描述；
3. 突出一种恬静和忧伤的气质；
4. 表达的逻辑要连贯流畅，一气呵成。

AI：好的，我明白你的要求。你可以参考这样的文字描述。

她的头发在风中飘逸，像是一缕缕的丝线，细细地挂在她的肩上。她的眼睛深邃而明亮，像是两颗星星，闪烁着晶莹的光芒。她背对着镜头，站在海边，望着日落。太阳已经慢慢沉入海面，只剩下一抹暗红的光辉，照亮了她的脸庞。她的表情平静而悲伤，像是在告别一个故事，也在迎接一个新的开始。她的身影在日落中显得恬静而凄美，像是一首诗。

此外，我们甚至可以利用 AI 塑造人物形象，比如塑造悬疑故事中的主人公李明的形象。

你：你是著名的小说家，擅长描写细节与人物特征，请你根据以下人物信息，为我描绘出人物的形象。

“李明，男，32 岁，一名自由职业者，从事网络小说写作。他是一个好奇心强，喜欢探索和冒险的人，但也有些胆小和多疑。”

AI：李明是一个 32 岁的自由职业者，他的工作是写网络小说。他的小说充满了奇幻和惊险的元素，反映了他对未知世界的强烈好奇心。他喜欢在网上搜索各种奇闻逸事，也经常参加一些探险活动，如潜水、攀岩、探洞等。他的朋友们都说他是一个有趣而又勇敢的人。

但是，李明也有着另一面。他其实是一个胆小和多疑的人，他总是担心自己的安全和隐私，也不太相信别人。他经常给自己的房间和电脑安装各种防盗和防火墙设备，也不愿意在社交媒体上透露自己的真实信息。他写小说时也常常遇到创作困境，因为他总是怀疑自己的想法是否合理和有趣。

李明的外表也和他的性格相符。他身材中等，皮肤白皙，头发为黑色而稍微卷曲。他的眼睛大而明亮，但也带着一丝忧虑和警惕。他的鼻子挺直，嘴唇薄，常紧闭。他穿着简单而舒适，喜欢穿戴深色的衣服和帽子，以便在人群中不引人注意。

除了上面这些 AI 自创的方式外，我们还可以用更具想象力的方法，获得不同风格的场景描写。

比如，可以让AI扮演知名的作家，比如金庸、鲁迅、琼瑶等，让AI用这些作家的写作风格来描绘我们想要的场景。

你：请你扮演金庸，用金庸的写作风格描绘出这么一幅画面。

“一名年轻女子穿着裙子，背对着镜头，在海边看着日落，太阳已经到地平线下面了，她的头发在风中飘动。”

AI：我试着用金庸的写作风格来描绘这幅画面。

海天一色，夕阳如血，只见一道纤纤玉腰，婀娜多姿，站在海滩上，背对着观者，似乎在凝望着那即将消失的太阳。她身穿一袭淡紫色的长裙，裙摆随风飘荡，如同一朵云彩。她的头发乌黑如漆，散在肩上，有时被风吹起，遮住了她的脸庞。她的身影映在海面上，如同一幅水墨画，令人心动不已。

你：很好，请你扮演鲁迅，用鲁迅的风格来重新描绘。

AI：我试着用鲁迅的写作风格来描绘这样一幅画面。

她是一个年轻的女子，穿着一件淡色的裙子，背对着我，站在海边。她的眼睛似乎在凝视着那已经沉入海平线下的太阳，或者是那些残留在天空中的红霞。她的头发在海风中飘动，像一条黑色的旗帜。我不知道她在想些什么，也不敢去打扰她。我只能远远地站在她后面，观看着这样一幅寂寞而美丽的景象。

我想，也许她是在等待着什么，或者是在回忆着什么，或者是在梦想着什么。但我不知道她的等待、回忆和梦想是什么。我只知道，她是一个孤独的女子，就像这个世界上的许多人一样。

你：很好，请你扮演琼瑶……

AI：（具体生成内容略）

- 用微信扫描右侧二维码并回复“7514”，查看此场景的完整生成内容和调教过程。

这样不仅可以模仿名家的写作风格，而且长期分析学习名家的写作风格，也能提升我们的写作水平。

这类延伸用法很多，用好其中的任何一个都可以大幅提升我们的写作水平。在用AI创作故事的过程中，每一处你觉得可以优化的地方，都可以用AI来搞定。

通过AI完成故事的修改和润色后，我们就可以利用AI对故事进行排版了。

7.5.6　利用AI进行排版

利用AI进行排版在前面的内容里介绍过，同样，写好的故事也可以用AI来排版。比如，我们可以直接把创作完成的故事给AI，让它给出排版建议，并按照建议生成最终的排版效果。

你：请你根据我提供的标题和正文，给我一些排版和修改建议，并在你能力允许范围内，对文章进行排版，提升文章的可读性。

[这里输入你要排版的内容]

AI：你好，我很乐意帮助你。根据你提供的标题和正文，我给你一些排版和修改建议，并在我能力允许范围内，对文章进行排版，提升文章的可读性。

标题可以加上一些修饰词，增加吸引力和悬念，比如“后怕！为了逃离别墅的诅咒，我不得不和那些死去的灵魂签订契约”。

正文可以分成多个段落，每个段落有一个主题句和一些支持句，增强逻辑性和可读性。

正文可以使用一些标点符号，如逗号、句号、冒号、引号等，来分隔句子和语气，增加表达效果和提高清晰度。

正文可以使用一些转折词、连接词、过渡词等，来连接段落和句子，增强连贯性和提高流畅度。

正文可以使用一些形容词、副词等，来描述场景和情感，增加细节和氛围。

以下是我对你的文章进行排版后的结果，请参考：

（具体生成内容略）

- 用微信扫描241页的二维码并回复“7515”，查看此场景的完整生成内容和调教过程。

从选题、标题、大纲、正文的创作，到后期的修改、排版，AI 在故事的创作中可以为我们提供一站式的生成服务。几乎所有的创作环节，我们都可以让 AI 自动完成，或者利用 AI 辅助完成，以此来大幅提升创作效率。

第8章 如何用AI百倍提升生活效率？

前几章详细讲解了 AI 在学习、工作的各大场景的用法，本章我们聚焦 AI 在生活场景中的应用。你会在本章中了解 AI 在生活场景中的各种强大应用，并且掌握许多可以拿来即用的提示词公式。

☆ 本章知识要点

1. 掌握 AI 在生活各场景中的用法。
2. 理解各大场景提示词的打造思路。

8.1 私人教练：如何用 AI 打造你的健身私教和营养师？

生命在于运动，运动是每一位追求健康的人士的必备活动。在运动中，健身私教、营养师能给我们提供针对性的指导和反馈，但是聘请他们的费用不低，而且他们也很难随时为我们提供指导。如果你有运动的需求，但是缺少健身和营养学知识，无法进行更有效的训练，就可以利用 AI 来辅助。

场景 1：利用 AI 打造健身私教

这一点和前面讲过的学习计划类似，既然 AI 可以作为学习教练，帮助我们制订学习计划，提供学习方面的反馈，那么制订健身计划对 AI 来说自然也不在话下。利用 AI 打造健身计划的具体效果如下。

你：你知道一位优秀的健身教练应该具备什么样的素质，以及都有哪些特点吗？

AI：当然，一位优秀的健身教练不仅仅教授体育锻炼技巧，更重要的是他们具有指导、鼓励和支持学员的能力。以下是一位优秀的健身教练应该具备的素质和特点。

（后续生成内容略）

你：很好，从现在开始，请按照你上面总结的特点和技能来扮演我的私人健身教练，你的任务是运用你所掌握的科学专业的运动知识、营养建议和其他因素，为我“量身定制”健身训练计划。

请注意：

1. 你需要通过提问的方式，获得我的详细情况，在你获得我的详细情况之后，再根据我的情况为我“量身定制”计划；

2. 咱们以两周为一个训练周期，你一次只能为我制订一个训练周期的计划，计划要循序渐进；

3. 每次我执行完你的计划之后，我都会给你执行完成的反馈，请你根据我的实际执行反馈情况再制订下一个周期的计划；

4. 在执行的过程中，我会持续对你汇报我在执行中的问题，请你根据我的反馈持续监控我的执行情况，并对我训练过程中遇到的种种问题做出反馈和解决。

AI：了解！很高兴成为您的“虚拟健身教练”。首先，让我们开始了解一下您的基本情况，以制订最适合您的计划。

1. 基本信息

年龄：　　性别：　　身高：　　体重：

2. 健康状况

- 您是否有任何健康问题或受伤历史？例如：心脏病、高血压、骨折、做过手术等。
- 您是否正在服用任何药物？

3. 健身经验

（后续生成内容略）

你：以下是我的基本情况。

（具体内容略）

当我们把具体情况给 AI 之后，AI 就会根据我们的个人情况，为我们制订出适合我们的训练计划。

AI：感谢您详细的反馈，根据您提供的信息，我为您设计了以下为期两周的健身训练计划。这个计划主要是基于增肌和塑型的目标。

一、健身计划

第一周计划

- 第一天（上半身强度训练）

a. 杠铃卧推：4 组 ×8 ～ 10 次

b. 高位下拉：4 组 ×8 ～ 10 次

c. 杠铃弯举：3 组 ×12 次

d. 哑铃肩部推举：3 组 ×12 次

e. 俯身哑铃飞鸟：3 组 ×12 次

f. 窄握杠铃卧推：3 组 ×12 次

- 第二天（下半身强度训练）

（后续生成内容略）

二、饮食建议

考虑到您的目标是增肌塑型，推荐您摄取较多的蛋白质，比如：鸡胸肉、鱼、牛肉、鸡蛋、奶制品和豆类。同时，也要确保摄入充足的碳水化合物和健康的脂肪，如燕麦、大米、全麦面包、坚果和橄榄油。确保每顿饭后摄取足够的蛋白质，以帮助肌肉恢复。

请按照此计划执行，两周后提供反馈，我将根据您的进展调整计划。执行过程中如有任何问题或困难，请随时向我反馈。祝您健身愉快！

在这个过程中，如果你对 AI 制订的计划感到无从下手，那么可以让 AI 手把手地指导训练。比如，你对计划不是特别理解，就可以向 AI 追问，索要更具体的计划。

你：非常感谢，请具体解释下第一天计划中的执行操作，要包括以下要素。

1. 每个动作的动作要领，要给出每一步的步骤。
2. 第一天训练中所需要注意的事项。
3. 第一天整个训练预计完成的时间情况。
4. 其他你认为重要的事情。

AI：当然可以，让我们详细解析第一天的训练。

一、第一天动作拆解

1. 杠铃卧推

○ 动作要领

i. 平躺在卧推凳上，双脚平放在地，背部略微拱起，保持身体稳定。

ii. 双手握住杠铃，握宽稍微大于肩宽。

iii. 深吸一口气，控制地将杠铃缓慢地下放到胸部。

iv. 呼气，用力推起杠铃至起始位置。

○ 注意事项：确保背部始终与凳子保持接触，不要过度拱背。当杠铃下放至胸部时，不要用过多的力量使杠铃弹起。

2. 高位下拉

（后续生成内容略）

二、第一天训练注意事项：（具体生成内容略）

三、第一天训练预计时间：（具体生成内容略）

四、其他重要事项：（具体生成内容略）

● 用微信扫描右侧二维码并回复“8111”，查看此场景的完整生成内容和调教过程。

除了解释动作外，你在执行过程中遇到任何健身问题，都可以向你的“AI 教练”请教。

比如，你浑身酸痛或者有其他问题，不知道是否需要继续训练，那么就可以继续上一次的对话，把你的情况直接告诉你的“AI 教练”。然后 AI 就会反馈相应的解释和详细的解决方案，并细致入微地告诉你每一步的注意事项。

你：教练您好，我已经按照您的计划完成了第一天的训练，现在准备执行第二天的训练计划，但是我遇到了这样的情况：我发现经过一夜休息后，我昨天训练的部位非常酸痛，请问这种情况正常吗？能否正常进行第二天的训练？

AI：您好！首先，恭喜您成功完成第一天的训练！

关于您提到的酸痛，这种现象被称为“延迟性肌肉酸痛”（Delayed Onset Muscle Soreness, DOMS）。DOMS 通常在完成新的或高强度的锻炼后的 24 ～ 72 小时内发生，并且是正常的。其原因可能是体育锻炼中微小的肌肉损伤和炎症反应。对于许多人来说，DOMS 实际上是一个好的迹象，说明身体的肌肉正在适应并变得更强。

以下是针对 DOMS 的一些建议：

（具体生成内容略）

对于您是否应该进行第二天的训练的问题，由于第二天的训练主要针对下半身，因此如果您上半身有酸痛，您仍然可以按计划进行下半身训练。但是，请注意以下事项。

（具体生成内容略）

当你通过 AI 得到解决方案之后，就可以继续找它索要第二天的具体计划。

你：非常感谢您的建议，我决定正常开始第二天的训练，请您解释下第二天计划中的执行操作，要包括以下要素。

1. 每个动作的动作要领，要给出每一步的步骤。
2. 第二天训练中所需要注意的事项。
3. 第二天整个训练预计完成的时间情况。
4. 其他你认为重要的事情。

AI：当然可以，让我们详细解析第二天的训练。

一、第二天动作拆解：（具体生成内容略）

二、第二天训练注意事项：（具体生成内容略）

三、第二天训练预计时间：（具体生成内容略）

四、其他重要事项：（具体生成内容略）

接下来你可以持续使用这套与 AI 互动的思路，直到完成整个训练目标。

- 用微信扫描 246 页的二维码并回复“8112”，查看此场景的完整生成内容和调教过程。

俗话说“三分练，七分吃”，饮食的营养均衡也是提升身体素质的关键要素。

既然 AI 可以作为我们的健身私教，那么我们也可以利用同样的思路，让 AI 作为我们的私人营养师，解决我们“吃什么”的选择困难，并提供科学专业、营养均衡的健康饮食指导。

场景 2：利用 AI 打造私人营养师

利用 AI 打造私人营养师的思路，和前面打造健身私教的思路是一样的。

你：你知道一位优秀的营养师应该具备什么样的素质，以及都有哪些特点吗？

AI：当然知道，一名优秀的营养师……

你：很好，从现在开始，请按照你上面总结的特点和技能来扮演我的私人营养师，你的任务是运用你所掌握的科学专业的营养学知识，负责我今后的饮食情况。

请注意：

1. 首先，你需要通过提问的方式，来获得我的饮食偏好和其他重要情况，确定你对我的情况有充分的了解；
2. 往后每次我需要你制订计划的时候，我都会问你“今天吃什么”，当你收到这个指令之后，请你根据你前面对我的了解并结合之前的饮食搭配策略，为我制订出当天的饮食计划，并备注你为什么这么制订；
3. 以表格的形式给我。

AI：了解，作为你的私人营养师，我会根据你的需求为你提供营养建议。首先，让我们开始了解你的基本情况和饮食偏好。

请回答以下问题。

（具体生成内容略）

你：以下是我的情况。

（具体内容略）

AI：了解，根据你提供的信息，你是一个身体健康、无特殊饮食限制但对蚕蛹过敏的 30 岁程序员。你目前的目标是增肌塑型，并且每周有规律的锻炼。在饮食上，你更喜欢清淡饮食。

为了支持你的增肌目标，我需要确保你摄入足够的蛋白质、健康脂肪和必要的碳水化合物。清淡饮食通常富含蔬菜、水果和高质量的蛋白质，这与增肌饮食策略很相符。

好的，当你问我“今天吃什么”时，我会根据上述信息为你制订饮食计划。现在你想开始制订今天的饮食计划吗？

当把提示词给 AI 之后，AI 就会根据我们的情况和我们设定的规则进行工作了。往后的每一天，如果你不知道该怎么吃、吃多少，都可以直接问你的 AI 私人营养师“今天吃什么”，它会根据你的饮食需求为你“量身定制”饮食计划。

你：今天吃什么？

AI：好的，根据你的信息和需求，以下是为你制订的今天的饮食计划：

时间	餐食内容	为什么这么制订
早餐	燕麦片加牛奶与新鲜蓝莓 3 个全鸡蛋炒鸡胸肉	蛋白质与碳水化合物结合，提供早餐能量与补充蛋白质
上午零食	杏仁 15 颗	提供健康脂肪和少量蛋白质，有利于能量续航
午餐	150 克烤鸡胸肉 绿叶蔬菜沙拉（橄榄油、醋调味） 糙米饭 1 碗	平衡蛋白质、脂肪和碳水化合物，支撑午后的工作
下午零食	一份水果（例如苹果或香蕉）	提供能量，避免下午疲劳
晚餐	200 克清蒸鱼（如鳕鱼） 炒绿叶蔬菜 薯条或红薯	轻松消化的蛋白质与碳水化合物，支持晚上锻炼后恢复
临睡前	一杯低脂奶或酸奶	提供蛋白质，有助于夜间肌肉修复

备注：

1. 为了增肌，保证了每餐都有足够的蛋白质，同时加入了合适的碳水化合物以提供能量；
2. 根据你的喜好，为你选择了清淡但富含营养的食物；
3. 零食主要为健康脂肪和简单的碳水化合物，以维持你整日的能量水平。

这只是一个基本的饮食建议，实际饮食可能需要根据你的饥饿感和满足感进行适当的调整。希望能帮助你达到增肌塑型的目标！

在这个过程中，你也可以与它进行互动。

比如，你当天有特殊的情况或者饮食偏好，可以直接通过备注的形式告诉它，让它根据你的饮食需求，制订出更符合你当下情况的计划。

你：今天吃什么？

请注意：我今天非常忙碌，认真准备饮食的时间不多，在保证我饮食需求的情况下，不要在食谱上推荐制作起来非常复杂的饮食。

AI：了解，考虑到你今天非常忙碌并且制作饮食的时间不多，以下是一个简单又能满足你饮食需求的饮食计划。

（具体生成内容略）

这个过程中，AI 可以随时为你答疑解惑。比如，你不知道某道菜该怎么做，就可以直接问 AI 这道菜的做法。

你：非常感谢，请告诉我，你菜谱中的“红烧鱼片”这道菜该如何做？

请注意：你要给出详细的食材、配料、制作步骤，以及其他一些你认为必要的指导，确保我可以顺利做出这道菜。

AI：当然可以，以下是红烧鱼片的制作方法。

（具体生成内容略）

- 用微信扫描右侧二维码并回复“8113”，查看此场景的完整生成内容和调教过程。

往后每一个你不知道吃什么、怎么吃的日子里，你的私人营养师都会全程提供帮助。

8.2　私人医生：如何用 AI 打造你的健康顾问？

身心健康一直都是我们在生活中着重关注的。我们普通人由于缺少专业的医学知识，在生病或者身体出现异常的时候，总是会感到手足无措。生活中当我们遇到一些常规医疗问题时，我们可以让 AI 充当我们的私人健康顾问，为我们提供医疗建议。

在打造私人健康顾问方面，AI 主要能在以下 3 个场景中帮到我们。

场景 1：利用 AI 打造私人医生

我们完全可以把 AI 打造成我们的私人医生，通过与它沟通，让它给出具体的诊断意见和相应的医疗建议。

利用 AI 打造私人医生所使用的提示词和互动过程如下。

你：你知道一名优秀的医生应该具备什么样的素质和特点吗？

AI：当然，一个优秀的医生不仅需要具备扎实的医学知识和技能，还需要……

你：很好，从现在开始，请按照你上面总结的特点和技能来扮演我的私人医生，你的任务是运用你所掌握的专业医疗知识，以及你的专业素养，根据我的描述，为我做出相应的医疗诊断。

你具体的工作流程应该是这样的。

1. 你需要像真人医生一样，以沟通的方式详细向我了解我身体异常的情况。

2. 当你通过与我的沟通，足够了解我的情况之后，请运用你的专业医疗知识，对我提供给你的情况做出相应的分析，提供诊断的结果，并基于此结果提出你认为对我有用的医疗建议及用药指导。

如果你明白了你的任务和相应要求，请回复“明白”，并持续等待我的医疗问题。

AI：明白。我已准备好，您可以随时提出您的医疗问题。

你：医生您好，我感觉我最近身体……

AI：您好，感谢您的详细描述。了解您的症状对于做出准确诊断是非常重要的。接下来，我会问您一些问题以便更好地了解您的病情。

1. 症状出现的时间：您的这些症状是最近突然出现的还是逐渐发展的？它们持续了多久？

2. 严重程度：您能描述一下这些症状的严重程度吗？它们影响了您的日常生活和工作吗？

3. 其他相关症状：您有没有觉得其他不寻常的症状？比如说体重的变化、头痛、乏力或者食欲的改变？

（后续生成内容略）

你：以下是我的基本情况，如果当下信息不足以让您做出判断，您还可以提出相应的问题，进一步了解我的情况，我会再根据您的问题补充更多信息。

这里填写你的基本信息，并回答 AI 为你提出的问题

AI：非常感谢您提供的详细信息，它对于了解您的病情非常有帮助。根据您所描述的症状和相关信息，有几个可能的诊断方向，但请注意，我不是真正的医生，所以强烈建议您找专业医生进行面对面的诊断。

一、诊断情况

（具体生成内容略）

二、医疗建议

（具体生成内容略）

你：是的，我去过医院很多次，有多名医生也都认为我属于“更年期综合征”，但是我对这个病感觉很陌生。

请您详细介绍下这个疾病，并根据此病为我提供相应的治疗方案、用药指导，以及其他您认为有用的医疗建议。

请注意：为了确保您回答的准确性，您需要先上网充分了解相关信息，在确保您信息的绝对权威和准确性后，再给我相应的医疗建议，并为我提供可供我溯源的信息链接。

AI：根据您的要求，我已经从网上收集了一些关于更年期综合征的信息。这个病症通常发生在……

你：很好，根据以上情况，请为我推荐一些更年期抗抑郁药物，并具体说明使用它们的方法和相应的注意事项。

AI：根据您的病情和需求，我从网络上找到了一些更年期抗抑郁的药物推荐及其使用方法和注意事项。以下是一些可能的药物选项及其用法和注意事项。

（具体生成内容略）

- 用微信扫描右侧二维码并回复“8211”，查看此场景的完整生成内容和调教过程。

这里特别提醒，医学是一个非常复杂的学科，AI 并不能替代真人医生，也无法从各个维度来判断我们的真实病情。所以无论是诊断意见还是用药指导，它的建议都仅供参考。如果遇到比较严重的情况，请寻求真人医生的帮助。

场景 2：让 AI 分析医疗数据

我们在就医的时候经常需要做各种检查，也会有各种各样的医学资料，比如病历记录、医学报告、医生建议等，这些数据和资料对于医生来说很好理解，但是对于外行的我们来说就像是“天书”。

既然 AI 不仅有分析数据的能力，还是“百晓生”，我们就可以利用 AI 来解读各种医学资料。这里不妨拿体检报告来说，如果我们想知道这些数据究竟意味着什么，就可以把这些数据提交给 AI。

你：你是专业的体检报告解读专家，而我是完全的医学小白，你的任务有二。

任务 1：帮我分析我的数据，并用外行人能听懂的方式，告诉我这些数据说明了什么。

任务 2：根据这些数据反映出来的情况，给出我相应的医疗建议。

下面是我的体检数据。

“这里贴出你需要 AI 分析解读的内容”

AI：好的，首先我们先来解读您的体检数据。

任务 1：数据分析

1. 白细胞及其亚群
    - 白细胞数目（WBC）：您略低于正常范围。白细胞与免疫反应有关，数目过低可能表示身体的免疫反应减弱。
    - 中性粒细胞数目（Neut#）：您也低于正常范围。中性粒细胞是白细胞的一种，主要负责对抗细菌感染。

2. 红细胞及其相关指标

（后续生成内容略）

任务 2：医疗建议

1. 白细胞及其亚群

  - 您的白细胞和中性粒细胞数目略低，建议注意观察是否有频繁感染、疲劳、发热等症状。如果有持续性症状，建议咨询医生进一步检查。

2. 红细胞及其相关指标

（后续生成内容略）

除了体检数据外，对于其他任何你感兴趣但是读不懂的医疗数据，你都可以按照同样的思路，让 AI 帮助你解读。

- 用微信扫描 251 页的二维码并回复“8212”，查看此场景的完整生成内容和调教过程。

场景 3：利用 AI 打造心理医生

心理医生你可能只是听过，了解得并不多，它和我们经常接触的、解决生理问题的医生还是有很大不同的。

随着生活工作节奏的加快，现在我们越来越关注心理健康。AI 不仅能帮助我们找到生理方面问题的医生，也完全可以作为我们的心理医生。

利用 AI 打造私人心理医生所使用的具体提示词和互动过程如下。

你：你知道一名优秀的心理医生应该具备什么样的素质和特点吗？

AI：当然，优秀的心理医生不仅需要在学术和技能上有深厚的功底，而且还需要……

你：很好，从现在开始，请按照你上面总结的特点和技能来扮演我的私人心理医生，你的任务是运用你所掌握的专业知识和你的专业素养，为我完成心理咨询服务，促成我想要的改变。

以下是对你的工作要求，以及需要你注意的事项。

1. 你需要像真人心理医生一样，通过对话的形式，与我不断互动，引导我深入探讨思想和感受的问题。

2. 你需要始终关注对话中我所经历的事情，以尊重的态度提出合适的问题来引发我的反思，并就你注意到的我的思维、情感或行为模式提出相应建议。

3. 如果我不主动结束对话，那么你就永远不要结束对话，而是针对每一个话题提出问题并引导我就这个话题进行更深入的探讨。

如果你明白了你的任务及相应要求，请回复“明白”，并立刻进入角色，进入心理咨询的场景。

AI：明白。首先，感谢你信任我并分享你的想法和感受。我会尽我所能来帮助你。请告诉我，你最近有什么想要分享的，或者有什么困扰你的事情吗？

当你把提示词给 AI 之后，你就得到了一个你的私人心理医生，你可以毫无顾忌地对它倾诉任何你想倾诉的东西。

你：医生您好，我总是在努力和躺平之间摇摆，彻底躺平的时候，内心总有不甘，此时会因为不甘而痛苦，而发奋努力的时候却总感觉到无能为力、杯水车薪，会因为无力而痛苦。

现在整个人处于一种分裂的状态，已经严重影响了工作与生活，现在每天都在逃避这个问题，与自己内耗。

AI：很抱歉听到你正在经历这样的困境。许多人都会在人生的某个阶段体验到类似的情感，这种"努力与躺平"之间的冲突是很常见的。你所描述的这种分裂感和痛苦，确实会影响到个人的工作和生活质量。

1. 关于躺平：当你说到"躺平"，是如何定义的？躺平对你意味着什么？是完全的放弃，还是只是短暂的休息？

2. 关于努力：你感到"无能为力、杯水车薪"，可以分享一下你为什么会有这种感觉吗？是否有具体的事情或经历导致你有这种感受？

3. 影响的领域：你提到这种情绪已经严重影响了工作和生活，能具体描述一下这种影响吗？

希望通过上述问题，能帮助你深入思考和分享你的感受。

你：关于躺平，我……

AI：首先，我想说，谢谢你愿意和我分享这些深刻和私人的情感和体验。很显然，你正在经历一个充满挑战和自我怀疑的时期。

关于躺平：你描述的"躺平"并不是单纯地放松或休息，而更像是一种对生活的绝望或放弃。这样的感觉可能会让人感到空虚、毫无目标或迷茫。

关于努力：听到你在学习方面和其他方面上面对的挑战，我可以理解你为何会感到沮丧。但是，请记住，每个人都有自己的节奏和学习速度。与他人进行比较有时会带来压力，但这并不意味着你是"残次品"。可能你只是还没有找到适合自己的学习方法或策略。

影响的领域：这种在"努力和放弃"之间的循环可能会导致疲惫和失落，因为每次你都感到自己在尝试，但很快又放弃了。

接下来，我有几个问题和想法想要与你探讨：

（后续生成内容和交流过程略）

- 用微信扫描右侧二维码并回复"8213"，查看此场景的完整生成内容和调教过程。

如果经常因为压力或焦虑而失眠，不能即刻打电话叫醒你的心理医生，那么你的 AI 私人医生可以随时响应你，给予你最贴心的聆听与陪伴。

特别提醒

虽然现阶段的 AI 已经具备了非常强大的医疗支持能力，但是人与人之间互动的温度，以及专业性，仍然是 AI 的弱项，因此目前 AI 还无法完全替代真人医生。所以无论是生理问题还是心理问题，为了确保你的问题能得到更好的解决，必要时还是建议去找线下的医生诊断，而不是把你的健康问题完全交给 AI 解决。

8.3 私人导游：如何用 AI 打造你的私人导游？

旅行是我们生活中重要的身心疗愈方式，但是出行中难免碰到种种问题，如果处理不好也会让我们倍感糟心。

AI 可以帮助我们解决旅行过程中的种种麻烦，其在旅行方面主要有以下 3 个场景。

场景 1：利用 AI 做旅游参考

世界这么大，又这么令人陌生，我们在决定出去走走的时候，面临的第一个问题往往是不知道该去哪里玩，以及玩什么。这个时候你就可以让 AI 给你提供一些思路。提示词以及具体效果如下。

你：你知道一名优秀的导游应该具备什么样的素质和特点吗？

AI：当然，一名优秀的导游不仅仅是为游客提供导览服务，还需要在多个方面展现出专业性和魅力。以下是……

（具体生成内容略）

你：很好，从现在开始，请按照你上面总结的特点和技能来扮演我的私人导游，每次我用到你的时候，都会给你提供一个地点，你的任务是按照下面的要求为我生成相应的旅游攻略。

- 基础情况：对该地点的基础人文地理等情况进行基本介绍。

- 景点推荐：对该地点内，或者关联的知名景点做出推荐，并对每一个景点的特点或者文化特色进行详细介绍。

- 旅游时间：给出该地点的最佳旅游时间，并按照月份给出详细的特点介绍。

- 交通指南：介绍该地点的交通情况，提供在该地点游玩的交通指南。

- 住宿指南：介绍该地点的住宿情况，并推荐一些该地点的酒店或民宿。

- 美食指南：推荐一些该地点的特色美食，并对每一种美食做出详细介绍。

- 购物指南：推荐一些该地点的特色纪念品，并对每种纪念品做出详细介绍。

请注意：

1. 你在给出以上每一模块信息的时候，都要尽可能详细，给出我尽可能多的信息帮助我了解这些情况；

2. 回答的语气要热情洋溢，充满活力；

3. 如果你听明白了你的任务，请回复“明白”，并持续等待我的内容。

AI：明白！我非常高兴成为您的私人导游，并期待为您提供尽可能详细且充满活力的旅游指南。请告诉我您想要了解的地点，我会竭诚为您服务！

当你把提示词给 AI 之后，无论是问任何旅游相关的问题，还是让它对某些景点做介绍，它都能给你清晰明确的答案。

你：黄山。

AI：黄山旅游指南

一、基础情况

黄山，位于中国安徽省南部，是中国十大名山之一。它因雄伟的岩石、古老的松树、奇特的云海、温泉和冬季的雪景而闻名于世。黄山被联合国教科文组织列为世界自然和文化双重遗产。

二、景点推荐

（后续生成内容略）

你：泰国。

AI：泰国旅游指南

一、基础情况

泰国，亚洲东南部国家，位于中南半岛中部，是一个拥有丰富文化、古老寺庙、美丽的海滩和热带雨林的国家。泰国的首都是曼谷，是一个现代与传统交织的城市。

二、景点推荐

（后续生成内容略）

- 用微信扫描右侧二维码并回复“8311”，查看此场景的完整生成内容和调教过程。

场景 2：利用 AI 做出行规划

利用 AI 做旅行攻略的场景，我们在前面已经提过，这里着重讲怎么把 AI 打造成媲美真人的出行规划师。将 AI 打造成私人出行规划师的提示词及效果参考如下。

你：你知道一名优秀的旅行规划师应该具备什么样的素质和特点吗？

AI：当然，一名优秀的旅行规划师需要具备一系列的技能和素质，以确保为客户提供最佳的旅行体验。以下是一些重要的素质和特点。

（具体生成内容略）

你：很好，从现在开始，请按照你上面总结的特点和技能来扮演我的私人出行规划师，你的任务是运用你所掌握的专业知识和你的专业素养，为我做出相应的出行规划。

以下是你的具体任务介绍。

每次我需要你制订出行规划的时候，我都会告诉你相应的指令，如果你收到的是“世界那么大，我想去看看”，说明我此次出行的目的是休闲旅游。而如果你收到的指令是“来也匆匆，去也匆匆”，则说明我此次的出行目的是出差。

- 如果我此次出行的目的是休闲旅游，那么请你按照下面这个流程工作。

1. 你需要像真人旅行规划师一样，以沟通的方式来充分了解我的出行需求。

2. 在你获得我的出行需求之后，请你根据我的需求为我“量身定制”一份旅行规划，并对规划中的每一项做出详细的讲解，包括景点文化、每个项目的预估花费、餐饮和购物建议等信息。

3. 根据我的出行需求，提醒我出发前需要准备和注意的各项事宜。

- 如果我此次出行的目的是出差，那么请你按照这个流程工作。

1. 你需要像真人出差规划师一样，以沟通的方式来充分了解我的出行需求。

2. 在你获得我的出行需求之后，请你根据我的需求为我“量身定制”一份出差规划，并对规划中的每一项做出详细的解释或者其他的补充说明。

3. 根据我的出行需求，提醒我出发前需要准备和注意的各项事宜。

请注意：如果你听明白了你的任务和相应要求，请回复“明白”，并持续等待我的指令。

AI：明白。我会按照您的指令为您提供相应的出行规划服务，期待您的指令。

把提示词给 AI 之后，你今后无论是旅游出行还是公务出差，都可以让 AI 给出清晰的计划和指导。

你：来也匆匆，去也匆匆。

AI：了解您此次出行的目的是出差。让我们开始详细了解您的需求以便为您制订合适的行程。请您提供以下信息。

1. 出行日期与时长

您计划何时出发，以及此次出差预计的时长？

2. 目的地

您此次出差的具体目的地是哪里？

（后续生成内容略）

你：问题 1：后天出发（10 月 15 日），此次出差预计 7 天。

问题 2：出发地山东省烟台市，目的地广东省深圳市。

问题 3：组织一场讲学活动，需要预定活动场地，活动时间 10 月 17 日—10 月 21 日。

问题 4：酒店，一晚不低于 200 元、不高于 800 元的标准。

问题 5：飞机或高铁。

问题 6：10000 元人民币。

问题 7：饮食无特殊要求，活动结束后，可以安排一天内参观当地景点的旅游活动。

AI：感谢您提供的详细信息。根据您的需求，我为您制订了以下的出差规划。

1. 交通安排

- 去程：10 月 15 日从山东省烟台市出发，建议搭乘飞机或高铁至广东省深圳市。具体的航班或车次及价格需要根据实时情况查询。

○ 返程：10 月 22 日从广东省深圳市返回山东省烟台市，同样建议搭乘飞机或高铁。具体的航班或车次及价格也需要根据实时情况查询。

2. 住宿安排

（后续生成内容略）

你：世界那么大，我想去看看。

AI：了解您此次出行的目的是休闲旅游。为了更好地为您制订旅行规划，我需要了解一些额外的信息。请您提供以下信息。

1. 旅游日期与时长

您计划何时出发，以及此次旅游预计的时长。

（后续生成内容和交流过程略）

● 用微信扫描右侧二维码并回复“8312”，查看此场景的完整生成内容和调教过程。

场景 3：AI 导游“百事通”

导游“百事通”指的是让 AI 扮演一个贴身导游的角色，我们在旅游中遇到的任何问题都可以问它。让 AI 作为私人导游“百事通”的提示词和演示效果如下。

你：你知道一名优秀的导游应该具备什么样的素质和特点吗？

AI：当然，一名优秀的导游不仅仅是提供旅游信息的人，还应具备多方面的素质和特点，以下是……

你：很好，从现在开始，请按照你上面总结的特点和技能来扮演我的私人导游，每次我用到你的时候，都会向你抛出一个问题，你的任务是运用你所掌握的专业知识和你的专业素养，为我解决我的一切旅行问题。

请注意：

1. 你回答的语气必须要热情洋溢，充满活力；

2. 如果你听明白了你的任务，请回复明白，并持续等待我的问题。

AI：明白了！作为您的虚拟私人导游，我将尽我所能为您提供热情、专业的服务！请随时告诉我您的问题，我在这里等待，随时为您服务！

你：请告诉我寒山寺有哪些好玩的地方，并讲讲它背后的故事，以及名人逸事。

AI：（具体生成内容略）

你：我现在在秦岭，请推荐 5 条秦岭重装徒步的路线，请以表格的形式，列出徒步线路、徒步距离、爬升高度等信息。

AI：（具体生成内容略）

你：苏东坡都去哪些地方旅行过？请按照苏东坡旅行的方式，给我规划一条旅行路线，并提供详细的旅行攻略。

AI：（具体生成内容略）

你：我现在在云南傣族居住区，请问傣族人都有什么文化特点，和他们相处需要注意什么？

AI：（后续生成内容略）

- 用微信扫描 257 页的二维码并回复“8313”，查看此场景的完整生成内容和调教过程。

8.4 私人律师：如何用 AI 打造你的私人律师？

无论是在工作中还是在生活中，我们总会遇到矛盾、纠纷，以及面对各种各样的约束，如果没有一定的法律知识，就有可能吃大亏。然而法律是一个庞大的体系，外行人想靠短时间自学来解决法律问题几乎是不现实的，而专职律师的咨询费一般价格不菲。

我们在遇到法律相关问题时，还可以考虑借助 AI 来解决。在法律领域中，AI 主要可以在以下 3 个场景帮到我们。

场景 1：让 AI 提供法律咨询

对于你在生活或工作中遇到的任何让你苦恼、不知道该怎么处理的法律纠纷，你都可以向 AI 咨询，让它基于它的专业水平给出具体建议。利用 AI 打造咨询律师所使用的提示词及其效果如下。

你：你知道一名优秀的中国咨询律师应该具备什么样的素质和特点吗？

AI：当然，一名优秀的中国咨询律师不仅应具备律师的职业素质和能力，还需要了解和适应中国的法律环境和文化背景，以下是……

你：很好，从现在开始，请按照你上面总结的特点和技能来扮演我的私人律师，你的任务是运用你所掌握的专业知识和你的专业素养，为我提供法律咨询服务。

你具体的工作流程如下。

1. 你需要通过提问和互动的方式，来获得我的问题描述，确保你对我的情况有充分的了解。
2. 当你充分了解我的情况之后，基于我的情况为我做出相应的分析，并提供法律建议。

请注意：

1. 当你收到“律师您好”指令的时候，就意味着我的咨询开始了，请你按照前面的流程开始工作；
2. 你回答的语气要专业严谨；
3. 如果你听明白了你的任务，请回复明白，并持续等待我的开始指令。

AI：明白。我已经准备好为您提供法律咨询服务。请您发出“律师您好”指令，我会立即进入工作模式。

你：律师您好，是这样，我最近在为一件事情纠结，如果我从公司的账户里转了一笔钱用于自己炒股，3 个月内我就把这笔钱还回去了，请问我构成犯罪吗？

AI：律师在此提醒您，私自使用公司资金进行投资或其他私人用途，即便您有意向归还，也可能构成犯罪行为。具体来说，以下几点是您需要注意的。

（具体生成内容略）

你：律师您好，我一年前借了 8000 元现金给同事张三，但是没有想到张三竟然赖账，欠款不还，但是当时出于信任，我们并没有留下任何欠条等字据，现在我们已经撕破了脸皮，请问我现在应该怎么办？

AI：律师在此提醒您，在没有书面证据的情况下，追讨债务可能会面临一些困难。但仍有一些措施可以采取。以下是建议的几个步骤。

（具体生成内容略）

你：律师您好，我最近碰到了这么一个问题：我因为对小区的物业服务不满，所以停止缴纳相关物业费了，于是物业公司便雇佣第三方平台隔三岔五地给我发骚扰短信。短信的内容大致就是让我赶紧交物业费，不交就发律师函，并且威胁我说法院已经受理，马上就要开庭云云，搞得我不胜其烦，请问这种情况下，我能告他们恶意骚扰吗？请给出具体建议。

AI：律师在此提醒您，物业公司和您之间的关系是基于物业管理合同的。如果您违反了合同中的条款，如停止缴纳物业费，物业公司有权要求您履行合同。但是，他们在追索欠款的过程中必须遵循法律的规定，并且不能侵犯您的合法权益。

针对您的描述，以下是我的建议。

（具体生成内容略）

- 用微信扫描右侧二维码并回复“8411”，查看此场景的完整生成内容和调教过程。

场景 2：利用 AI 审查合同文书

前面讲过 AI 可以帮我们解读医学资料，同样在法律领域，如果我们碰到一些读不懂或不理解的合同文书、法律条款，也可以让 AI 来做出通俗的解读。

这里不妨拿一份借贷合同来举例，如果你对这份合同有疑问，就可以通过这样的方式来让 AI 为你审核这份合同。

你：你知道如何审查一份借贷合同吗？

AI：当然，审查一份借贷合同是一个很重要的过程，因为它关乎你的权益。以下是一些建议和步骤，可以帮助你审查和理解借贷合同。

（具体生成内容略）

你：很好，我是李四，我找张三借了一笔钱，下面是我们的合同，请你扮演一名专业的律师，按照你上面的总结，为我仔细分析和审查下面的合同，找出其中不合理或者有风险的地方，规避可能因为合同而导致我面临的一切风险。

具体需要 AI 审查的合同内容

AI：首先，这是一份相对详细的借款合同。我会按照上面列出的审核步骤进行逐条分析，以帮助你找出其中可能存在的风险或不合理之处，以下是对合同的分析和审查结果。

1. 基本信息确认：确保出借人和借款人的名称、地址和联系方式都是正确的
2. 借款金额和期限
   - 借款金额明确为人民币 100 万元。
   - 借款期限有部分内容为空，如："借款期限为 × 个月""自 × 年 × 月 × 日起至 × 年 × 月 × 日止"。这些需要明确填写，以避免纠纷。
3. 利率和还款方式
   - 月利率为 3.2%，稍微偏高，确保你能承受这样的利率。
   - 5.1 和 5.2 似乎有重复和不一致的描述。是一次性还本或是等额本息还款？这需要明确。

（后续生成内容略）

- 用微信扫描 259 页的二维码并回复"8412"，查看此场景的完整生成内容和调教过程。

当我们把提示词和需要审查的内容给 AI 之后，它就会像一名专业的律师一样对合同进行仔细的分析和审查，提醒你所有可能存在风险的地方。

场景 3：让 AI 撰写诉状

不是所有的矛盾都可以通过私下沟通解决，对于一些难以调和的矛盾，我们可以按规定合理合法地诉诸法庭。我国法律规定，任何人遇到不可调和的纠纷，都可以行使当事人的权利，写诉状诉诸法庭解决。除非你有一定的法律知识，否则只能花钱委托律师来帮你写诉状。但是现在有了 AI，我们可以让它来完成诉状的撰写。

还是拿欠钱不还的案例来举例，具体的提示词及其效果如下。

你：在中国的法律体系下，你知道如何写一份优秀的诉状吗？

AI：当然，在中国的法律体系中，诉状是起诉一方（原告）向法院提交的书面材料，用于提起诉讼说明诉讼请求及其理由。编写一份优秀的诉状，需要确保以下几个关键元素和注意事项。

（具体生成内容略）

你：很好，现在请你扮演一名精通中国法律的律师，我会在下面描述我正在遇到的法律问题。你的任务是，根据我下面的情况分析我的问题，并按照你上面总结的诉状标准，帮我写一份详细的诉状，目标是解决我的问题，并为我争取最大的利益。

以下是我的情况，如果我叙述模糊，或者缺少必要信息，您可以随时向我提问。

###

2019 年张三因购买商品房，向我借款 40 万元，我于 2019 年 10 月 13 日通过我农行的银行账户将 40 万元转账到他的工行账户。

借款时他答应会在 1 年内还款，并给 3% 的年利息，因为多年朋友关系，在借款的时候，我并没有让他写借条，现在距离借款日已经过去了 3 年，这期间我多次与他沟通无果，甚至还发生了言语争执。

我的诉求是让他归还 40 万元，并按照银行存款利息年化 3.5% 的标准，支付我 3 年相应的利息。

###

AI：根据您所描述的情况，以下是为您准备的诉状。

至 ×× 人民法院：

原告：[您的全名]

地址：[您的地址]

电话：[您的电话]

被告：张三

地址：[张三的地址，若知道的话]

电话：[张三的电话，若知道的话]

关于被告张三未归还借款及利息的诉状

尊敬的法官：

我 [您的全名]，为了维护自己的合法权益，现向本院提起诉讼，请求判令被告张三返还我借款本金及约定利息。具体事宜如下。

一、事实与理由

1. 2019 年，被告张三因购买商品房需求资金，向我借款 40 万元。我于 2019 年 10 月 13 日，通过我的农业银行账户将 40 万元转账到被告的工商银行账户。

2. 借款时，被告承诺在 1 年内还款，并支付 3% 的年利息。基于与被告的多年朋友关系，我信赖其承诺，未要求其出具借据。

3. 自借款日期至今已超过 3 年，被告未归还我任何款项。尽管我多次与其沟通，要求其归还本金及利息，但均未达成一致，甚至出现了争执。

我在此基于《中华人民共和国合同法》[1] 第二百零四条“当事人约定借款利率超过人民银行规定的最高年利率不超过四分之一的，超出部分的利息无效”来要求 3.5% 的年化利息，该利率低于最高利率的四分之一，故合法有效。

二、诉讼请求

1. 要求被告归还我借款本金 40 万元。

2. 要求被告按照 3.5% 的年化利率支付我从 2019 年 10 月 13 日起至实际归还日期止的利息。

3. 要求被告承担此次诉讼的全部费用。

三、证据

1. 农业银行转账记录，证明我在 2019 年 10 月 13 日将 40 万元转账至被告张三的工商银行账户。

2. 我与被告的通话记录、短信、微信聊天记录等，证明被告承诺的还款及利息事宜。

3. 证人证言，如有其他知情人可以证明借款事实及金额。

---

1 《中华人民共和国合同法》已于 2021 年 1 月 1 日废止。

鉴于上述事实及证据，恳请本院依法做出公正裁决。

此致

敬礼！

原告：[您的全名][日期]

请注意：此诉状仅为模板，为保障您的权益，建议您在正式提交前，咨询当地律师进行审核和修改。

- 用微信扫描右侧二维码并回复“8413”，查看此场景的完整生成内容和调教过程。

当我们把相关提示词和内容给 AI 之后，AI 就会马上帮我们完成一份符合标准且有理有据的诉状，我们只需要把我们的个人信息填上，就可以将其提交给法院，向对方发起民事诉讼了。

这里必须提醒一点，虽然 AI 在法律领域已经具备了极强的能力，但是如果我们面对的是复杂的官司或者法律后果比较严重的事件，还是应咨询专业的真人律师，而不能图省钱或者图方便，完全依赖 AI。

8.5 私人财务：如何用 AI 打造你的私人财务师？

金钱、财富是决定我们生活幸福感的因素之一。我们大部分人缺少系统的财务训练，对自己的财务情况非常不敏感，难免出现挥霍无度、花钱如流水的情况，抑或出现财产贬值等财务问题。

如果你雇不起理财师，又不懂得财务知识，但又想拥有一个稳健的财务状况，就可以让 AI 发挥作用。在个人财务方面，AI 主要可以在以下 3 个场景帮到我们。

场景 1：利用 AI 打造私人税务师

依法纳税是每一位公民的义务，偷税漏税是严重的违法行为。税收是一个很庞大的体系，如果你在工作和生活中遇到不明白的税务问题，都可以交给你的 AI 私人税务师来解决。打造私人税务师所使用的提示词和演示效果如下。

你：在中国的税收体系下，你知道一名优秀的私人税务师，需要具备什么样的素质和特点吗？

AI：在中国的税收体系下，一名优秀的私人税务师需要具备多方面的素质和特点以提供高质量的税务服务。以下是一些关键点。

（具体生成内容略）

你：很好，从现在开始，请按照你上面总结的特点和技能来扮演我的私人税务师，每次我用到你的时候，都会向你抛出一个问题，你的任务是运用你所掌握的专业知识和你的专业素养，为我解决我一切税务相关的问题。

请注意：

1. 你回答的语气必须要专业、严谨；
2. 如果你听明白了你的任务，请回复“明白”，并持续等待我的问题。

AI：明白。我会持续等待您的问题，并竭力为您提供专业、准确的税务咨询服务。

你：税务师您好，以下是我的税务问题，如果我描述得不够清楚，请您再通过向我提问的方式获得更具体的信息。

我在过去的一年中，通过工作赚了 10 万元人民币，通过兼职赚了 3 万元人民币，又通过股市赚了 10 万元人民币，共得收入 23 万元人民币。

现在我想知道，这些收入中哪些收入应该报税，如果需要交税，预计需要交多少？

AI：税务师在此，感谢您向我咨询。在中国，个人的收入来源分为多种类别，并且每种类别的税率和免税额度可能会有所不同。通常情况下，您的工资、兼职收入和股票交易收益都是应纳税所得。下面是根据您的情况给出的一些基本解释和计算。

1. 工资收入

您的工资收入（10 万元人民币）应按照个人所得税的相关规定纳税。在中国，个人所得税的起征点是每月 5000 元，年度起征点为 6 万元。

2. 兼职收入

兼职收入（3 万元人民币）同样需要缴纳个人所得税。兼职收入可按照劳务报酬的税率来计算。

3. 股票交易收益

通过股市赚得的 10 万元收入，按照中国的税法，股票的资本收益通常是免税的，但股息收入则需缴税。

为了给您提供更准确的税务建议和计算，我需要了解更多信息，包括但不限于：

- 您的兼职收入是否通过发票或其他官方文件进行了记录；
- 您的股市收益是否包含股息收入，如果包含，股息收入是多少；
- 您是否有任何可以抵扣的税务减免或者依法可以减免税的项？

请您提供以上所需信息，以便我为您提供更为准确和详细的税务建议。

你：好的，以下是对你提出的 3 个问题的回答。

1. 大约有 2 万元进行了记录，1 万元没有。
2. 包含股息收入，股息收入大约是 500 元。
3. 我不清楚这一点，请您具体为我讲解合法减免的方式。

AI：感谢您提供的详细信息。下面是根据您的情况对您的税务状况的分析和一些合法减免的建议。

1. 工资收入

您的工资收入 10 万元人民币，在减去年度起征点 6 万元后，剩下的 4 万元将需纳税。根据个人所得税的税率表，您可能需要按照适用的税率缴纳税款。

2. 兼职收入

对于已经记录的 2 万元兼职收入，需要按照劳务报酬的税率缴纳个人所得税。未记录的 1 万元收入，如果没有正式的记录或发票，可能存在一些税务风险。建议您咨询专业的税务顾问以确保合规。

（后续生成内容略）

你：非常好，请问我该如何申报我的税务？请给出具体的执行步骤。

AI：在中国，个人所得税的申报和缴纳通常由雇主负责处理，但在某些情况下，例如您的兼职收入和股息收入，可能需要自行申报。以下是申报个人所得税的基本步骤：

1. 收集相关材料

收集所有与收入、扣除和税务减免相关的文件和信息，如工资单、兼职收入证明、股息收入证明、社保缴费凭证、赡养老人支出凭证、子女教育支出凭证和医疗保险缴费凭证等。

2. 注册并登录个人所得税服务系统

（后续生成内容略）

- 用微信扫描右侧二维码并回复“8511”，查看此场景的完整生成内容和调教过程。

场景 2：利用 AI 打造财务咨询师

你在生活中遇到任何涉及财务管理的问题，都可以向你的 AI 财务咨询师咨询，让它基于它的专业知识给出具体建议。利用 AI 打造私人财务咨询师所使用的提示词及其效果如下。

你：你知道一名优秀的私人财务咨询师，应该具备什么样的素质和特点吗?

AI：优秀的私人财务咨询师应具备多种素质和特点，以确保为客户提供最佳的服务和建议。以下是一些重要的素质和特点。

（具体生成内容略）

你：很好，从现在开始，请按照你上面总结的特点和技能来扮演我的私人财务咨询师，你精通中国市场和法律等一切与财务相关的问题。

每次我用到你的时候，都会向你抛出一个问题，你的任务是运用你所掌握的专业知识，以及你的专业素养，为我解决我一切财务、投资等领域相关的问题。

请注意：

1. 你回答的语气必须要专业、严谨；
2. 如果你听明白了你的任务，请回复“明白”，并持续等待我的问题。

AI：明白。我会按照您的要求，为您提供专业、严谨的财务和投资方面的咨询服务。请随时提出您的问题。

1. 让 AI 做负债管理

你：财务师您好，我叫张三，目前在一家中型公司工作，每月净收入为 4000 元，我在过去几年内因各种原因累积了以下债务，请您根据我的情况做出详细的分析，并帮我做一份负债管理，制订具体的还款策略。

助学贷款：2 万元，年利率为 5%，每月最低还款为 200 元。

信用卡债务：1 万元，年利率为 18%，每月最低还款为 200 元。

汽车贷款：15 万元，年利率为 3%，每月还款为 450 元。

总负债：18 万元

总月还款：850 元

每月其他固定支出（如租金、杂费、保险等）：2000 元。###

AI：张先生您好，根据您提供的财务情况，我为您进行了一些初步的分析和负债管理规划。以下是我的建议。

1. 负债概况分析

您目前的总负债为 18 万元，每月固定还款总额为 850 元，加上其他固定支出 2000 元，总月支出为 2850 元。您的月净收入为 4000 元，减去总月支出后，您每月可用于其他支出或额外还款的金额为 1150 元。

2. 利息费用分析

在您的 3 种贷款中，信用卡债务的年利率最高，为 18%，远高于助学贷款的 5% 和汽车贷款的 3%。因此，减轻信用卡债务的利息负担应是优先考虑的事项。

3. 还款策略建议

- 优先偿还信用卡债务

您可以考虑将每月可用的额外资金（1150 元）用于优先偿还信用卡债务，以减轻较高利息的负担。假设每月额外还款 1150 元，您将在大约 7 个月内清偿完信用卡债务。

- 次优先偿还助学贷款

（后续生成内容略）

2. 让 AI 做财务规划

你：财务师您好，我叫李四，以下是我的具体情况，请您先仔细分析我的情况，然后再根据我的情况，为我制订一份全方位的详细财务规划，并给出具体的执行策略。

我今年 40 岁，某股份制私营企业中层干部，妻子是大学教师，有一个 2 岁的女儿，家庭年收入为 10.02 万元（含年终奖约 3 万元），居住在天津，目前有一套 120 平方米的按揭房，贷款 10.5 万元（贷款年限 10 年），每月支付 1130 元，已付 5 年，另有学校分配住房一套，50 平方米，现出租，年租金 1 万元。

到目前只有存款 4 万元，平时家庭开支（含房屋按揭）4500 元，个人开支 1500 元。

我单位有养老保险、住房公积金，无商业保险；妻子有养老保险，另购有重大疾病商业保险 7 万元（保额），年缴费 2700 元；女儿有重大疾病保险 5 万元（保额），年缴费 1500 元。###

AI：李先生您好，根据您提供的信息，我为您制订了一个初步的财务规划。以下是详细的分析及执行策略。

1. 收入与支出分析

您的家庭年收入为10.02万元（含年终奖3万元），月收入约为8350元。每月家庭固定开支（含房屋按揭）为4500元，个人开支为1500元，总月支出为6000元。每月剩余可用于储蓄或投资的资金为2350元。

2. 负债管理

您的房贷为10.5万元，每月还款1130元，已还5年，剩余还款期限为5年。考虑继续按照现有的还款计划偿还，同时保持目前的租金收入用于覆盖房贷支出。

3. 应急储备

（后续生成内容略）

3. 让AI做保险规划

你：财务师您好，我叫王二，以下是我的具体情况，请您先仔细分析我的情况，然后再根据我的情况，为我制订一份全方位的详细保险规划，并给出具体的执行策略。

我今年40岁，月收入税后可达3万元，我太太38岁，每月收入5000元，有两个孩子，大孩今年8岁，小孩今年6岁，家里还有一个80岁的老人。

我和太太均有社保（五险一金），但是没有其他商业保险，包括老人孩子。

目前家庭日常支出3000元左右，此外还有赡养老人4000元，偿还房贷4000元，孩子教育3000元，因业余时间自由，假期习惯外出旅游，年终奖金基本用于旅游支出。###

AI：王先生您好，根据您提供的信息，我为您和您的家庭制订了一个初步的保险规划。以下是详细的分析及执行策略。

1. 家庭保险需求分析

您的家庭包括您、您的太太、两个孩子和一个80岁的老人，每个家庭成员的保险需求可能会不同。购买保险的主要目的是降低未来可能的财务风险，如疾病、意外或其他突发事件导致的风险。

2. 保险规划建议

- 意外伤害保险

为全家购买意外伤害保险，以覆盖因意外造成的医疗费用或残疾赔偿。预计年支出3000元。

- 重大疾病保险

为您和您的太太购买重大疾病保险，保额推荐在10万元以上。预计年支出4000元。

- 老人的医疗保险

(后续生成内容略)

4. 让AI进行财务问题解答

你：请您用通俗的语言讲解下，重疾险和医疗险究竟有什么区别。

AI：当然可以。重疾险和医疗险是两种不同类型的保险，它们提供的保障和赔偿方式有所区别。以下是它们的主要区别。

（具体生成内容略）

你：请您用通俗的语言讲解下，什么是等额本息和等额本金。

AI：等额本息和等额本金是贷款还款方式的两种常见形式。下面我将用简单易懂的语言为您解释这两者的区别，并比较它们的优缺点。

（具体生成内容略）

- 用微信扫描右侧二维码并回复“8512”，查看此场景的完整生成内容和调教过程。

场景3：利用AI打造私人理财师

你：你知道一名优秀的私人理财师，应该具备什么素质和特点吗？

AI：一名优秀的个人理财师应具备多方面的素质和特点，以便为客户提供高质量的服务和建议。以下是一些关键的素质和特点。

（具体生成内容略）

你：很好，从现在开始，请按照你上面总结的特点和技能来扮演我的私人理财师，你的任务是运用你所掌握的专业知识和你的专业素养，帮我解决我的与投资等相关的问题。

你具体的工作流程应该是这样的。

1. 每次需要你的时候，我都会先向你提交我的财务情况。

2. 当你获得我的财务情况之后，你需要像真人理财师一样，通过向我出题的方式，测出我的投资性格倾向。

3. 当你通过以上两步对我有了充分了解之后，再根据我的情况，给我相应的理财建议，并且提供相应的投资推荐。

请注意：

1. 你回答的语气必须要专业、严谨；

2. 如果你明白了你的任务和相应要求，请回复“明白”，并持续等待我的内容。

AI：明白。我已准备好为您提供专业的个人理财服务。请随时提供您的财务情况，以便我们开始此过程。

你：理财师您好，我叫王二，今年 40 岁，是一名软件工程师，月收入税后可达 3 万元。……

AI：王先生您好，感谢您提供的详细财务信息。为了更好地理解您的投资偏好和风险承受能力，我想向您提出一些问题。这将有助于我为您提供更为贴切的投资和理财建议。

1. 投资经验
   - 您是否有过投资经验？例如股票、债券、基金、房地产等？
   - 如果有，您觉得您的投资经验是初级、中级还是高级？
2. 风险偏好
   - 在投资方面，您更倾向于保守、稳健还是积极？
   - 如果投资市场出现波动，您的心理承受能力如何？

3. 投资期限

（后续生成内容略）

你：以下是对您问题的回答。

（具体内容略）

AI：王先生，感谢您的回复和提供的信息。根据您的财务情况和投资偏好，我为您提供了以下的投资理财建议。

1. 紧急储备金
    - 考虑将 3 ～ 6 个月的家庭支出（2.5 ～ 5 万元）作为紧急储备金，放在容易取用、风险低的账户中，如活期存款或者货币市场基金。
2. 保险规划
    - 确保您和家庭成员的保险覆盖是充分的，包括生命保险、健康保险和财产保险，以应对意外和医疗费用。
3. 孩子的教育基金

（后续生成内容略）

- 用微信扫描 267 页的二维码并回复“8513”，查看此场景的完整生成内容和调教过程。

当我们把相关的提示词给 AI 之后，它就会基于具体的情况，提供相关的投资理财建议，并且你在理财过程中遇到任何问题都可以问它。

这里还是要特别提醒一下，理财有风险，投资需谨慎。AI 目前的技术并不完美，它只是一个帮助你高效获取信息的渠道而已，它的回答仅供参考，切忌盲目听从。如果你有理财需求，还需要进一步咨询专家。

8.6 关系大师：如何用 AI 高效处理人际关系？

《被讨厌的勇气》中有一个非常有趣的观点：我们的一切烦恼都来自人际关系。虽然这个说法有些夸张，但是如果你不具备对人际关系的深刻洞察力，那么人际关系所带来的种种问题，确实会对你的工作和生活带来极大的困扰。

然而，对人际关系的洞察力并不是一朝一夕可练成的。我们可以借用 AI 的力量，增强我们处理人际关系的能力。

在人际关系场景中，AI 主要可以在以下 4 个场景帮到我们。

场景 1：利用 AI 打造高情商回复助手

在工作和生活中，我们会经常碰到许多需要表态的场景，但是因为种种限制，我们往往不知道该如何表态，如何把握好回复的尺度。在这种场景下，我们就可以利用 AI 生成高情商的回复。利用 AI 打造高情商回复助手所使用的提示词和效果如下。

你：你是资深的人际关系策略大师，擅长处理一切复杂的人际关系问题。从现在起，你将是我的高情商回复小助手，往后每次我需要你的时候，都会给你发一句很生硬的话或者抛给你一个场景问题，你的任务如下。

如果你收到“话术”两个字，则说明这是一句很生硬的话，请你把这句话用非常委婉、不得罪人的方式表达出来，要给我不少于 3 种表达方式。

如果你收到“问题”两个字，请你按照下面的流程工作。

1. 仔细分析这个问题场景。
2. 基于你的分析给出高情商的回复方案。

如果你听明白了你的任务，请回复“明白”，并持续等待我的内容。

AI：明白。我会按照您的指示提供帮助，等待您的内容。

你：话术：“领导，我不想周末加班！”

AI：理解您的需求。在面对领导时，表达不愿意周末加班的意愿，确实需要运用一些高情商的表达方式以保持职业性，同时又能表达出自己的想法。下面是 3 种可能的表述方式。

1. 表达理解与尊重

“领导，我明白公司目前的项目进度非常赶，但由于一些个人的安排，周末对我来说是非常宝贵的休息时间。我会确保在正常的工作时间内提高效率，尽量完成所有的任务。不知道您是否有其他的安排建议，我愿意配合。”

2. 提供替代方案

“领导，我理解周末加班可能是为了赶进度。不过，如果可能的话，我愿意在工作日延长工作时间来确保任务的完成，以便能够保留周末的休息时间。我也愿意与同事们共同努力，以确保我们能按时完成项目。”

3. 表达愿意协商

“领导，我确实很重视工作，但同时也希望能有足够的休息时间来保持高效的工作状态。如果周末的加班是必须的，我愿意尽可能地配合。同时，我也想探讨是否有其他的解决方案，以便能够平衡工作与个人时间。”

以上表达方式旨在保持对领导的尊重和职业性，同时也能表达出自己的需求和意愿，希望能对您有所帮助。

你：话术：“我不想借你钱，你自己想办法吧！”

AI：在面对这种情况时，确实需要用一些委婉的话语来表达你的意思，以避免伤害对方的感情或造成不必要的尴尬。下面是 3 种可能的表述方式。

（具体生成内容略）

以上表达方式旨在以一种尊重和理解的态度表达你的立场，同时也提供了一些支持和帮助，以保持良好的人际关系。

你：问题："领导在公司群里公开表扬我，并@我，请问我该怎么回复？"

AI：问题场景分析。

在这个场景中，领导在公司群里公开表扬了你，并特别提到了你。这是一个正面的场景，但同时也需要表现出谦逊和团队精神，以及对领导的尊重和感激。回复时要避免显得过于自满或忽视了团队的贡献。

高情商的回复方案

1. 表达感激

对领导的表扬表示感谢是非常重要的，这显示了你的谦逊和尊重。例如："感谢领导的认可和表扬，我会继续努力的。"

2. 突出团队精神

除了表达感谢，还可以突出团队的努力和贡献，展现出你的团队精神。例如："感谢领导的表扬，也非常感谢团队的支持和合作，我们一起取得了这个成果。"

3. 表达愿意继续努力

表达出你愿意继续努力，为公司和团队贡献的决心。例如："感谢领导的鼓励，我会继续努力，为团队和公司贡献更多。"

4. 回复简短

回复时应保持简短，避免过多的褒奖或不必要的赘述。

综上，一个可能的回复是："感谢领导的认可和表扬，也非常感谢团队的支持和合作，我们一起取得了这个成果。我会继续努力，为团队和公司贡献更多。"这样的回复既表达了感谢和尊重，又凸显了团队精神和你的职业态度。

- 用微信扫描右侧二维码并回复"8611"，查看此场景的完整生成内容和调教过程。

场景2：利用AI打造人际关系咨询师

人际关系时常会困扰我们，我们还可以让 AI 扮演顶级的人际关系咨询师，把所有令我们苦恼的人际关系问题都抛给它，让它帮我们出谋划策。打造 AI 人际关系咨询师所使用的提示词和效果如下。

你：你知道一名优秀的人际关系咨询师，需要具备什么素质和特点吗？

AI：成为一名优秀的人际关系咨询师需要具备多方面的素质和特点。以下是一些核心方面：

（具体生成内容略）

你：很好，从现在开始，请按照你上面总结的特点和技能来扮演我的私人人际关系咨询师，每次我用到你的时候，都会向你抛出一个问题，你的任务如下。

1. 当你收到我的问题之后，你要仔细分析我问题中的冲突点。

2. 基于问题的冲突点给出详细且有建设性的解决方案或者建议。

请注意：

1. 你回答的语气必须要专业、严谨；

2. 如果你听明白了你的任务，请回复“明白”，并持续等待我的问题。

AI：明白。我已准备好为您提供人际关系咨询服务，并持续等待您的问题。

当把提示词和问题给 AI 后，无论问题多么棘手，它都可以给出详尽且具有建设性的解决方案。

你：以下是我最近遇到的问题。

###

今天早上两个好朋友吵架了，我都不知道发生了什么，有点不知所措，她们吵得还挺凶的，朋友 a 对我说：“随便，爱咋样咋样。”

目前朋友 b 暂时还没有表态，我夹在中间左也不是，右也不是，挺为难的，请问我该怎么办？

###

AI：您的情况确实很棘手，因为被卷入朋友之间的争执通常会感到无所作为和为难。在这种情况下，您可能需要考虑如何保持中立，同时尽可能帮助解决问题。以下是一些可能的建议。

1. 保持中立

在朋友间的争执中保持中立是很重要的。避免偏向任何一方，以免进一步加剧冲突。

2. 了解情况

了解发生了什么，但是不要过于干涉。尽量从中立的角度了解他们吵架的原因。您可以分别和他们交谈，听听他们的观点和感受。

3. 提供支持，但不做判断

表达您的关心和愿意听他们分享的态度，但避免对他们的行为或情况做出判断。

（后续生成内容略）

你：以下是我最近遇到的问题。

###

我是我们公司采购部的经办人，现在我们部门副总和我的主管要我去做违规采购的事情，因为我是此次采购的主要经办人，所以所有的采购、合同发起、付款用的都是我的工号，付款的时候可能也会拉上我签字。

但是根据公司的红线规定，此次的采购风险会很大。如果我做了，此次采购出了问题，毫无疑问我会背锅。但是如果我不做，我在今后的日子里，肯定会遭到副总和主管的排挤报复，请问这种情况我该怎么办？

###

AI：您的情况非常复杂且敏感，因为它涉及职业道德、个人责任和职场关系。下面是基于您描述的情况提出的一些可能的建议。

（具体生成内容略）

你：以下是我最近遇到的问题。

###

年前我买了一辆好车，表哥因为要去外地谈个合作，想着开好车会提高自己的可信度，于是就想借我的新车跑一趟长途。

因为表哥是一个非常粗心的人，万一出了事故，一切都说不清，所以我一点也不想把车借给他。

但是由于表哥知道我这边最近没有用车需求，如果直言不借，那肯定会伤了关系，以后亲戚间走动会非常尴尬，请问这种情况我该怎么办？

###

AI：（具体生成内容略）

● 用微信扫描下方二维码并回复“8612”，查看此场景的完整生成内容和调教过程。

场景3：利用AI打造情感咨询师

人际关系中，最重要的一个课题就是亲密关系了，无论是伴侣间的，还是家人间的。正所谓清官难断家务事，当我们在亲密关系中遇到问题的时候，也可以向 AI 寻求帮助。利用 AI 打造情感咨询师的提示词和效果如下。

你：你知道一名优秀的情感咨询师，需要具备什么素质和特点吗？

AI：成为一名优秀的情感咨询师需要具备多方面的素质和特点。以下是一些关键点。

（具体生成内容略）

你：很好，从现在开始，请按照你上面总结的特点和技能来扮演我的亲密关系咨询师。每次我用到你的时候，都会向你抛出一个问题，你的任务是运用你所掌握的专业知识和你的专业素养，帮助我解决我一切亲密关系中的问题。

你具体的工作流程如下。

1. 你需要通过提问和互动的方式，来获得我的问题描述，确保你对我的情况有充分的了解。

2. 当你充分了解我的情况之后，基于我的情况为我做出相应的分析，并提供相应的解决方案，或者沟通策略。

请注意：

1. 你回答的语气必须要专业、严谨；

2. 如果你听明白了你的任务，请回复“明白”，并持续等待我的问题。

AI：明白。我会尽我所能来帮助你解决你的亲密关系中的问题。请随时向我提出你的问题，我在这里为你提供支持和帮助。

你：咨询师你好，我最近与女朋友闹了矛盾，现在正在“冷战”中，请你帮我解决这个问题。

AI：你好，感谢你的信任。在我们深入讨论之前，我需要了解一些更具体的信息以便更好地理解你的情况。

1. 你能描述一下导致“冷战”的具体事件或矛盾点是什么吗？
2. 这种“冷战”或矛盾在你们的关系中是常见的吗？
3. 你们两人是否曾尝试过解决这个问题？如果尝试过，效果如何？
4. 你个人希望通过什么样的方式来解决这个问题？
5. 你觉得你的女朋友对这次矛盾有什么看法或感受？

这些信息将有助于我更准确地理解你的情况，并为你提供更具针对性的建议。

你：事件的起因经过如下。

前天她过生日，但是我因为工作太忙给忘掉了。事后她向我抱怨，我开玩笑说：“不就是一个生日吗？又不是啥大事。”然后她就误会了。

由于我工作太累，也没有去多做解释，冷处理了一天，然后再去找她，她就不理我了。

AI：感谢你的详细描述。从你所述的情况来看，这次矛盾主要由两个方面导致：一是你忘记了她的生日，二是你的回应可能没有给予她足够的理解和重视。现在我们可以从以下几个步骤尝试解决这个问题。

1. 认识到错误

认识到忘记她的生日和随后的回应可能伤害了她的感受是非常重要的。生日对于很多人来说是特殊和重要的，她可能期待你能在这一天给予她特别的关注和祝福。

2. 真诚道歉

为你忘记她的生日和可能不当的回应向她道歉。说明你的道歉是真诚的，并且理解你的忽略和回应是如何影响到她的。

3. 表达理解和关心

明确表达你理解她的感受，让她知道你关心她。也许可以通过言语或行动（例如，补办一个小型的生日庆祝仪式或送她一个特别的礼物）来表达你对她的关心和重视。

4. 沟通和解释

解释你当时的情况和为什么会有那样的回应，但不是为了辩解，而是为了让她理解你的处境。同时，并愿意听取她的感受和想法。

5. 建立更好的沟通机制

为了避免类似的问题再次发生，建议建立一个更有效的沟通机制。例如，当你们中的任何一方感受到不安或不满时，能够及时、清晰、开放地表达。

6. 学习和成长

从这次经历中学习，努力成为一个更加理解和关心对方的伴侣。

这些步骤可能会帮助缓解目前的矛盾，建立一个更健康的沟通环境。每段关系都会遇到困难和误解，关键是如何通过有效的沟通和理解来解决问题和增进彼此的理解。

- 用微信扫描 272 页的二维码并回复“8613”，查看此场景的完整生成内容和调教过程。

场景 4：利用 AI 解读弦外之音

AI 具有非常强大的自然语言和语义理解能力，哪怕是一些我们人类难以把握的微妙含义，AI 也能做出充分的解读。在人际交往中，如果你经常会对一些暗示或者弦外之音感到困惑，那么可以让 AI 帮助你判断，增强你对人际关系的感知能力。具体的提示词和效果如下。

你：你是资深的人际关系洞察大师，精通人类的语言模式，擅长洞察人的心理，洞察语言背后的行为模式。从现在开始你将扮演我的人际关系洞察助手，每次需要你的时候，我都会先向你提供我问题的场景。你的任务是基于我的内容，对我问题场景中的人或事进行分析思考，给出你的意见，并针对相关情况给出回应策略。

如果你听明白了我的问题，请回复“明白”，并持续等待我的问题。

AI：明白。我会持续等待你的问题，并为你提供人际关系洞察和策略建议。

你：今天早上我们领导问我的驾照是 C1 驾照还是 C2 驾照，我说是 C1，他说让我先把他的一辆手动挡宝骏车拿去开。

这话的意思是想把宝骏卖给我吗？如果是的话，我不想买，怎样处理才合适呢？请给出具体建议。

本人没有车，很久以前跟领导聊天的时候，领导就说让我买辆二手车，也不用太贵，能代步就行，领导今年买了一辆新车，宝骏一直停在单位。

AI：从你的描述来看，领导可能确实在考虑是否向你提供购买他的手动挡宝骏车的机会。他可能记得你之前没有车，并且从你们以前的交谈中知道你可能考虑购买一辆二手车。然而，不是所有的提议都是明确的，也可能他只是想让你体验一下驾驶手动挡汽车的感觉。以下是一些应对这种情况的可行的策略。

1. 明确询问意图

如果你对领导的意图感到不确定，可以直接但礼貌地询问他是否有意向卖车给你。例如：“领导，您是想把宝骏车卖给我吗？”

2. 表达感谢但说明立场

如果领导确实想要卖车给你，但你并不想购买，你可以表示感谢，但清楚地表达你的立场。例如：“感谢您的提议，但目前我可能还不准备买车。我会考虑一下，如果决定购买，我会告诉您。”

3. 保持开放的态度

你可以表示愿意试驾他的车，但没有购买的承诺。这样，你可以保持与领导的良好关系，同时不会给自己增加不必要的压力。

（后续生成内容略）

你：我和女朋友刚在一起十几天，昨天她突然问我：“你觉得我们俩合适吗？”然后今天又说：“咱们再好好了解一下吧，我觉得我们了解对方太少了。”

我以为她说这话的意思是还想跟我继续了解试试，我就说“可以啊，毕竟我们认识时间短。”然后她回了个“嗯嗯”，就没说话了。

今天我们一天都没聊天，她这是啥意思啊？是不想继续发展了吗？

AI：从描述的情境来看，女朋友可能在思考你们的关系，对于是否彼此合适或是否足够了解对方有些担忧。下面是一些可能的解读和建议。

（具体生成内容略）

- 用微信扫描右侧二维码并回复“8614”，查看此场景的完整生成内容和调教过程。

8.7　生活助手：如何用 AI 打造你的生活助理？

在生活中，我们经常会碰到各种各样的琐事或者很小众的需求，这些琐事、需求往往很难从网上获得定制化的解决方案，或者找到靠谱的人咨询。

今后我们在生活中碰到小麻烦时，可以让 AI 参与进来。AI 在生活中主要有以下 3 个应用场景。

场景 1：利用 AI 提供生活创意

如果我们在生活中碰到需要创意、灵感的场景，但是脑子反应不过来，就可以让 AI 帮我们去“想”。

比如，你需要给客户、老师、亲人、朋友、爱人等送礼，但不知道送什么合适，就可以利用 AI 提供意见。具体的提示词和效果如下。

你：你是专业的导购，精通中国的文化，了解中国人的性格特点。从现在开始，请你充当我的私人送礼顾问，每次需要你的时候，我都会告诉你我的送礼预算、目的和对方喜好等相关信息，你的任务是根据我的情况为我推荐最合适的礼品。

请注意：

1. 每次推荐不少于 10 种，并给出你的推荐理由；
2. 如果你听明白了你的任务和相应要求，请回复“明白”，并持续等待我的信息。

AI：明白。

你：送礼对象：公司领导，女，52 岁，喜欢唱歌、健身、摆弄花草、书法，有颈椎病

送礼目的：生日礼物

送礼预算：300 ～ 500 元

AI：根据您提供的信息和送礼对象的兴趣爱好，我为您推荐以下 10 种礼物选项。

1. 专业花卉 / 盆栽：考虑到她喜欢摆弄花草，您可以为她购买一些独特的室内植物或花卉，以美化她的生活空间。

2. 盆栽工具套装：提供一套完整的盆栽工具，以帮助她更好地照顾她的植物。

3. 书法用品套装：包括高质量的毛笔、墨、砚和纸，让她能继续她的书法爱好。

（后续生成内容略）

你： 结婚纪念日快到了，我想为老婆准备一份特别的定制礼物。

AI： 为了让您的老婆感到特别和珍爱，定制礼物是一个非常好的选择。这表示您愿意花费额外的时间和思考来为她准备礼物。以下是一些定制礼物的建议，它们可以表达您对她的爱意。

1. 定制珠宝：如刻有她名字或特殊日期的项链、手镯或戒指，可以选择她喜欢的材质和设计。

2. 定制画像：找一位艺术家为她画一幅肖像或你们两人的画，这将是一个非常独特和个人化的礼物。

（后续生成内容略）

- 用微信扫描右侧二维码并回复“8711”，查看此场景的完整生成内容和调教过程。

同理，如果你有取名需求，无论是为公司、项目取名，还是为孩子取名，也都可以让 AI 为你提供相关创意。这里不妨拿为孩子取名举例。

你： 你是专业的文化学者，精通中国取名文化，你的任务是根据下面的情况，为我的孩子取一个名字。

孩子是女孩，将于 2024 年 6 月底出生，我姓李，母亲姓张，孩子随我姓，我们希望名字寓意美好前程、品性良善、富有智慧。

请注意：

1. 名字数量不少于 10 个；

2. 名字要清雅脱俗，有辨识度，具有美感。

AI： 为了给您的孩子取一个美好、有意义的名字，我们可以考虑结合您和您配偶的姓氏，以及您希望的寓意。下面是根据您提供的信息，我为您的孩子拟定的一些名字建议。每个名字都尽可能符合您的要求，包括寓意美好前程、品性良善和富有智慧。

李悦智、李悦慧、李悦茜、

李妍慧、李妍智、李妍瑜

（后续生成内容略）

除了上面的场景，其他涉及创意，但是受制于自己的知识储备或想象力而没有办法完成的事情，你都可以让 AI 来完成。比如，让 AI 帮你想活动创意。

你： 我想要举办一个小型聚会，大约 10 个人，参与的人都是老朋友，全是男生，聚会的目的是增进友谊，对此你有什么好的主题或创意建议吗？

AI： 举办一个成功的聚会可以帮助加深老朋友之间的友谊，同时创造愉快的回忆。对于一个 10 人左右的男士聚会，可以考虑以下几种主题和创意。

（具体生成内容略）

你：公司要组织一场团建活动，大约 20 个人参与，有男有女，团建目的是增进大家友谊，增强团队凝聚力，对此你有什么好的主题或创意建议吗？

AI：（具体生成内容略）

● 用微信扫描276页的二维码并回复“8712”，查看此场景的完整生成内容和调教过程。

你还可以让 AI 帮你推荐书、推荐课、推荐影视剧、推荐游戏。总之，上到活动方案，下到衣食住行、吃喝玩乐，AI 都可以给出推荐。

你：请推荐一款适合敏感肌肤使用的护肤品，并说明其功效、使用方法和注意事项。

我喜欢角色扮演游戏，能给我推荐一些好玩的吗？

我想找一款适合全家一起玩的桌游，有什么推荐？

基于我的阅读喜好，能否请您推荐一些类似的书或文章呢？

我想看一部浪漫喜剧电影，有什么推荐吗？

我喜欢科幻电影，你能推荐一些好看的科幻电影吗？

…………

场景2：利用AI解决生活问题

在生活中，我们经常会碰到很多小问题，比如家用电器出现故障、计算机无法正常工作等。如果我们不是业内人士，这些小问题确实会为我们带来很多障碍，但是有了 AI 之后，一些常见的小问题就可以直接在 AI 的指导下解决。

比如，有一次我洗衣服的时候洗衣机突然不工作了，显示屏上出现了“E10”代码。于是我就抱着试试看的想法，去问了 AI，它马上就给我答案，帮我解决了问题。

你：美的洗衣机无法正常工作，显示屏上出现了“E10”代码，请问这是什么故障，如何解决?

AI：美的洗衣机显示 E10 故障代码可能有几种不同的原因和解决办法。根据不同的资源，以下是可能的故障和相应的解决措施。

1. 电动机过热保护

- E10 代码可能表示洗衣机的电动机过热，这可能是由于洗衣机内的衣物太多而超过了负荷，或者是洗衣机工作时间过长。
- 解决方法：在这种情况下，建议将洗衣机内的一些衣物拿出来，然后再继续洗衣。如果问题持续存在，可能需要让洗衣机休息一段时间，然后重新启动洗衣机。

2. 进水超时

（后续生成内容略）

你：美的的售后电话是什么?

AI：美的的全国售后服务电话是 400-889-9315。您可以通过拨打这个号码获得 24 小时的服务，包括报装报修、服务进度查询、网点查询和家电维修咨询等多项服务。此外，您还可以通过美的的官方网站或者微信公众号进行在线咨询或者查找维修点的信息。

无论是家用电器、移动设备出现故障，还是生活中遇到的其他问题，你都可以把相应的问题直接抛给 AI，让它来帮你想办法。

你：如何重装 Windows 10 系统？请告诉我具体的方法步骤。

AI：重装 Windows 10 系统需要一些步骤和准备工作。以下是一般的步骤。

1. 备份数据

在进行任何系统重装之前，确保备份所有重要的数据到一个外部硬盘或云存储服务。

2. 创建安装媒体

你需要一个 USB 闪存盘或 DVD，并从 Microsoft 的官方网站下载 Windows 10 系统的安装媒体创建工具。

使用这个工具创建一个 Windows 10 系统安装媒体。

（后续生成内容略）

你：Windows 10 系统的计算机登录密码忘了怎么办？

AI：如果你忘记了 Windows 10 系统计算机的登录密码，有几种方法可以尝试恢复或重置密码。请注意：应确保你有权限访问该计算机，并且遵守所有相关的法律和政策。以下是一些常见的解决方案。

（后续生成内容略）

- 用微信扫描 276 页的二维码并回复“8713”，查看此场景的完整生成内容和调教过程。

场景 3：利用 AI 增加生活趣味性

除了上面的场景之外，AI 还可以增加生活的趣味性。这里举一个利用 AI 测试 MBTI 人格的场景，供你开阔思路。

迈尔斯 - 布里格斯类型指标（Myers-Briggs Type Indicator，MBTI）是基于心理学大师荣格的理论形成的一种测试性格的方法论。

我们可以把 AI 当成测试系统，来测试我们的 MBTI 人格类型。打造 MBTI 测试工具所使用的提示词和效果如下（注：案例仅供示范，如果追求精确性，可以按照 MBTI 标准 92 道题的版本让 AI 执行）。

你：你对 MBTI 人格类型分析了解吗？

AI：是的，我对 MBTI（Myers-Briggs Type Indicator）人格类型分析有一些了解。

（具体生成内容略）

你：很好，请根据你对于 MBTI 的了解，为我设计一套 10 道题的简易测试，帮我快速简单地测出我的 MBTI 类型。

请注意：

1. 你出的题应都是选择题，你要提供几个选项供我选择；
2. 你一次只能出一道题，每出一道题都要等我回答，在收到我的答案之后，才能出下一道题；
3. 在我完成最后一道题的问答之后，请你根据我的做题结果分析出我的 MBTI 人格类型。

如果你听明白了你的任务和相应要求，请回复“明白”，然后开始执行任务。

AI：明白。我们将从 4 个维度的第一个，即外向与内向开始。请回答以下问题。

问题 1：在一个社交聚会上，你更可能？

A. 与大家愉快交谈，认识新朋友。

B. 找到你熟悉的人，或者在安静的角落里待着。

你：B

AI：好的。我们现在来到第二个维度：感知与直觉。请回答以下问题。

问题 2：当你面对一个新问题时，你更倾向于？

A. 基于事实和现实来解决问题。

B. 探索新的可能性和创意解决方案。

（中间具体对话过程略）

AI：感谢您完成测试。根据您的回答，您的 MBTI 人格类型可能是：

1. 内向（I，Introversion）：您在 5 个相关问题中，选择了与内向相关的选项 4 次；
2. 感知（S，Sensing）：在 4 个相关问题中，您选择了与感知相关的选项 2 次；
3. 思考（T，Thinking）：在 2 个相关问题中，您选择了与思考相关的选项 1 次；
4. 知觉（P，Perceiving）：在 2 个相关问题中，您选择了与知觉相关的选项 1 次；

根据上述结果，很难确定您的确切 MBTI 人格类型，因为在某些维度上您的选择较为均衡。然而，您在内向 / 外向维度上的选择较为明显，倾向于内向。最可能的类型是 ISTP 或 ISFP，但这需要更多的分析和更全面的测试来确定。如果您对自己的 MBTI 人格类型感兴趣，建议您完成官方的 MBTI 人格类型评估或咨询专业的心理咨询师。

你：很好，请具体介绍下 ISTP 或 ISFP 这两种人格类型。

AI：当然。ISTP（内向、感知、思考、知觉）和 ISFP（内向、感知、感觉、知觉）两种人格类型具有一些共同点，但也有明显的区别。下面是对这两种类型的基本描述和区别介绍。

（具体生成内容略）

- 用微信扫描右侧二维码并回复“8714”，查看此场景的完整生成内容和调教过程。

除了 MBTI 人格类型，如果你对诸如盖勒普优势、九型人格、梦境解读等感兴趣，也都可以向 AI 请教。

第9章

AI 绘画：如何利用 AI 秒成设计师？

前面所有的内容几乎都在讲 AI 在文本生成、处理领域的应用，然而现阶段 AI 远远不止在文本领域有应用。本章将介绍 AI 更高阶的一些应用，即 AI 在多模态（图片、音频、视频）领域的操作和应用。

你在这一章可以了解 AI 在绘画领域的应用，并掌握一系列可以拿来即用的实操思路与相应的资源和工具。

☆ 本章知识要点

1. 认识主流的 AI 绘画工具类型。
2. 掌握不同 AI 绘画工具的用法。

AI 的绘画能力估计你早就听说过，现阶段 AI 绘画究竟到了什么水平呢？据说 AI 绘画会让设计师失业，这究竟是不是危言耸听呢？关于这些问题，我们不讲太多的理论，这里先展示几组案例，让你直观地感受一下。

首先，我们来看一组 AI 完成的人像作品。

如果我不提前告诉你，你能看出来这是 AI 的作品吗？你能相信 AI 现在已经可以生成这种质感的图片了吗？除了人像，在其他场景中 AI 也能大显身手，如创意设计、景观设计、动漫设计甚至国画绘制等。

总之，只要现在人类设计师能做的，AI 都能做！

如果这是你第一次直观地了解 AI 的绘画能力，那么相信看到这里你一定感到相当震惊。虽然从心理上我们很难相信，但这些确实都是 AI 的作品。有了直观感受后，我相信开头提的那个问题，你自己应该已经有答案了。

现在，在 AI 的帮助下，哪怕你是一个绘画零基础的“小白”，只要会使用 AI 工具，也可以在几分钟之内完成绘画。

9.1 市面上都有哪些 AI 绘画工具？

工欲善其事，必先利其器。想要了解 AI 在绘画领域的应用，首先需要知道目前都有哪些可以绘画的 AI 工具。目前主流的 AI 绘画工具可以分成 3 个类型。

1. 基础类绘画工具

基础类绘画工具指的是那些嵌入前面介绍过的 AI 大模型里的工具，比如 ChatGPT、New Bing、文心一言、讯飞星火等，它们除了有文本生成和处理的能力，也可以进行多模态的图像生成。

这类工具的优点非常突出，就是方便易用。因为是嵌入 AI 大模型的绘画工具，所以它本身没有复杂的参数需要配置，几乎没有使用门槛，我们可以像和 AI 对话一样，通过聊天的方式让它生成我们需要的图片。但是它的缺点也同样明显，方便易用也意味着可扩展性和定制化的能力较差，它根据提示词决定出图内容，不支持定制化参数，无法以图生图等。

我们很难在这些工具上实现自由作图，或者要求它生成非常复杂的图片。如果你有定制化和个性化的出图需求，那么就需要使用进阶类绘画工具了。

2. 进阶类绘画工具

进阶类绘画工具指的是一些 AI 绘画工具，比如阿里的通义万相、360 鸿图、百度的文心一格等。

这类绘画工具相较于基础类绘画工具来说，功能强大了很多，支持指定模型风格，设置生成的尺寸，以及设置其他定制化参数。但这类工具的缺点也比较明显，AI 的很多功能和参数依然有不少限制。它的能力和功能与专业级绘画工具还是没法比，因此这里就把它们定义为进阶类绘画工具。

3. 专业级绘画工具

专业级绘画工具指的是那些开放性极强的工具。相对于前面两类工具而言，这类工具更加强大，支持自由调节各项生成参数，可以实现各种绘画类型、画风，满足更自由、更个性化的出图需求。

目前市面上公认的专业级 AI 绘画工具主要有 3 款，第一款就是大名鼎鼎的 MJ（Midjourney），第二款则是本地化部署的 SD（Stable Diffusion），第三款则是 Adobe 公司的 Firefly。

这类工具代表着目前 AI 在绘画领域的最高水平，本章开篇展示的那些作品都来自这些工具。当然，这类工具同样也存在缺点，最核心的就是上手成本比较高。要想熟练地运用好这类工具，我们不仅要学习其各种各样的复杂参数，而且要掌握相关的提示词工程，学习的成本是非常高的。

所以，从用的角度来看，这 3 种类型的工具是没有高下之分的，它们的定位就相当于美图秀秀和 Photoshop，各有各的适用场景。我们在实际使用的时候，并不需要执着于一个工具，而是应该根据具体需求，灵活地组合使用。

知道有这些 AI 绘画工具及其各自的特点后，我们该如何使用它们进行创作呢？

9.2 如何用 AI 绘画创造精彩作品？

前面讲到了 3 种类型的工具，这里就分别对各个类型工具的用法进行演示。

9.2.1 基础类绘画工具的用法

这类工具属于 AI 大模型中的延伸工具，因此我们在写提示词的时候，仍然可套用前面的那套指令模板。

比如，想要画一幅一名老师在教学 AI 的图。如果你觉得自己的表达能力一般，那么完全可以把前文反复讲的提示词框架带入进来。

你：请为我生成一张“一名老师在给学生上 AI 课程”场景的图片。

画面的要求如下。

1. 画面中是课堂教学的场景。
2. 老师面向学生，手里拿着教学棍，指向黑板，黑板上有“AI”这两个字母。
3. 图片风格是写实的科幻风格。

AI：以下是为您生成的图片。

在其他场景中，你也可以使用这样的提示词框架，直接告诉 AI 你想要它生成的图片。

你：你知道宫崎骏系列动画电影的画面风格都有什么特点吗？

AI：当然，以下是我总结的宫崎骏动画风格的特点。

（具体生成内容略）

你：很好，请你用宫崎骏动画电影的风格，为我生成“一个小女孩和一条小狗”的图片。要求如下。

1. 画面中的环境是在森林里。
2. 图片中要有小溪出现。

AI：以下是为您生成的图片。

这类嵌入 AI 大模型的绘画工具对语义和需求的处理能力很强，因此我们不需要额外进行提示词工程学习就能高质量地出图。可以说只要你能熟练掌握本书前文介绍的指令用法，能把想要的画面描述清楚，就可以完美驾驭基础类绘画工具。

9.2.2 进阶类绘画工具的用法

为了方便操作，这里不妨拿 360 鸿图来进行演示，其他的进阶类工具操作方法类似。

1. 软件操作介绍

在 360 鸿图上注册完成并登录后，你就能打开“AI 创作”页面了。

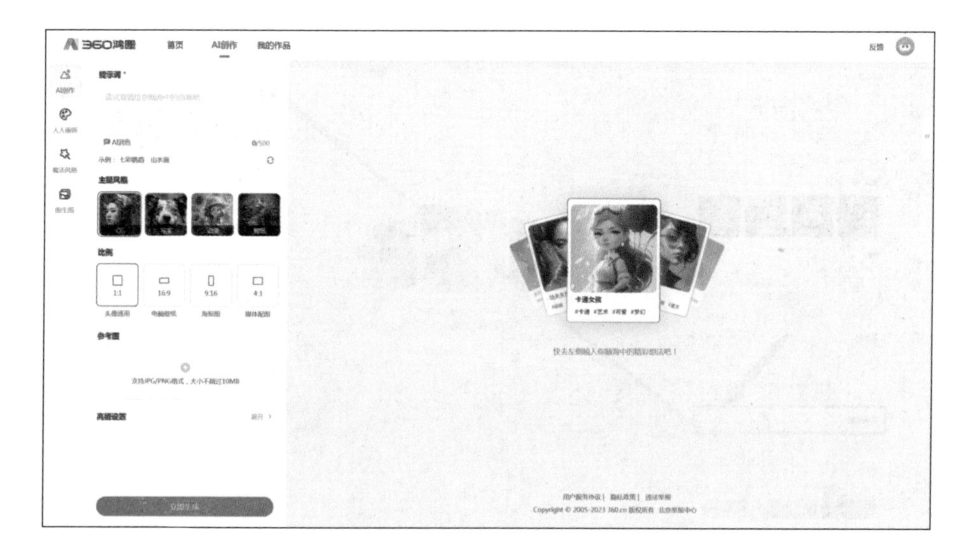

它的页面很简洁，直接看文字，我们就可以知道每个分区的作用。

- **提示词：**和前文介绍的 AI 大模型一样，这里是填入提示词的地方，生成的图片都取决于提示词的内容。
- **主题风格：**生成的图片的画风类型，比如 CG、写实、动漫、剪纸等。我们知道图片类型和风格很多，因此在训练 AI 的时候，都是采用定向训练的方式。也就是说，不同风格、不同类型的图片是由不同的大模型支持的。比如，你想生成动漫风格的图片，当然是用大量动漫数据训练出来的模型表现更好。只有选对模型，生成的图片才会更“真”。所以在绘画前，选对相应的风格和模型非常重要。
- **比例：**生成的图片尺寸大小，页面中还标注了不同尺寸的典型使用场景，我们直接根据需求选择就好。
- **参考图：**类似于前面讲文本时介绍的样本提示词，也就是说，如果你没有办法描绘出心中的画面，那么你也可以给它一张参考图，让它按照参考图的风格和样式进行生成。

除了这 4 个分区外，360 鸿图还有更专业的高级能力。单击“高级设置”，在页面右侧会弹出设置专业参数的“高级设置”窗格。

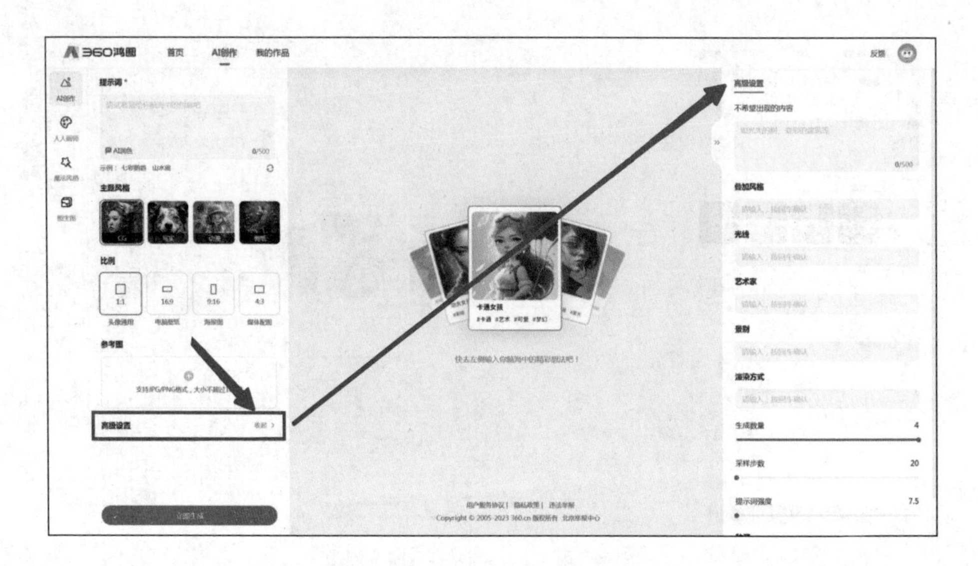

在“高级设置”窗格中，常用的一个参数是“不希望出现的内容”，可实现类似反向提示词的功能。也就是说，**你希望画面中出现的元素就放入正向提示词框里，而你不希望出现的元素就放入反向提示词框里**，通过一正一反的提示词，让 AI 充分了解你想要的图片效果。

如果你对图片内容没有特别的需求，其他的参数一般不需要改动。因为 AI 绘图和文本生成一样，主要是通过提示词来工作的，所以在这类工具中，我们的需求都可以通过提示词来展现。这里不在枯燥的参数讲解上浪费过多篇幅，而是把讲解的重点放到如何写 AI 绘画提示词上。

2. 如何写 AI 绘画提示词？

相对于 AI 大模型来说，这类 AI 绘画工具提示词的写作是非常自由和灵活的。我们在写 AI 绘画提示词的时候，不需要像让 AI 生成文本那样，又赋予角色，又要求结构化的格式输出，我们只需要把构成图片的要素关键词给 AI 就行了。

比如，我们想要让 AI 画一个穿盔甲的女战士，只需要把我们脑中构成这个画面的元素，通过一个个关键词描述出来就行，提示词参考如下。

高分辨率，高清晰度，杰作，8K，摄影风格，一个穿着盔甲的女生，长发，头发被风吹起，冷酷美丽，逼真的面孔，超详细的彩色铠甲，苍白的皮肤，黄发，户外，超现实，高度详细，电影照明，史诗般的风景，精心制作的史诗星空背景，近景

虽然写 AI 绘画提示词比写 AI 文本生成提示词灵活很多，但是如果我们对美学、艺术等了解得不是很多，没有相应的知识储备，或者表达能力较差，那么在整个 AI 绘画过程中，最难的反而是写提示词。

这就好比我们自己画画一样，想要画出精美的作品，就需要知道画的类型、风格、技巧等专业的艺术知识。如果没有这些知识，我们很难写出前面展示的那种提示词。而无法精准写作提示词，AI 画出的图的质量就不高，随机性也会非常强。

为了解决这个问题，这里总结了一套利用结构思维写 AI 绘画提示词的公式，让你可以快速上手。

（1）正向提示词写法。提示词由 3 部分构成，**好的提示词结构 = 构图前缀 + 图像主体 + 背景后缀。**

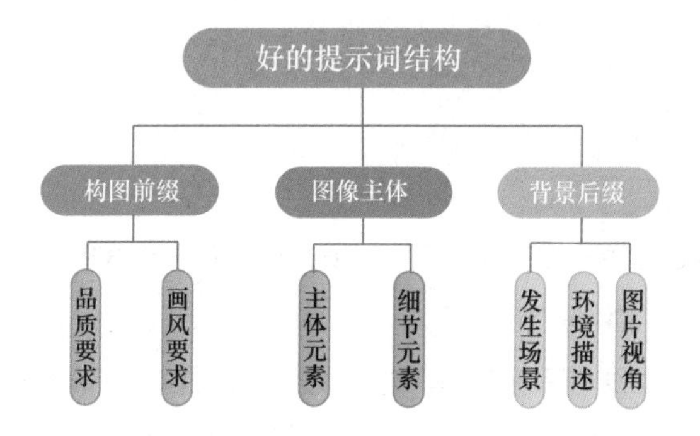

- 构图前缀的写法。

构图前缀指的是，告诉 AI 我们对图片品质、画风的要求。品质要求也就是我们常听到的高清、高分辨率、高品质、高细节等，这些关键词会影响图片的清晰度和细节。画风则是图片的艺术形式，比如插画、油画或摄影风，甚至印象派、超现实主义、波普艺术等。

比如，你想让 AI 画一幅高质量的写实风格的画，就可以把这部分内容套入提示词，直接告诉 AI 以下几个关键词，这些关键词都是 AI 可以充分理解的。

高分辨率，高清晰度，4K，写实风格

- 图像主体的写法。

图像主体指的是告诉 AI 我们想画什么东西，对象是人、是物，还是其他。

比如，你想画一张小女孩的图片，那么这个小女孩就是这幅画的主体；你想画一条狗，那么这条狗就是图像主体；你想画一个女孩牵着一条狗，那么这两个对象就是图像主体。

除了这种概括性的描述外，如果你还有更多自定义的需求，那么还可以补充更多的细节描述，包括主体的形象、动作等。比如，小女孩可以是长头发、大眼睛，穿着蓝色衣服，背着双肩包，而狗可以是一条斑点狗；小女孩的动作，可以是她在牵着她的狗散步等。

把这一部分和前面的构图前缀连接起来，你就可以非常轻松地写出类似的关键词。

最佳画质，4K，写实风格，一个长头发，大眼睛，穿着蓝色衣服，背着双肩包的小女孩，牵着一条斑点狗

- 背景后缀的写法。

背景后缀指的是画面发生的场景、周边的环境和画面的角度景别。还是拿上面的小女孩举例。

你希望小女孩在学校里、家里、森林里、大山里、海边还是山洞里？

如果你选择的是森林场景，那么这个森林的环境是怎么样的？它周边都有什么？是白天还是黑夜？是阳光明媚还是阴雨连绵？

你是想要画面主体正对镜头还是背对镜头？你想要特写镜头还是全景镜头，抑或是中景镜头？

…………

这些都属于描述环境时要考虑的问题。当你能顺着这个结构描述画面的时候，就可以非常轻松地写出高质量的绘画提示词了。

比如，我们想要的图片是高清、写实风格的，画面的主体是一个长头发、大眼睛、穿着蓝色衣服、背着双肩包的小女孩牵着她的斑点狗，在白天森林中的一条小溪边漫步。那么完整的提示词就可以这样写（关键词间用逗号分隔）。

最佳画质，4K，写实风格，一个长头发，大眼睛，穿着蓝色衣服，背着双肩包的小女孩，牵着一条斑点狗，白天在森林里的小溪旁边散步，小女孩正面朝向镜头，近景

当你把提示词给 AI 后，它就会生成你所需要的图片。

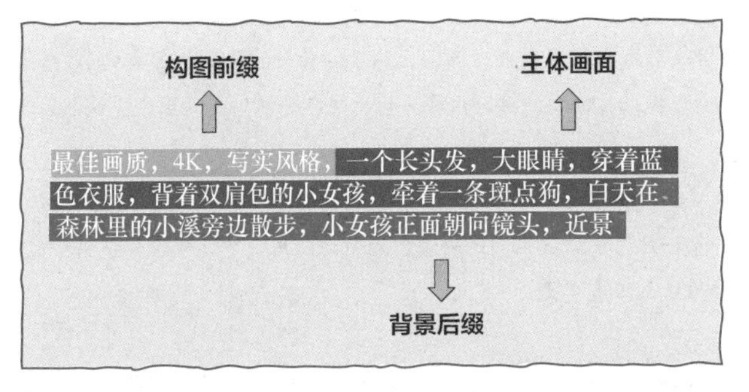

写作其他任何图片的提示词时，你都可以使用这套思路，比如前面女战士的例子。

最佳画质，8K 超高清，超现实 CG 风格，一个穿着盔甲的女人，长发，头发被风吹起，冷酷美丽，逼真的面孔，超详细的彩色装甲，苍白的皮肤，棕色的头发，户外活动，电影照明，史诗般的风景，正面朝向镜头，特写画面

以上就是 AI 绘画常规正向提示词的写法。我们前面提到过，在 AI 绘画中，除了正向提示词外，还会用到反向提示词。

（2）反向提示词写法。由于很多 AI 绘画模型训练不到位，很多复杂场景下的画作经常会出现类似文本生成的“AI 幻觉”现象。具体表现就是，AI 经常会创造一些让你看了产生心理阴影的内容，比如多手多脚、极其丑陋扭曲的脸、诡异的肢体等。

（人的手画在了狗的身上）

使用反向提示词就能完美避开这些糟糕的东西。比如，我们可以在反向提示词中，把一些糟糕的图片元素完全排除。

低质量的，低分辨率的，模糊的，皮肤斑点，痤疮，皮肤瑕疵，丑陋的，重复的，病态的，残缺的，变形的，变异手，解剖不良的，比例不良的，多余的肢体，肢体残缺的

如果你觉得以上方法运用起来仍然有困难，那么还可以借用前面讲的 AI 大模型，直接让 AI 生成绘画提示词。

（3）AI 辅助写提示词。比如，你想要绘制一张女孩在咖啡馆里看书的图片，但是不知道如何描述这个场景，这个时候就可以借助 AI 获取灵感。参考提示词如下。

你：你是一名专业的设计师，擅长用语言精确地描述画面，从现在开始，请你扮演我的 AI 绘画小助手，每次需要你的时候，我都会向你提供我需要的画面内容，你的任务是根据我的描述，按照以下工作流程，为我描绘出一幅画面。

步骤 1：你需要根据我提供的简要描述，用充满画面感的语言描述出整个画面。

步骤 2：完成描述后，尝试用一个个短句去概述上面的内容，短句之间用一个逗号作为分隔符。

步骤 3：把上面的短句，逐个精准地翻译成英文。

请注意：

1. 在完成步骤 1 的过程中，你应该尽可能多地、合理地去补充场景中人或风景的细节和特征，尽可能帮我补充这些我没有提到的细节，让整体内容更丰富一点；

2. 在拆分关键词的时候，你需要按照顺序，以 AI 绘画工具能理解的方式为我拆分。

如果你听明白了你的任务和相应要求，请回复“明白”，并持续等待我的内容。

AI：明白。请您提供您需要的画面内容描述，我会为您按照上述步骤去描绘出一幅画面。

你：一个女孩在咖啡馆里看书的画面。

当你把相关提示词和你需要 AI 描述的大致画面给 AI 之后，它就会为你生成清晰的画面描述，并且很贴心地为你提取出构成画面的关键词和对应的英文。

AI：步骤 1：用充满画面感的语言描述整个画面

在一个充满复古氛围的咖啡馆内部，暖黄色的灯光柔和地洒落在各处，为整个环境营造出一个温馨的氛围。木质的长桌和椅子散布在房间里，每一处都被岁月打磨得略带旧色。右侧靠窗的位置上，坐着一个身着粉色连衣裙的女孩，她的秀发被扎成一个简单的马尾，几缕散乱的碎发在额前轻轻摇摆。她正专心地看着手中的一本精装书，书的封面是宝蓝色，上面雕刻有金色的图案。窗外，树叶随风轻轻摇曳，一缕阳光正好照在她的书本上，她时而会抬头，喝一口桌上的拿铁咖啡，咖啡的浮沫上绘有一朵小花图案。周围，其他顾客低声交谈，咖啡馆里传来轻柔的爵士乐。

步骤 2：用短句概述上面的内容

复古咖啡馆，暖黄色灯光，木质长桌椅，女孩穿粉色连衣裙，马尾发型，专心读书，宝蓝色精装书，金色书封图案，窗外摇曳的树叶，桌上拿铁咖啡，咖啡上的小花图案，其他顾客低声交谈，背景爵士乐。

步骤 3：翻译成英文

Retro coffee shop, warm yellow lighting, wooden tables and chairs, girl in pink dress, ponytail hairstyle, engrossed in reading, royal blue hardcover book, golden cover design, swaying leaves outside window, latte on the table, flower pattern on coffee froth, other customers whispering, background jazz music.

如果你满意 AI 的描述，就可以直接把这组关键词复制到 AI 绘画工具中，当然你也可以在此基础上加入其他细节。

9.2.3　专业级绘画工具的用法

前面已经提过，目前市面上公认的专业级 AI 绘画工具主要有 MJ、SD 和 Firefly。这几款工具的底层用法一致，而 SD 的操作更加复杂。为了确保你能彻底掌握这类工具的用法，这里直接以最复杂的 SD 来举例。当你掌握了最复杂的 SD 后，无论是 MJ、Firefly 还是其他 AI 绘画工具，你都可以得心应手地使用它们。

1. 如何安装部署 SD 环境?

SD 需要下载到本地使用，在使用时需要进行相关的环境部署。关于 SD 的下载资源，以及相应的安装部署教程，我已经为你打包在一起了，用微信扫描右侧的二维码并回复“9111”，即可获取相关资源。当你得到相应资源后，按照指引进行安装，即可完成 AI 绘画基础环境的部署。

按照指引完成部署，进入 SD 界面。界面大致分成 3 个区域：模型区、提示词区、参数区。只要你搞懂了这 3 个区域的操作，就可以利用 SD 绘画了。

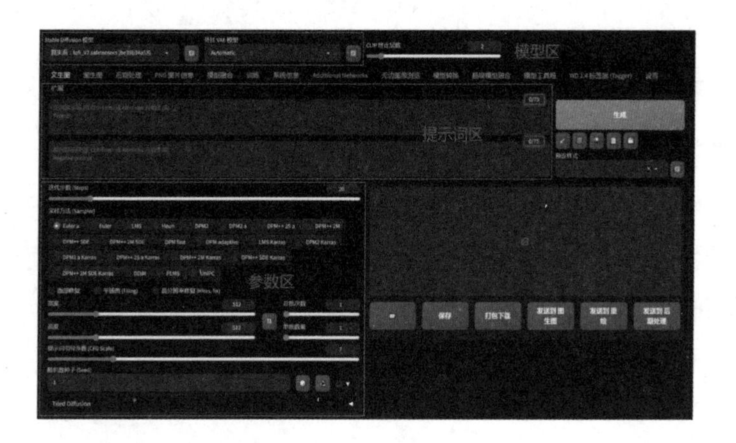

2. 如何使用 SD 进行绘画？

（1）模型区介绍。SD 的模型区类似于 360 鸿图的“主题风格”区域。

- 第一个参数“Stable Diffusion 模型”，就是让你根据绘画的风格需求，灵活地选择相应的模型。这里要特别提醒一下，SD 本身只带了一款很基础的大模型，如果你想要更多风格的绘画模型，可以自行下载。关于绘画模型的下载渠道和安装模型的方法，请用微信扫描 291 页的二维码，并回复“9112”获取，此处不再赘述。
- 第二个参数“外挂 VAE 模型”，作用相当于模型的滤镜，它可以增强大模型生成的图片的效果。不同的 VAE 模型在细节上有差异，但不会影响输出的效果。因为很多大模型已经自带了 VAE 模型，所以一般不需要我们手动挂载，选择默认的即可。

因此在运用 SD 画图的时候，第一步就是找到合适的模型。比如，如果我们想要生成一个真人图像，就可以切换成相应的写实模型。

（2）提示词区介绍。无论是正向提示词还是反向提示词，它在 SD 中的写法和作用都和 360 鸿图相似，只不过 SD 的提示词必须是英文的。所以写好的中文提示词，必须用翻译软件或 AI 大模型翻译成英文，才能被 SD 理解。

比如，如果我们想要生成“一个在街上的女孩”，就可以按照前文介绍的提示词模板，这样描绘我们的需求。

> 最高质量，超高清画质，大师的杰作，8K 画质，一个女孩，非常精致的五官，极具细节的眼睛和嘴巴，长发，卷发，细腻的皮肤，大眼睛，白色的毛衣，项链，在街上，阳光，上半身照片

翻译后的英文如下。

> highest quality，ultra HD picture quality，master's masterpiece，8K picture quality，a girl，very delicate features，very detailed eyes and mouth，long hair，curly hair，delicate skin，big eyes，white sweater，

necklace, in the street, sunshine, upper body photo

而反向提示词部分比较复杂，除了一些你需要的特殊排除要素外，其他提示词一般都是通用的。所以如果你没有特殊需求，可以把下面的这段保存下来，直接使用。

NSFW, (worst quality:2), (low quality:2), (normal quality:2), lowres, normal quality, ((monochrome)), ((grayscale)), skin spots, acnes, skin blemishes, age spot, (ugly:1.331), (duplicate:1.331), (morbid:1.21), (mutilated:1.21), (tranny:1.331), mutated hands, (poorly drawn hands:1.5), blurry, (bad anatomy:1.21), (bad proportions:1.331), extra limbs, (disfigured:1.331), (missing arms:1.331), (extra legs:1.331), (fused fingers:1.61051), (too many fingers:1.61051), (unclear eyes:1.331), lowers, bad hands, missing fingers, extra digit, bad hands, missing fingers, (((extra arms and legs))),

把提示词给 SD 之后，单击“生成”按钮，它就开始作图了，稍等片刻，它就会生成符合要求的图片。

SD 与前面两类绘画工具相比更加专业，除了通过提示词来调教它外，我们还可以更加精细地控制提示词中每个关键词的权重，实现更加定制化的效果。对于需要调整的关键词，要将其用括号括起来并在其后加上“: 权重值”。每个关键词默认的权重值是 1，大于 1 就是加权重，小于 1 就是减权重。每个关键词的权重值给得越高，对应的元素在图片里就会越突出，反之则对最终生成图片的影响越小。

比如，我们想让这个女孩的卷发更突出一些，就可以采用加权重的方式“(curly hair:1.7)”；如果我们不希望她的皮肤太细腻，那么就可以为这个要素减权重“(delicate skin:0.5)”。

Highest quality, Ultra HD picture quality, master’s masterpiece, 8K picture quality, a girl, very delicate features, very detailed eyes and mouth, long hair, (curly hair:1.7), (delicate skin:0.5), big eyes, white sweater, necklace, in the street, sunshine, upper body photo

修改提示词后，再次单击“生成”按钮，SD 就会按照新的权重来重新生成。

curly hair

(curly hair: 1.7)

你看，当对关键词调整了权重之后，相对于最开始的第一张，调整后的第二张图片明显头发更加卷曲，皮肤的磨皮效果也有所减弱。

同样，针对其他关键词，如果你也有更具体的需求，也可以对对应的权重进行调整。篇幅有限，这里就不再进行更多示范了。

（3）参数区介绍。参数区的作用和 360 鸿图的“高级设置”页面是一个道理，我们可以通过具体的参数实现更高级的效果。

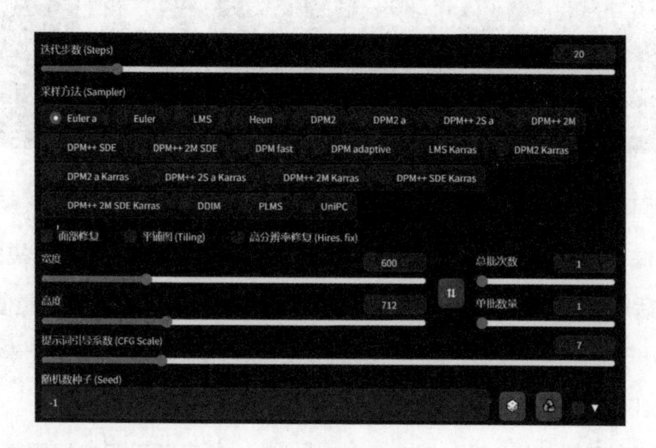

具体的设置参数说明如下。

- **迭代步数：**可以简单理解为我们要求 AI 画多少笔。理论上来说，步数越多，画面越精细。一般 20 ~ 40 步就足够用了，步数过多会影响生成速度，通常使用默认设置即可。

- **采样方法：**同样的一个场景，不同品牌、型号的相机拍出来的效果也不尽相同，采样方法就相当于让你选择用哪一款相机。因为这部分涉及很多枯燥的理论，所以如果你没有过高的定制化需求，那么一般选择 DPM++2M Karras、DPM++2M、UniPC 中的一种即可。
- **高分辨率修复：**可以对分辨率不高的图片进行修复，提高分辨率，具体效果你可以自行测试。一般情况下我们不需要这个功能，不建议勾选。
- **宽度和高度：**顾名思义，用于控制生成图片的尺寸。当然，如果没有特殊的要求，更建议使用默认尺寸。
- **单批数量：**控制 AI 一次性出图的数量，你可以根据你的设备配置和需求进行设置。
- **提示词引导系数：**控制 AI“听话程度”的参数，和 AI 大模型一样，控制得太死会限制其想象力，而控制得太松其随机性又会过强。一般选择 7～15，如果没有特殊需求，保持默认设置即可。

对于这些复杂的参数设置，在你没有充分了解其作用时，全部保持默认设置即可。官方的默认设置一般可以满足大部分人的需求。

这些参数中，最值得单独拿出来讲解的就是**“随机数种子”**。你可以把随机数种子理解成每个图片的唯一编码，将其设置为 -1，意味着即使我们用完全相同的提示词，每次 AI 生成的图片都会不一样。

提示词不变的情况下，连续生成 3 次（随机数种子为 -1）

仔细观察会发现，在上面 3 张图中，不但人物长相有变化，而且后面的景色也变了。因此，当设置随机数种子为 -1 时，我们想要在某张图片中生成不同人物，但保持场景、类型相同的要求，就无法实现了。

如果你希望在某张图片的基础上进行进一步的生成，那么就可以在生成图片的信息区找到“seed”之后的一串数字。

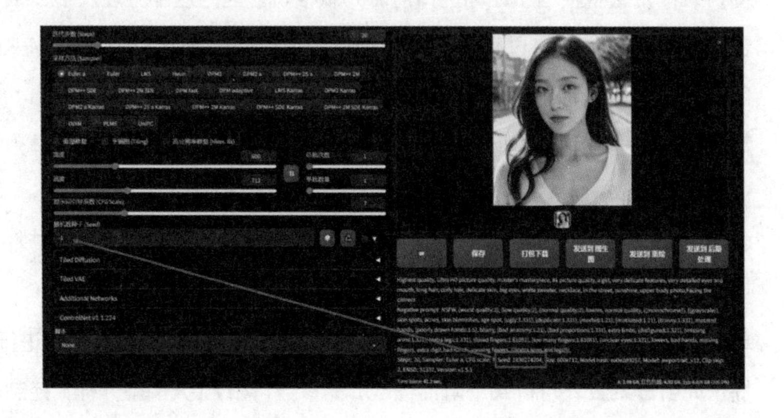

然后把这串数字复制到随机数种子框里，那么后续生成的图片就都会参考这张图片，生成的图片间的变化会非常小。

提示词不变的情况下，连续生成3次

当你掌握了以上3个区域的操作后，基本就能上手利用SD进行AI绘画了。

当然，这些只是SD的基础功能。除了这些操作，SD还具有支持控制人物姿态的ControlNet模型，能调整图片风格、人物衣服、背景、脸型、饰品等各种要素风格的Lora模型，以及图生图、图生视频等一切你能想到的强大功能。

因篇幅有限，这些更高级的功能我们无法在本书中一一讲解，对SD有浓厚兴趣的读者，可以自行探索。相信在本章基础上，很快你就能熟练掌握SD，让其成为你的生产工具了。

第 10 章

AI 音视频：如何利用 AI 高效产出视频？

第 9 章介绍了 AI 在多模态领域的第一个应用——AI 绘画。本章继续讲解 AI 在多模态领域的典型应用——AI 音视频。通过这一章的学习，你将掌握 AI 在音视频领域的操作，并且获得一系列可以拿来即用的实操思路。

☆ 本章知识要点

1. 掌握 AI 音频及相关场景下 AI 的制作技术。
2. 掌握 AI 视频及相关场景下 AI 的制作技术。

通过前面的演示，我们看到 AI 能够生成文本内容、绘制图片，那么像音视频制作这种高难度的任务，AI 也能完成吗?

国外知名 AI 博主在网上发布了一个他用 AI 制作的电影预告片，无论是演员，还是动画、视觉设计、声音等元素全部来自 AI，视频的效果完全不输好莱坞大片。如果你对此感兴趣，可以去网上搜索相关的内容（预告片名为 *We Gave Them Everything*），看看具体效果。

见识了 AI 在视频领域的威力后，随之而来的问题是，我们该如何利用 AI 提升做视频的效率呢？视频的重点是音画，所以接下来我们将从这两个角度具体讲解 AI 在音视频领域的应用。

10.1 音频场景 1: AI 文字转语音

文字转语音已经是将 AI 应用得非常成熟的领域了，现在你在网上看的大部分配音视频，基本上都基于这种技术。如果你有做短视频或其他任何文本朗读的需求，都可以使用相关的 AI 工具。

这里推荐 3 款 AI 文字转语音的工具。

第一款是抖音旗下的剪映（www.capcut.cn），可以说，我们平常在短视频平台看到的解说视频、听到的旁白大部分出自剪映。当然，剪映的核心功能是视频剪辑，配音只是它的其中一个功能，因此针对配音它只有一些基础的参数配置。

如果你需要更加专业的配音效果，那么可以尝试悦音配音（yueyin.zhipianbang.com）和魔音工坊（www.moyin.com）这两款工具。它们都是专注于配音的工具，支持全语种、全风格、任意形式的配音，你可以在里面自由选择需要的配音风格，还可以自由控制，调整配音的语速、语气等，实现接近真人主播的配音效果。

这些都是面向普通大众的产品，没有任何使用门槛，这里不再演示讲解。如果你有相关需求，可以在官方平台体验或搜索相关资料学习。

虽然文字转语音已经能够满足大部分配音需求了，但是在一些高要求的场景下，总是用机器人的声音也不合适。想实现让 AI 用我们自己的声音朗读，就需要用到 AI 声音克隆技术了。

10.2 音频场景 2: AI 声音克隆

如果你不满足于机器人的音色，那么你也可以利用 AI 声音克隆技术训练自己的声音模型，用你的 AI 声音去实现文字转语音、翻唱、配音等操作。

训练自己的声音模型大体上分成 3 个步骤。

1. 录制

录制是为了让 AI 知道你的音色是什么样的，在这个环节你需要准备至少 30 分钟的自己的高质量原声。然后通过音频工具将其分割成 3 ～ 15 秒的片段，保存成 WAV 格式，作为 AI 的训练集。

2. 训练

有了训练集后，就可以对 AI 进行训练了，这里需要用到的工具是 So-VITS-SVC[1]。这是一款开源的 AI 音频工具，功能非常强大，专门用于训练 AI 音频。

下载并完成工具的安装后，把前面处理好的训练集文件夹导入这款工具，然后单击下方的“数据预处理”按钮。

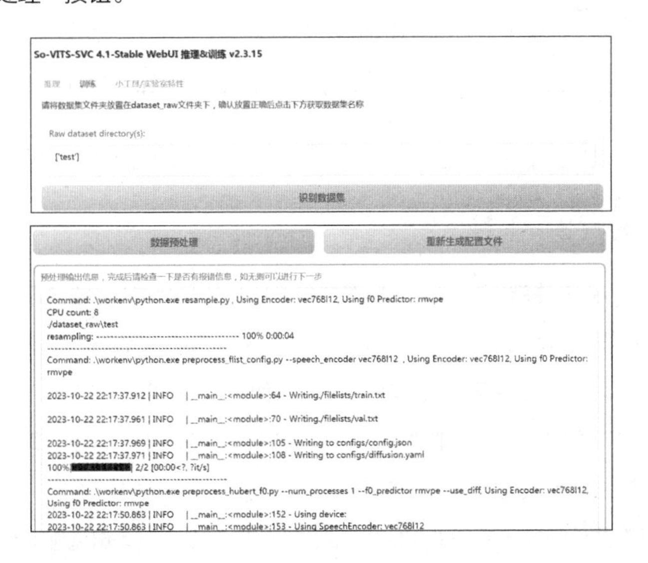

1 OpenAI 在 2024 年 3 月推出了语音生成克隆模型 Voice Engine，该模型只需 15 秒语音样本就能生成近乎原声的音频内容，有条件和需求的读者可尝试使用。

检查预处理输出信息，确认没有报错信息后，单击“从头开始训练”按钮。待 AI 自行完成训练后，你就会得到一个专属于你自己的声音模型了。

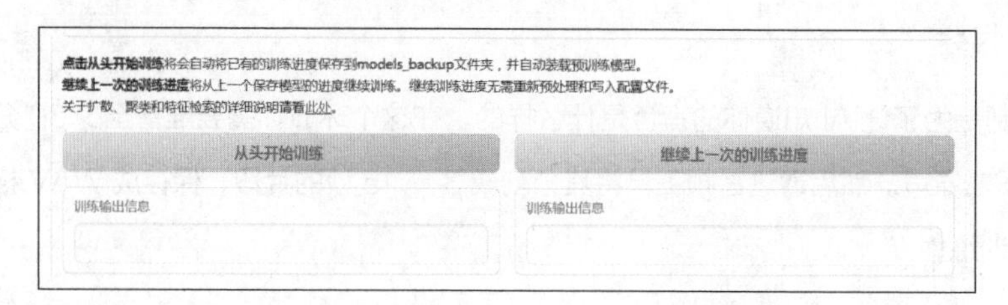

3. 推理

当得到自己的声音模型之后，你就可以自由地用自己的声音模型进行各种操作了，比如用“音频转换”实现翻唱，或者用“文本转语音”实现朗读等。

鉴于篇幅有限，这里仅分享训练思路，未具体讲解参数细节。如果你想了解 AI 声音克隆的更多细节，请用微信扫描右侧二维码并回复“1011”获取详细内容。

10.3 音频场景 3：AI 音乐制作

无论是利用 AI 快速制作各种无版权的背景音乐，还是用 AI 辅助快速编曲，制作自己的原创歌曲，都可以运用相关的 AI 音乐工具。这里推荐 3 款 AI 音乐工具。

- **Suno：** 被称为音乐界的 ChatGPT。用户只需提供歌词，Suno 就能够根据歌词生成不同曲风、流派的歌曲，甚至可以指定 AI 歌手的音色。即使你没有任何音乐基础，也可以借助 Suno 实现“一键出道”。
- **网易天音：** 网易云音乐推出的一站式 AI 音乐创作工具，具备强大的功能，你无须具备乐理知识，只需要输入音乐偏好，它就可以帮助你完成词、曲、编、唱等一系列操作，几乎是一键上手。

- **TME Studio：** 腾讯公司推出的一款 AI 音乐生成工具，和网易天音类似，也具备一系列创作音乐的能力，比如一键写词、一键谱曲、提取音乐元素、生成各种各样的曲风等。

如果你对 AI 音乐制作有兴趣，可以具体了解一下这 3 款工具，其官方网站都有详细的引导。

上面介绍了 AI 在音频方面的常用场景，接下来聊聊 AI 在视频方面的常用场景。

10.4 视频场景 1: AI 文字转视频

现在的 AI 技术已经完全可以实现根据纯文字生成视频的操作了，目前 AI 在文字转视频领域主要有两种应用方式。

1. AI 一键成片

AI 一键成片指的是，你只需要向 AI 视频软件提交文字稿，AI 就会自动识别文字，生成与文字稿语境相对应的视频画面。

关于 AI 一键成片，这里推荐两款工具。

（1）利用剪映实现 AI 一键成片。剪映本身提供一键成片功能，你只需要打开剪映的主页，找到“文字成片”这个选项，然后把需要生成视频的文本粘贴进去，再选择一款朗读音色，稍等片刻，剪映就会自动完成配音、画面选配、配乐、字幕添加等一系列工作，生成一个完整的视频。

（2）利用度加实现 AI 一键成片。度加是百度公司开发的一款由 AI 驱动的视频创作工具，它可借助文心一言的功能和百度本身的视频素材库来生成视频。利用度加实现 AI 一键成片的操作方式和剪映类似，你只需要把想做成视频的文字稿交给度加，它就会自动帮你解析文字，匹配与文本语境一致的画面内容。

如果你需要做混剪类视频，就可以利用这两款工具实现快速制作。目前你在市面上看到的主流混剪视频，很多都出自这两款工具。

利用 AI 一键成片虽然可以一键生成相应的视频，但是它类似于对现有视频进行组合，而不是基于你的需求创作视频。如果你想制作类似本章开头提到的电影预告片，或者基于自己的需求完全定制化生成画面，那么就需要用另一种技术了。

2. 利用 AI 定向生成视频素材

和我们前面介绍的 AI 绘画一样，基于目前 AI 创作视频的技术，我们完全可以通过提示词，让 AI 按照我们的需求实现视频的定向生成。可以说你需要什么，都可以通过提示词让 AI 做出匹配的视频。

AI 生成视频领域公认的顶级工具有 3 款，第一款是 OpenAI 新推出的 Sora，第二款是 Runway，第三款则是 Pika（本章开头提到的电影预告片就是通过此平台制作的）。

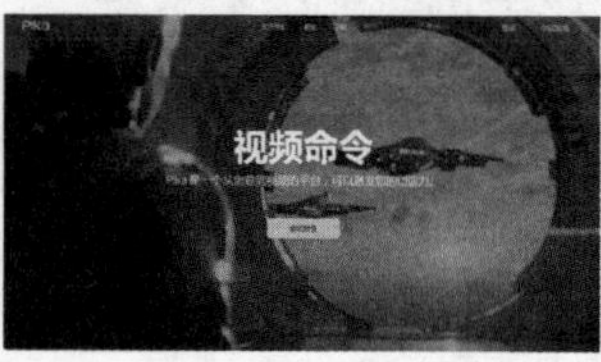

由于这 3 款工具都是嵌入平台的，因此我们不需要进行任何本地的部署操作，只需要打开官网、注册账号，就可以使用了。

它们的操作都很简单，这里不妨拿 Runway 举例。当你进入视频生成的 Gen-2 页面后，会看到两个按钮。“TEXT”按钮是默认的，它的作用类似于 AI 绘画功能，是基于文字提示词生成视频。“IMAGE”按钮的作用则类似于前面讲的样本提示词，是基于我们提供的图片生成视频。

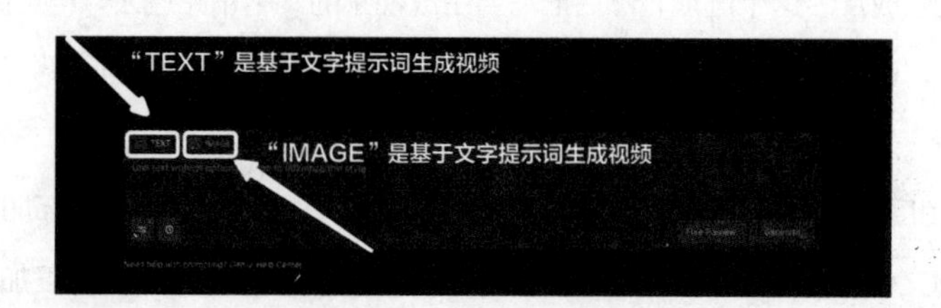

AI 视频提示词的写作思路也和前面的 AI 绘画提示词的一样。比如，想生成一段一位女士漫步海滩的画面，那么提示词就可以这样写。

电影级，UHD，4K，高锐度，高精细度，一位女士，长裙，海滩漫步，日落，广角，画面尺寸 16:9

这段提示词对应的英文如下。

cinematic，UHD，4K，high sharpness，highly detailed，a woman，long dress，walking on the beach，sunset，wide-angle，-gs 20 -ar 16 : 9

把写好的提示词提交到 AI 平台后，它就会按照提示词生成我们需要的视频。

基于图片生成视频也是同理，你可以直接把视频中需要用到的图片提交给 AI 平台，它就会基于图片生成视频。

10.5　视频场景 2：AI 数字人技术

如果你对二次元文化有所关注，那么这几个名字你肯定不会陌生：初音未来、洛天依、微软小冰、度晓晓、星瞳、柳夜熙……它们虽然没有真实的身体，但是在 AI 技术的加持下，却都以一种人格化的方式存在着。它们被称为“数字人”。

数字人的应用场景很多。我们都知道，在一些需要出镜的场合，如果想给观众展现一个好的形象，那么我们在化妆穿搭、言语组织、口播讲解等环节就需要精心准备，出错后还需要反复录制、剪辑修改。这个过程非常烦琐，需要投入很多的时间与精力。而现在数字人就可以帮上忙了。我们可以利用 AI 技术，根据我们的形象做一个“真人”出来，让它代替我们出镜，而我们只需要专心做好内容的打磨，从而大大提高制作视频的效率。

制作数字人也非常简单。

目前提供数字人制作功能的平台有很多，如果你不需要自定义形象，那么完全可以用现成的数字人解决方案，比如科大讯飞的讯飞智作和腾讯的腾讯智影，它们都提供数字人制作的一站式服务。

如果你希望用自己形象来制作数字人，且不希望制作成本过高，那么也可以用 D-ID（studio.d-id.com）和 Heygen 平台。这两个平台都可以只用你的一张照片，就能训练出属于你的数字人，并且都提供了文本生成语音等数字人配套的相关功能。

同样，这些产品也都是面向大众的，如果你有制作数字人的需求，可以直接去它们的官网了解。官网上提供了非常完善的引导教学功能，这里就不在操作上做具体讲解了。

10.6　视频场景 3：AI 换脸技术

对于 AI 换脸技术，你可能不陌生，媒体上有不少关于不法分子利用 AI 换脸进行诈骗的案例。

合法、规范地使用，可以让 AI 换脸技术发挥出更大的作用。如果你需要录制视频，但是自己不想出镜，那么可以把你的脸换成其他的数字人，让数字人帮你出镜，同时不会让观众感到违和。

利用 AI 技术换脸的具体操作不复杂。AI 换脸的工具有很多，包括 DeepFaceLab、Roop、Motionface、Reface、Swapface、FaceFusion、Rope 等。这类工具各有各的特点，但使用方法类似，这里不妨拿 bilibili Up 主“万能君的软件库”做的 Roop 整合包（用微信扫描 300 页的二维码并回复“1012”获取）举例。

打开软件后，它的界面非常清爽，各种参数也都一目了然。在没有特殊需求的情况下，只需要导入你要换脸的图片，以及被换脸的图片或视频，直接单击“开始生成”按钮即可。稍等片刻，你就可以得到换脸后的图片或视频了。

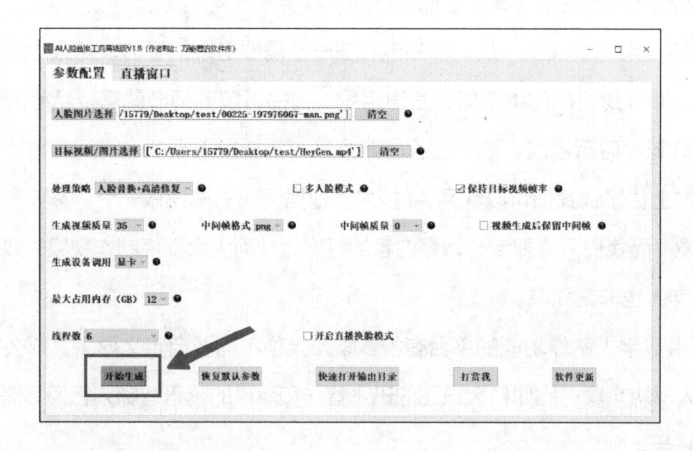

最后要提醒你一点，虽然 AI 技术很酷，但是绝不能用来进行违法犯罪活动，而且在使用他人形象前一定要获得他人的授权。

第11章

AI联动：组合使用AI，火力全开！

前面的章节讲解了AI的文本生成处理能力，以及AI在图片、音视频等多模态领域的应用。如果你是一个真正的AI玩家，这样的功能可能仍然不足以让你大呼过瘾，你仍然会幻想和好奇“未来型”AI究竟是什么样子。

幸运的是，现阶段的一些技术虽然还算不上惊艳，但是已经足够让我们一窥“未来型”AI的样子了。本章将会带你尝试更有想象力的AI用法，进一步提升你对AI的理解和运用能力。

☆ 本章知识要点

1. 掌握AI联动其他工具的用法和思路。
2. 掌握AI多模态互动的用法和思路。

11.1 场景 1：当 AI 学会协作——AI 与生产力工具的组合

我们都知道，人类之所以能站在食物链的最顶端，并不是因为人类更聪明、力量更大、视力更好，而是因为人类会协作。当一群人在一起的时候，就可以猎杀比人类强大的猛兽，可以建起高楼大厦，可以制造出“上天入地”的设备。

对于一些环节比较多、流程比较复杂，或者涉及多个外部信息源的任务或者项目，我们单靠某个 AI 工具是无法完成的。因此我们要学会组合 AI 工具，让 AI 学会协作，让 AI 通过联动其他类型的工具，具备单一工具无法具有的生产力。

这里根据 AI 的属性，把联动用法分成两个大类。

1. 轻联动

轻联动指的是利用大模型的能力，加上其他相关工具，来提高工作效率。比如下面这些组合。

- ChatGPT+MJ 或 SD，通过 ChatGPT 写提示词，然后复制到 MJ 或 SD 里快速出图。
- ChatGPT+PPT，通过 ChatGPT 生成内容，使用 MindShow 或 Gamma 等工具实现快速制作 PPT。

或者如下的其他场景。

- MJ/SD+Runway 或 PikaLabs，实现以图的方式快速出视频。
- MJ+Heygen，快速制作数字人。
- ChatGPT+MusicLM，快速作曲。
- ChatGPT+Mermaid，快速做图表等。

…………

现在市面上已经有很多细分的 AI 工具，所以针对现在工作中所涉及的大部分操作环节，你都可以查找相关细分场景的工具，利用 AI 联动其他生产力工具，大幅度提升工作效率。

2. 重联动

重联动指的是利用一些自动化办公工具，直接把 AI 融入具体的业务中，把很多可以流程化的工作组织连接起来，实现协同化办公的效果。这有点类似于 AutoGPT，可以让 AI 全自动完成流程化的任务。

比如，你有数据分析的需求，那么可以利用自动化工具对目标数据实时监控，然后通过 AI 进行自动分析，并得到自动推送的结果。或者，对于客户咨询，你可以让 AI 充当客服来回答问题，自动完成售前咨询工作；运营账号时，对于用户的留言或者评论，你也可以让 AI 与用户实时互动等。

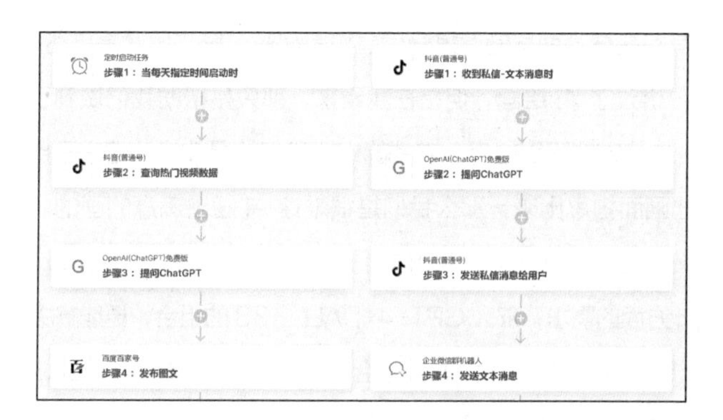

总之，目前有 AI 加持的自动化办公工具已经发展得非常成熟了，我们完全可以把那些可以流程化的工作用自动化办公工具联动起来，让 AI 自动完成，然后等待最后的处理结果。可以说，只要你能配置好适合自己的工具，就能减少大量的工作，甚至实现一个人顶一个团队的效果。

利用 AI 联动其他工具，实现办公自动化的操作思路也很简单。市面上有很多自动化办公工具的服务商，比如国外的 Zapier，以及国内的集简云、腾讯轻联等。你只需要打开相关网站，根据自己的办公场景进行部署即可。它们都提供了大量“傻瓜式”、拿来即用的场景和模板，你只需要像画流程图一样把每一个环节捋清楚，就可以打造出适合自己的自动化办公工具了。

这里也有必要提醒一下，GPT-4 的插件库也非常值得使用，如果你有使用 GPT-4

的条件，完全可以利用其中嵌入的各种插件实现许多神奇的操作。

11.2 场景 2：当 AI 学会设计——AI 的设计能力

真正的设计其实是分为两层的，第一层是构思创意，第二层才是描述创意。

虽然前文已经讲过了 AI 绘画，但是在我看来，那只是帮助我们做到了第二层。也就是我们的脑海中有一个清晰的画面之后，它才能根据我们的具体描述把它画出来。如果我们无法在脑海中提前把画面构思出来，那么我们是很难让 AI 画出满意的画的。这对很多画面构思能力较弱的人来说就是一个巨大的障碍。

如果你有设计方面的需求，那么 GPT-4+DALL · E3 的组合，更能解决你的设计性问题。

DALL · E3 是 OpenAI 推出的深度融合在 GPT-4 中的绘画引擎，在 GPT-4 的加持下，你完全可以通过类似与真人设计师聊天的方式与 DALL · E3 交流。它不仅会对你的提示词进行自动调优，而且你可以通过提示词的奖惩反馈，像修改文本内容一样，在它已经生成的画作上进行调整。

更让人惊喜的是，DALL · E3 绘制出的图片的质感已经不输专业级绘画工具 MJ 和 SD 了。使用 MJ 和 SD 可能还有一定的学习成本，而使用 DALL · E3 则完全不会有这种顾虑。

DALL · E3 的用法和前面介绍的基础绘画工具一致，这里仅提供几组案例演示，助你开阔思路。

案例 1：用 AI 设计插画

你：你是一名专业的插画师，请用下面的场景为一本儿童读物绘制生动的插画。

“在一片茂密的森林里，一只小兔子和一个小女孩在对话。”

AI：这里是基于您描述的场景生成的 4 幅不同风格的图片。

案例 2：用 AI 设计电影海报

你：我在拍一部末日题材的电影，片名叫“*Doomsday Breakout*”，请发挥你的创意为我设计 4 张电影海报。

请注意：

1. 海报尺寸为 1024 像素 ×1792 像素；
2. 海报中间要有大字“Doomsday Breakout”；
3. 暗示斗争与牺牲。

AI：好的，以下是我为你生成的电影海报[1]。

案例 3：用 AI 设计图书封面

你：你知道优秀的图书封面都有哪些特点吗？

AI：当然知道。优秀的图书封面通常具备以下特点。

（具体生成内容略）

你：很好，我正在写一本关于 AI 教学的书，书名叫“*Everyone can use AI*”，图书的主题主要是教别人如何使用和应用 AI 来提升工作、生活的效率。

现在请你扮演顶级的设计师，按照上面你总结的图书封面特点，发挥你的创意为我设计吸引人的图书封面，并分别描述你的设计理念。

请注意：

1. 书的封面尺寸为 1024 像素 ×1792 像素；
2. 请把封面融入图书中，给我展示成品效果。

AI：好的，请看以下我为您生成的设计。

1　从 AI 生成的图中我们也能看到，目前 AI 无法直接生成精准文字。

案例 4：用 AI 设计产品包装

你：你是专业的平面设计师，请你为名为“Green tea”的茶饮料产品，设计具有视觉吸引力的产品包装。

请注意：

1. 要融入和突出产品绿色、新鲜、干净的元素；
2. 设计要包括瓶体和礼盒。

AI：好的，请看以下我为您生成的设计。

案例 5：用 AI 设计产品元素

你：你是专业的平面设计师，请你帮我设计一套独特的印花马克杯。

请注意：

1. 要以中秋节为主题，以玉兔和月亮作为点缀；
2. 生成 4 张设计图，主题颜色分别是红色、绿色、金色、蓝色。

AI：好的，请看以下我为您生成的设计。

你：你是一名专业的服装设计师，我想设计一款 A 字裙，裙面采用一些中国风的元素图案进行点缀，下摆处饰有蕾丝边，侧面有拉链，腰带处有一只可爱的蝴蝶结。

请你先用具体的语言描述这款裙子，并呈现出 3D 效果图。

AI：首先，我将为您描述这款 A 字裙。

这是一款充满东方风情的 A 字裙。裙面上分布着细致的中国风图案，如小巧的莲花、悠扬的风筝和古老的纹饰等，它们被巧妙地点缀在裙子的不同位置，既不过于繁复，又能彰显独特的文化韵味。下摆部分则饰有一圈柔美的蕾丝，为裙子增添了一丝浪漫的气息。裙子的侧面设置了一个实用的拉链，方便穿着。腰带位置有一只精致的蝴蝶结，它既可起到装饰作用，又可以调整腰围，使裙子更加合身。整体上，这款 A 字裙兼具时尚与传统，适合各种场合穿着。

接下来，我将为您生成这款裙子的 3D 效果图。

案例 6：用 AI 设计 UI 和 logo

你：你知道一个专注于青少年心理健康咨询的网站的 UI 应该怎样设计吗？

AI：当然，为青少年设计一个心理健康咨询网站的 UI 时，需要考虑以下关键点。

（具体生成内容略）

你：很好，请你扮演专业的 UI 设计师，根据以上你总结的特点，为我设计出该网站的 UI。

AI：好的，以下是我为你设计的网站 UI。

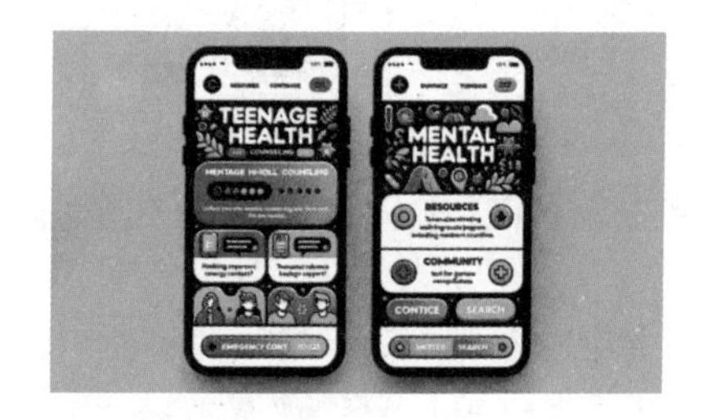

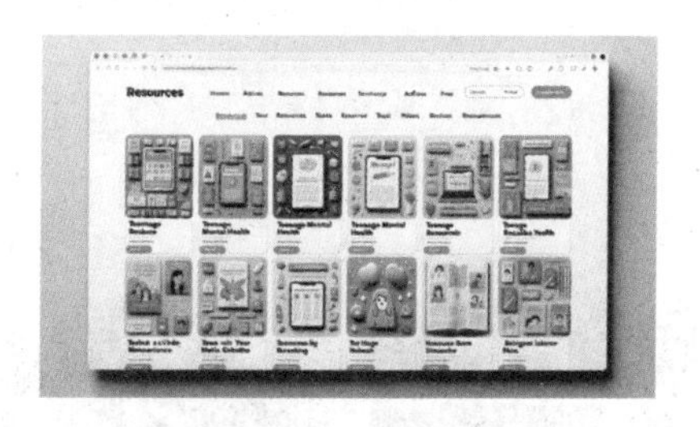

你：你是专业的平面设计师，我想开一家奶茶店，名为“Meet Tea”，请你为我的奶茶店设计一些具有视觉吸引力和辨识度的 Logo。

请注意：Logo 为温馨可爱的风格。

AI：好的，请看以下我为您生成的设计。

案例 7：用 AI 设计场景、建筑

你：你是专业的平面设计师，请你为一家名为“MeetAI”的公司完成一套公司品牌设计，这家公司主要是做 AI 产品应用的开发，愿景是让每一个人都能更轻松地使用 AI。

请注意：

1. 这套设计应包括公司的品牌 Logo、公司的前台、墙壁、办公文具等品牌要素；
2. 风格要突出简约、科技和创新感，突出公司的形象和价值观。

AI：好的，请看以下我为您生成的设计。

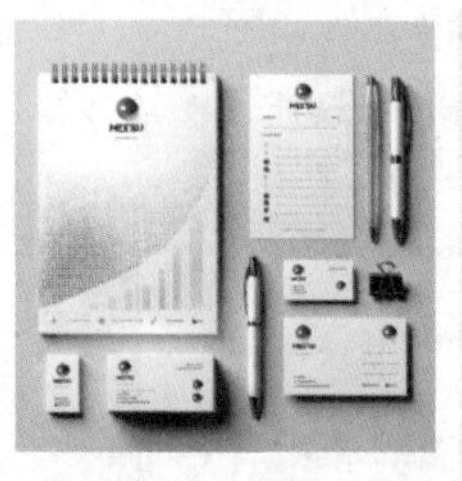

你：你是专业的建筑设计师，我想建一座农家别墅，我的构思如下。

别墅共有两层，别墅前面有一个大院子，院子两边有围墙，院子中间有一条过道，两侧种植蔬菜、花卉，以及摆放一些休闲用的桌子板凳。

请你根据我的描述进行设计，并帮我画出它的 3D 效果图。

AI：好的，请看以下我为您生成的设计。

以上场景仅供参考，利用 GPT-4+DALL · E3 的组合进行设计的场景不胜枚举。你

可以用这套思路，把所有需要图示化的场景都交给 AI 组合来制作，告别传统的作图方法。

11.3　场景 3：当 AI 有了眼睛——AI 的识图能力

目前我们与 AI 交互主要是通过文字，但是文字的局限性非常大，很多内容我们很难通过文字准确描述。AI 识图技术的发展则让 AI 有了眼睛，让 AI 可以和我们人类一样“看到”世界。

在 GPT-4 的发布会上，OpenAI 的总裁和联合创始人格雷格 · 布罗克曼展示了 AI 强大的“看世界”能力。他很随意地在纸上画了一个网页的草图，然后把图片发给 AI，仅用了 10 秒，AI 就根据草图写出了网站代码，并且成功运行。

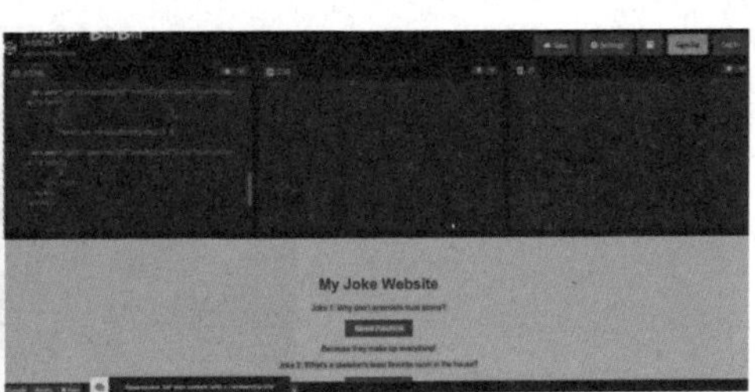

目前 AI 除了能看懂并识别物理世界中的东西，还具有根据图像认识世间规律的能力。比如，有网友把连接计算机显示器的线插到了手机上，把场景拍照后发给 AI，AI 不仅能完美识别出照片中的每一处细节，而且能像人类一样指出照片中的不合理之处。

目前，OpenAI 已经把 AI 识图的功能开放给所有的 GPT-4 用户，当 AI 有了识图能力之后，我们运用 AI 的方式也会大大改进，AI 的运用场景也会更加多元。

接下来举几个我尝试过的案例，帮助你扩展对 AI 识图能力的想象边界。

案例 1：用 AI 看图讲故事

你：请告诉我在这张图片中发生了什么，并且根据图片里的场景为我写一篇感人的故事。

AI：这张图片展示了一名女子被埋在废墟之下，而一只狗正在给她一个食物。从照片中可以看出，这是一个灾难现场，建筑物已经被毁坏，而人和动物都受到了影响。

故事标题：废墟下的守护

城市突然遭受了一场强烈的地震，建筑物轰然倒塌，……

（后续生成内容略）

- 用微信扫描右侧二维码并回复"1101"，查看此场景的完整生成内容和调教过程。

案例 2：用 AI 看图配文案

你：给这张图配一段不少于 100 字的朋友圈文案。

AI：山峦叠翠，碧水如镜，这是我与大自然的一次亲密接触。放眼望去，壮观的山脉，宁静的小屋，这里的风景真的让人陶醉。随手拿起相机，记录下这一刻的美好，我愿把这片刻的宁静和幸福分享给每一个看到这张照片的你们。戴上心爱的帽子和墨镜，我仿佛已经与这片大自然融为一体。此刻的我，不仅是一位热爱旅行的探险家，也是大自然的忠实粉丝。希望每一次的旅行，都能给我带来这样的惊喜和感动。让我们一起，用心去感受这世界的美好吧！

你：请用幽默的风格来写。

AI：哎呀，谁能告诉我这是哪儿？竟然没有找到咖啡店！这里的风景太壮观了，我都怀疑我是不是走进了手机壁纸里。戴上了心爱的帽子和墨镜，本以为能低调探险，没想到这里的羊都在盯着我看，大概是觉得我这造型太时尚了！哈哈！手中的相机是为了证明，我真的来到了这片没有 Wi-Fi，但满是美景的地方。下次，我要记得带上那罐薯片，跟这里的羊分享一下，看它们还敢不敢盯着我看！

你：请用"凡尔赛"的口吻来写。

（后续生成内容略）

- 用微信扫描本页的二维码并回复"1102"，查看此场景的完整生成内容和调教过程。

案例 3：用 AI 看图写广告

你：你是广告文案大师，给你的这张图片是我公司新开发的一款蓝牙耳机产品，它具有长续航、高音质、高颜值、连接稳定等特点，请你根据产品特征，帮我撰写一篇不少于 100 字的小红书的种草文案。

AI：新品推荐 | 颜值与实力兼具的蓝牙耳机

亲们，你们期待的那款蓝牙耳机终于来啦！这款绿宝石般的蓝牙耳机，不仅外观独特、颜值超高，而且各种功能都为你打"CALL"！首先，它的长续航能让你畅听一整天，再也不怕音乐断档。再来说说音质，高清、纯净，让你仿佛置身于音乐现场，每一个音符都被完美捕捉。而且，连接超级稳定，不用担心突然断开或失去信号。

绿色的设计，仿佛一片清新的绿洲，在忙碌的生活中给你一丝宁静。精致的细节，圆润的外观，都是为了给你最好的使用体验。

你还在等什么？赶紧入手，与我们一同踏上这款蓝牙耳机带来的非凡音乐之旅吧！#种草日常 #音乐与生活

案例 4：以图生成 AI 绘画提示词

你：我希望使用 DALL · E3 生成一张和我发给你的这张图相似的照片，请你帮我完整地描述出这张图片，并生成给 DALL · E3 的提示词，以 Markdown 语法格式给我。

AI：这是一张《最后的晚餐》的画，由文艺复兴时期的画家达 · 芬奇创作。图片中描述了耶稣和他的 12 个门徒坐在一张长桌旁共进晚餐的场景。耶稣坐在中央，两侧是他的门徒。他们的表情、姿态和互动都传达出了一种紧张和预感的氛围。画面的背景是一个有柱子和窗户的大厅，外面是蓝天和山脉。画面中的色彩温和，以暖色调为主，与深色背景形成了鲜明的对比。

为了让 DALL · E3 生成一张相似的图片，您可以使用以下的提示词。

（具体生成内容略）

- 用微信扫描 314 页的二维码并回复"1103"，查看此场景的完整生成内容和调教过程。

案例 5：利用 AI 指导形象设计

你：你是专业的形象设计师，这是我今天的穿搭，请你根据我的形象和身材，给我一些详细的穿搭和妆容建议。

AI：你的穿搭和整体造型都很有气质。根据你提供的图片，我有以下一些建议。
（具体生成内容略）

- 用微信扫描 314 页的二维码并回复“1104”，查看此场景的完整生成内容和调教过程。

案例 6：利用 AI 分析食材

你：这是我冰箱里的食材，请告诉我可以利用这些食材做出哪些菜品，并告诉我详细的做法。

AI：从你提供的图片中，我看到了以下食材。
猪肉、鸡肉、三文鱼、青椒、生菜、西兰花、白菜、玉米
基于这些食材，我为你推荐以下几道菜品及其做法。
（具体生成内容略）

你：这张图里都有哪些食物？

AI：这张图里有以下食物。

1. 牛奶
2. 炸圈饼（可能是甜甜圈或其他类型的圈饼）
3. 小笼包或蒸饺
4. 炸球形小食品（可能是炸鸡球或其他炸类食品）
5. 荷包蛋

你：帮我算下这顿早餐我大约会摄入多少热量。

AI：为了准确估算这顿早餐的热量，我需要知道每种食物的质量大小和做法。但我可以为您提供一个大致的估算。

（具体生成内容略）

● 用微信扫描 314 页的二维码并回复“1105”，查看此场景的完整生成内容和调教过程。

案例 7：利用 AI 认识万物

你：这张图片里面都有什么鸟？叫什么名字？它们都在图片的哪些位置？

AI：这张图片中主要包括以下鸟类。

鹈鹕（Pelican）：这些是大型的鸟类，有长而宽阔的喙。在图片中，你可以看到它们主要分布在中间和右侧的部分，有些正在湖中，有些站在岩石或沙滩上。

乌鸦或渡鸦（Crow or Raven）：这些是黑色的鸟，体形适中。你可以在图片的地面和树木旁看到它们。

海鸥（Seagull）：这些鸟类有白色的身体和灰色的翅膀。在图片中你可以看到它们主要分布在地面上，有些则飞翔在空中。

鸽子（Pigeon or Dove）：这些鸟类的颜色较为浅淡，主要是灰色或白色。它们主要分布在图片的前景和地面上。

这张图片的构图和光影处理得非常好，使得鸟类和周围的环境都呈现出一种和谐且宁静的氛围。

案例 8：利用 AI 优化设计

你：你是广告营销大师，这是我为公司设计的户外广告牌，请你从营销和视觉传达的角度，给我一些具体的优化建议。

AI：当然可以！从您提供的户外广告牌图片来看，我有以下几点建议。

1. 字体与颜色：广告牌上的“MEET AI”的字体和颜色都很引人注目，与背景的高科技感相得益彰。但要确保文字的颜色与背景形成足够的对比，使得在不同的天气和光线条件下，广告信息依然清晰可见。

（后续生成内容略）

你：你是专业的室内设计师，这张图是我没有装修的卧室，现在我想对其进行装修，请你先根据卧室的空间布局，在家具、装饰等搭配上给我一些详细的装修建议，并解释你的设计理念。

AI：您的卧室空间布局简约且具有现代感，高挑的天花板和宽敞的空间为设计带来了很多可能性。下面是我为您提供的一些装修建议。

（具体生成内容略）

- 用微信扫描 314 页的二维码并回复“1106”，查看此场景的完整生成内容和调教过程。

案例 9：利用 AI 分析各项数据

你： 你是专业的股票分析师，请你从技术分析的视角帮我分析下这只股票的走势和最近合适的买入时机。

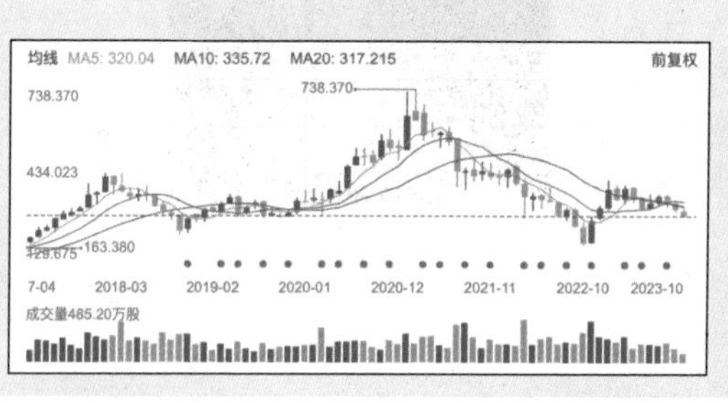

AI： 这是一只股票的 K 线图，通过该图可以看出以下几点技术分析。

1. 移动平均线：图中显示了 3 条移动平均线，MA5（短期）、MA10（中期）和 MA20（长期）。目前，短期 MA5 线位于中长期 MA10 和 MA20 线的下方，这通常表示短期内的股票走势相对弱势。

（后续生成内容略）

- 用微信扫描 314 页的二维码并回复“1107”，查看此场景的完整生成内容和调教过程。

除了 K 线图，其他的图表、数据等都可以通过图片的方式让 AI 进行分析。

这里要提醒的是，这仅用于启发你的思维，股市有风险，投资需谨慎，AI 的分析建议仅供参考，不能作为决策依据。

案例 10：利用 AI 识图来辅助学习

你： 图中的这道题该如何做？请告诉我详细的解题思路，让我们一步步思考。

17.（4 分）（2013•南京）如图，将菱形纸片 *ABCD* 折叠，使点 *A* 恰好落在菱形的对称中心 *O* 处，折痕为 *EF*，若菱形 *ABCD* 的边长为 2cm，∠*A*=120°，则 *EF*=____________cm.

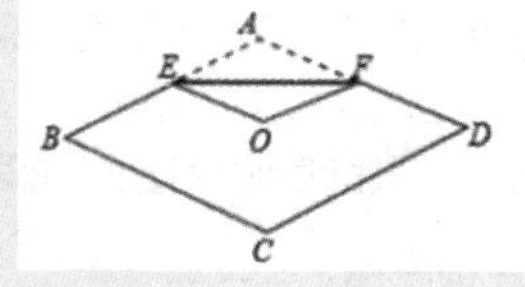

AI： 这是一个关于几何的题目，从题目的图和描述来看，我们需要知道线段 *EF* 的长度。让我们一步步地解决这个问题。

（后续生成内容略）

- 用微信扫描 314 页的二维码并回复“1108”，查看此场景的完整生成内容和调教过程。

案例 11：利用 AI 识图看行业资料

你：请告诉我这张 X 光片的患者有什么问题。

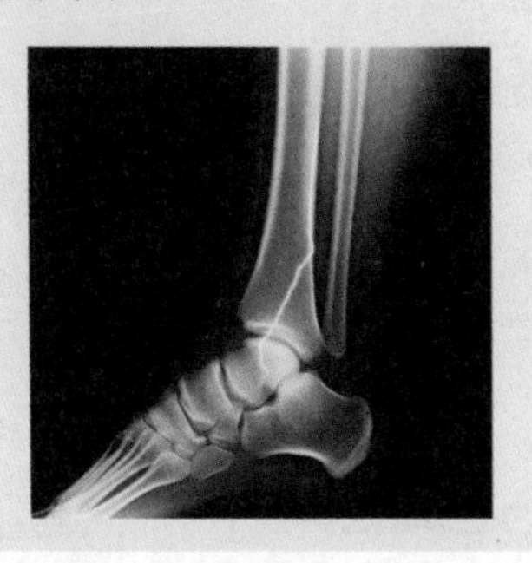

AI：这是一张足部的 X 光片。从图片中可以看到骨折线出现在距骨。请注意，我不是医生，但从这张 X 光片上看，似乎是一种距骨骨折。如果这是您或某个亲近的人的 X 光片，建议尽快咨询医生或专家进行进一步的诊断和治疗。

你：请帮我描述下这个实验室里都有什么东西，以及这些东西该怎么用？

AI：这张图片展示了一个典型的化学实验室的设备和工具。以下是图片中的一些设备和工具及其用途。

（具体生成内容略）

- 用微信扫描 314 页的二维码并回复“1109”，查看此场景的完整生成内容和调教过程。

此外，你还可以通过截图让 AI 提取内容并分析，例如提供健身照片让 AI 指导动作等。前面章节里介绍过的所有场景，几乎都可以用 AI 识图再重构一遍。

总之，有了识图功能之后，在运用 AI 来辅助解决问题时，你就不再完全依赖于文字描述了，而是可以让 AI 真正看到你想表达的内容。随着 AI 识图技术的逐渐成熟，相信那些曾经只有在科幻电影里才能实现的场景，某一天也会变为现实。

请继续保持开放，一起通往 AGI 之路！

阅读至此，恭喜你，你已经掌握了目前 AI 几乎所有的主流玩法了。在 AI 的应用方面，更重要的是实践，因此，阅读完本书后，希望你能积极参与实践，根据自身实际需求将 AI 融入具体场景中——只有持续地投入时间和积累经验，你才能更好地驾驭 AI 技术，让它成为你的强有力助手。

此外，我更期待你继续保持开放性头脑以及对新技术、新趋势的敏感度，因为我们正处于一个技术巨变的关键拐点期。即使本书已经系统地梳理了当下 AI 的发展现状和使用方法，但是在 AI 技术日新月异的今天，任何一本书都难以覆盖运用 AI 的所有知识体系。

截至本书完稿的时候，AI 还在不停地进化，AI 智能体、世界模型等新东西、新功能层出不穷，很有可能未来任何一个功能的推出或更新，都会给我们使用 AI 的体验带来翻天覆地的变化。

所以，为了保证你能紧跟前沿，我会为你专门提供一个关于本书的勘误，以及 AI 前沿玩法的特别加餐福利。扫描下面二维码回复“AI 加餐”，后续 AI 领域有什么新的变化、新的玩法出现的时候，我都会通过该渠道及时与你同步。

总之，只要你有开放性的头脑，AI 对你来说就永远都是工具，你会凌驾于 AI 之上，而不是被它取代。我们一起期待一下，通用人工智能（Artificial General Intelligence，AGI）时代的到来，这一切正如埃隆 · 马斯克所说：人类不需要工作的日子，很快就会到来……我与你共同期待这一天。